计算机科学与技术丛书

Arm嵌入式系统设计与应用

STM32F407微控制器与FreeRTOS开发

李正军 李潇然◎编著

清华大学出版社

北京

内 容 简 介

本书秉承"新工科"理念，从科研、教学和工程实际应用出发，理论联系实际，全面系统地讲述了基于 STM32F407 微控制器的嵌入式系统设计与应用实例，并讲述了 FreeRTOS 嵌入式实时操作系统。全书共 13 章，主要内容包括绪论、嵌入式处理器、STM32 系列微控制器、嵌入式开发环境的搭建、STM32 GPIO、 STM32 中断、STM32 定时器、STM32 通用同步/异步收发器、STM32 SPI 串行总线、STM32 I2C 串行总线、STM32 模数转换器、STM32 DMA 控制器和嵌入式实时操作系统 FreeRTOS。全书内容丰富，体系先进，结构合理，理论与实践相结合，尤其注重工程应用技术。通过阅读本书，读者可以掌握 STM32F4 标准固件库的开发方式和工具软件的使用，掌握 STM32F407 的系统功能和常用外设的编程开发方法，通过 FreeRTOS 的学习，掌握嵌入式实时操作系统的应用方法。本书是在编者教学与科研实践经验的基础上，结合近 20 年的 STM32 嵌入式系统的发展编写而成的。

本书可作为高等院校自动化、软件工程、机器人、自动检测、机电一体化、人工智能、电子与电气工程、计算机应用、信息工程、物联网等相关专业的本科生、研究生教材，也可作为广大从事嵌入式系统开发的工程技术人员的参考用书。

图书在版编目（CIP）数据

Arm嵌入式系统设计与应用：STM32F407 微控制器与 FreeRTOS 开发 / 李正军，李潇然编著. -- 北京：清华大学出版社，2025. 2. --（计算机科学与技术丛书）. -- ISBN 978-7-302-68371-1

Ⅰ. TP368.1

中国国家版本馆 CIP 数据核字第 20252534N4 号

策划编辑：盛东亮
责任编辑：吴彤云
封面设计：李召霞
责任校对：申晓焕
责任印制：曹婉颖

出版发行：清华大学出版社
   网 址：https://www.tup.com.cn，https://www.wqxuetang.com
   地 址：北京清华大学学研大厦 A 座   邮 编：100084
   社 总 机：010-83470000   邮 购：010-62786544
   投稿与读者服务：010-62776969，c-service@tup.tsinghua.edu.cn
   质量反馈：010-62772015，zhiliang@tup.tsinghua.edu.cn
   课件下载：https://www.tup.com.cn，010-83470236
印 装 者：三河市铭诚印务有限公司
经 销：全国新华书店
开 本：186mm×240mm 印 张：20.25   字 数：455 千字
版 次：2025 年 4 月第 1 版   印 次：2025 年 4 月第 1 次印刷
印 数：1～1500
定 价：79.00 元

产品编号：102118-01

前言
FOREWORD

嵌入式系统在人工智能、无人驾驶、机器人、无人机、汽车电子、航空航天、海洋监测、智能监控、智慧健康等领域得到了广泛的应用。STM32 作为 Arm 的一个典型系列,以其较高的性能和优越的性价比,毫无疑问地成为 32 位单片机市场的主流。把 STM32 引入大学的培养体系,已经成为高校广大师生的普遍共识并被付诸实践。

32 位微控制器时代已经到来。32 位微控制器性能优越、功能强大但结构复杂,使很多嵌入式工程师望而却步。读者对一本好的嵌入式系统入门教材的需求越来越迫切。

意法半导体(ST)公司自推出 Arm Cortex-M3 内核的 STM32F1 系列微控制器之后,又推出 Arm Cortex-M4 内核的 STM32F4 系列微控制器。STM32F1 最高主频为 72MHz,STM32F4 最高主频为 168MHz;STM32F4 具有单精度浮点运算单元,STM32F1 没有浮点运算单元;STM32F4 具备增强的 DSP 指令集;STM32F4 执行 16 位 DSP 指令的时间只有 STM32F1 的 30%~70%,而执行 32 位 DSP 指令的时间只有 STM32F1 的 25%~60%。

Arm Cortex-M4 是采用哈佛结构、拥有独立指令总线和数据总线的 32 位处理器内核,指令总线和数据总线共享同一个存储器空间(一个统一的存储器系统),为系统资源的分配和管理提供了很好的支持。

正因为如此,基于 Arm Cortex-M4 的 STM32 系列 MCU 以其高性能、低功耗、高可靠性和低价格的特点,逐渐成为高校师生与工程师学习和使用的主要 MCU 类型。

本书还讲述了嵌入式实时操作系统 FreeRTOS。FreeRTOS 是 Richard Barry 于 2003 年发布的一款开源免费的嵌入式实时操作系统,其作为一个轻量级的实时操作系统内核,功能包括任务管理、时间管理、信号量、消息队列、内存管理、软件定时器等,可基本满足较小系统的需要。

因此,本书以 ST 公司基于 32 位 Arm 内核的 STM32F407 为背景机型,介绍嵌入式系统原理与应用。由于 STM32 的网上资源非常丰富,因此便于读者学习参考。

本书的特点如下。

(1) 采用流行的 STM32F407 系列嵌入式微控制器讲述嵌入式系统原理与应用实例。

(2) 讲述应用广泛的嵌入式实时操作系统 FreeRTOS。

(3) 内容精练、图文并茂、循序渐进、重点突出。

(4) 不讲述烦琐的 STM32 寄存器,重点讲述 STM32 的库函数。

(5) 以理论为基础,以应用为主导,章节内容前后安排逻辑性强、层次分明、易教易学。

(6) 结合国内主流硬件开发板(野火 STM32 开发板 F407-霸天虎),书中给出了各个外设模块的硬件设计和软件设计实例,其代码采用 STM32F4 标准库函数编程,且在开发板上调试通过,并通过 TFT LCD 或串口调试助手查看调试结果,可以很好地锻炼学生的硬件理解能力和软件编程能力,起到举一反三的效果。

(7) 由于所选开发板的价格在 500 元左右,且可以在网上轻易买到,方便学校实验教学。

本书共 13 章。第 1 章对嵌入式系统进行概述,介绍嵌入式系统的组成、嵌入式系统的软件、嵌入式系统的应用领域和嵌入式系统的体系;第 2 章讲述嵌入式处理器,包括 Arm 嵌入式处理器、存储器系统、嵌入式处理器的分类和特点;第 3 章讲述 STM32 系列微控制器,包括 STM32 微控制器概述、STM32F407ZGT6 概述及芯片内部结构、STM32F407VGT6 芯片引脚和功能以及 STM32F407VGT6 最小系统设计;第 4 章讲述嵌入式开发环境的搭建,包括 Keil MDK 安装配置、Keil MDK 新工程的创建、J-Scope 安装、J-Scope 调试方法、Cortex-M4 微控制器软件接口标准(CMSIS)、STM32F407 开发板的选择和 STM32 仿真器的选择;第 5 章讲述 STM32 GPIO,包括 STM32 GPIO 接口概述、STM32 GPIO 功能、STM32 的 GPIO 常用库函数、STM32 的 GPIO 使用流程、STM32 GPIO 输出应用实例和 STM32 GPIO 输入应用实例;第 6 章讲述 STM32 中断,包括中断概述、STM32F4 中断系统、STM32F4 外部中断/事件控制器 STM32F4 中断系统库函数、STM32F4 外部中断设计流程、STM32F4 外部中断设计实例;第 7 章讲述 STM32 定时器,包括 STM32 定时器概述、基本定时器、通用定时器、STM32 定时器库函数和 STM32 定时器应用实例;第 8 章讲述 STM32 通用同步/异步收发器,包括串行通信基础、STM32 的 USART 工作原理、STM32 的 USART 库函数和 STM32 USART 串行通信应用实例;第 9 章讲述 STM32 SPI 串行总线,包括 STM32 的 SPI 通信原理、STM32F407 SPI 串行总线的工作原理、STM32 的 SPI 库函数和 STM32 的 SPI 应用实例;第 10 章讲述 STM32 I2C 串行总线,包括 STM32 I2C 串行总线的通信原理、STM32 I2C 串行总线接口、STM32F4 的 I2C 库函数和 STM32 I2C 应用实例;第 11 章讲述 STM32 模数转换器,包括模拟量输入通道、模拟量输入信号类型与量程自动转换、STM32F407 微控制器的 ADC 结构、STM32F407 微控制器的 ADC 功能、STM32 的 ADC 库函数和 STM32 ADC 应用实例;第 12 章讲述 STM32 DMA 控制器,包括 STM32 DMA 的基本概念、DMA 的结构和主要特征、DMA 的功能描述、STM32 的 DMA 库函数和 STM32 DMA 应用实例;第 13 章讲述嵌入式实时操作系统 FreeRTOS,包括 FreeRTOS 系统概述、FreeRTOS 的源代码和相应官方手册获取、FreeRTOS 系统移植、FreeRTOS 的文件组成、FreeRTOS 的编码规则及配置和功能裁剪、FreeRTOS 的任务管理、进程间通信与消息队列、信号量和互斥量、事件组、软件定时器和 FreeRTOS 任务管理应用实例。

本书结合编者多年的科研和教学经验,遵循"循序渐进,理论与实践并重,共性与个性兼顾"的原则,将理论实践一体化的教学方式融入其中。书中的实例均进行了调试,开发过程用到的是目前使用最广的"野火 STM32 开发板 F407-霸天虎"。读者也可以结合实际或手里现有的开发板开展实验,均能获得实验结果。

　　本书数字资源丰富,配有电子课件、程序代码、教学大纲、习题答案、试卷及答案等电子
配套资源。

　　对本书中所引用的参考文献的作者,在此一并向他们表示真诚的感谢。由于编者水平
有限,加上时间仓促,书中难免存在不妥之处,敬请广大读者不吝指正。

编　者

2024 年 12 月

目 录
CONTENTS

第 1 章

绪　　论

本章对嵌入式系统进行概述,介绍嵌入式系统的组成、嵌入式系统的软件、嵌入式系统的应用领域和嵌入式系统的体系。

1.1　嵌入式系统

随着计算机技术的不断发展,计算机的处理速度越来越快,存储容量越来越大,外围设备的性能越来越好,满足了高速数值计算和海量数据处理的需要,形成了高性能的通用计算机系统。

以往按照计算机的体系结构、运算速度、结构规模、适用领域,将其分为大型机、中型机、小型机和微型机,并以此组织学科和产业分工,这种分类沿袭了约 40 年。近 20 年来,随着计算机技术的迅速发展,以及计算机技术和产品对其他行业的广泛渗透,使得以应用为中心的分类方法变得更为切合实际。

电气与电子工程师学会(Institute of Electrical and Electronics Engineers,IEEE)定义的嵌入式系统(Embedded Systems)是"用于控制、监视或者辅助操作机器和设备运行的装置"(原文为 devices used to control,monitor,or assist the operation of equipment,machinery or plants)。这主要是从应用上加以定义的,从中可以看出,嵌入式系统是软件和硬件的综合体,还可以涵盖机械等附属装置。

国内普遍认同的嵌入式系统的定义是"以计算机技术为基础,以应用为中心,软件、硬件可剪裁,适合应用系统对功能可靠性、成本、体积、功耗严格要求的专业计算机系统"。在构成上,嵌入式系统以微控制器及软件为核心部件,两者缺一不可;在特征上,嵌入式系统具有方便、灵活地嵌入其他应用系统的特征,即具有很强的可嵌入性。

按嵌入式微控制器类型划分,嵌入式系统可分为以单片机为核心的嵌入式单片机系统、以工业计算机板为核心的嵌入式计算机系统、以数字信号处理器(Digital Signal Processor,DSP)为核心组成的嵌入式数字信号处理器系统、以现场可编程门阵列(Field Programmable Gate Array,FPGA)为核心的嵌入式可编程片上系统(System on a Programmable Chip,

SOPC)等。

嵌入式系统在含义上与传统的单片机系统和计算机系统有很多重叠部分。为了方便区分,在实际应用中,嵌入式系统还应该具备如下 3 个特征。

(1) 嵌入式系统的微控制器通常是由 32 位及以上的精简指令集计算机(Reduced Instruction Set Computer,RISC)处理器组成的。

(2) 嵌入式系统的软件系统通常是以嵌入式操作系统为核心,外加用户应用程序。

(3) 嵌入式系统在特征上具有明显的可嵌入性。

嵌入式系统应用经历了无操作系统、单操作系统、实时操作系统和面向 Internet 这 4 个阶段。21 世纪无疑是一个网络的时代,互联网的快速发展及广泛应用为嵌入式系统的发展及应用提供了良好的机遇。"人工智能"这一技术一夜之间人尽皆知,而嵌入式系统在其发展过程中扮演着重要角色。

嵌入式系统的广泛应用和互联网的发展导致了物联网概念的诞生,设备与设备之间、设备与人之间以及人与人之间要求实时互联,导致大量数据的产生,大数据一度成为科技前沿,每天世界各地的数据量呈指数增长,数据远程分析成为必然要求。云计算被提上日程。数据存储、传输、分析等技术的发展无形中催生了人工智能,因此人工智能看似突然出现在大众视野,实则经历了近半个世纪的漫长发展,其制约因素之一就是大数据。而嵌入式系统正是获取数据的最关键的系统之一。人工智能的发展可以说是嵌入式系统发展的产物,同时人工智能的发展要求更多、更精准的数据,以及更快、更方便的数据传输。这促进了嵌入式系统的发展,两者相辅相成,嵌入式系统必将进入一个更加快速的发展时期。

1.1.1 嵌入式系统概述

嵌入式系统的发展大致经历了以下 3 个阶段。

(1) 以嵌入式微控制器为基础的初级嵌入式系统。

(2) 以嵌入式操作系统为基础的中级嵌入式系统。

(3) 以 Internet 和实时操作系统(Real Time Operating System,RTOS)为基础的高级嵌入式系统。

嵌入式技术与 Internet 技术的结合正在推动着嵌入式系统的飞速发展,嵌入式系统市场展现出了美好的前景,也对嵌入式系统的生产厂商提出了新的挑战。

通用计算机具有计算机的标准形式,通过装配不同的应用软件,应用在社会的各个方面。现在,在办公室、家庭中广泛使用的个人计算机(Personal Computer,PC)就是通用计算机最典型的代表。

而嵌入式计算机则是以嵌入式系统的形式隐藏在各种装置、产品和系统中。在许多应用领域,如工业控制、智能仪器仪表、家用电器、电子通信设备等,对嵌入式计算机的应用有着不同的要求,主要如下。

(1) 能面向控制对象,如面对物理量传感器的信号输入、面对人机交互的操作控制、面对对象的伺服驱动和控制。

（2）可嵌入应用系统。由于体积小，低功耗，价格低廉，可方便地嵌入应用系统和电子产品中。

（3）能在工业现场环境中长时间可靠运行。

（4）控制功能优良。对外部的各种模拟和数字信号能及时地捕捉，对多种不同的控制对象能灵活地进行实时控制。

可以看出，满足上述要求的计算机系统与通用计算机系统是不同的。换句话讲，能够满足和适合以上这些应用的计算机系统与通用计算机系统在应用目标上有巨大的差异。一般将具备高速计算能力和海量存储，用于高速数值计算和海量数据处理的计算机称为通用计算机系统。而将面对工控领域对象，嵌入各种控制应用系统、各类电子系统和电子产品中，实现嵌入式应用的计算机系统称为嵌入式计算机系统，简称嵌入式系统。

嵌入式系统将应用程序和操作系统与计算机硬件集成在一起，简单地讲，就是系统的应用软件与系统的硬件一体化。这种系统具有软件代码小、高度自动化、响应速度快等特点，特别适应于面向对象的要求实时和多任务的应用。

特定的环境和特定的功能要求嵌入式系统与所嵌入的应用环境成为一个统一的整体，并且往往要满足紧凑、可靠性高、实时性好、功耗低等技术要求。面向具体应用的嵌入式系统，以及系统的设计方法和开发技术，构成了今天嵌入式系统的重要内涵，也是嵌入式系统发展成为一个相对独立的计算机研究和学习领域的原因。

1.1.2 嵌入式系统和通用计算机系统比较

作为计算机系统的不同分支，嵌入式系统和人们熟悉的通用计算机系统既有共性，又有差异。

1. 嵌入式系统和通用计算机系统的共同点

嵌入式系统和通用计算机系统都属于计算机系统。从系统组成上看，它们都是由硬件和软件构成的；工作原理是相同的，都是存储程序机制。从硬件上看，嵌入式系统和通用计算机系统都是由中央处理器（Central Processing Unit，CPU）、存储器、I/O 接口和中断系统等部件组成的。从软件上看，嵌入式系统软件和通用计算机软件都可以划分为系统软件和应用软件两类。

2. 嵌入式系统和通用计算机系统的不同点

作为计算机系统的一个新兴的分支，嵌入式系统与人们熟悉和常用的通用计算机系统相比又具有以下不同点。

（1）形态。通用计算机系统具有基本相同的外形（如主机、显示器、鼠标和键盘等）并且独立存在；而嵌入式系统通常隐藏在具体某个产品或设备（称为宿主对象，如空调、洗衣机、数字机顶盒等）中，它的形态随着产品或设备的不同而不同。

（2）功能。通用计算机系统一般具有通用而复杂的功能，任意一台通用计算机都具有文档编辑、影音播放、娱乐游戏、网上购物和通信聊天等通用功能；而嵌入式系统嵌入在某个宿主对象中，功能由宿主对象决定，具有专用性，通常是为某个应用量身定做的。

（3）功耗。目前,通用计算机系统的功耗一般为200W左右;而嵌入式系统的宿主对象通常是小型应用系统,如手机、智能手环等,这些设备不可能配置容量较大的电源,因此,低功耗一直是嵌入式系统追求的目标,如日常生活中使用的智能手机,其待机功率为100～200mW,即使在通话时功率也只有4～5W。

（4）资源。通用计算机系统通常拥有大而全的资源(如鼠标、键盘、硬盘、内存和显示器等);而嵌入式系统受限于嵌入的宿主对象(如手机、智能手环等),通常要求小型化和低功耗,其软硬件资源受到严格的限制。

（5）价值。通用计算机系统的价值体现在"计算"和"存储"上,计算能力(处理器的字长和主频等)和存储能力(内存和硬盘的大小和读取速度等)是通用计算机的通用评价指标;而嵌入式系统往往嵌入某个设备和产品中,其价值一般不取决于其内嵌的处理器的性能,而体现在它所嵌入和控制的设备。例如,一台智能洗衣机的性能往往用洗净比、洗涤容量和脱水转速等衡量,而不以其内嵌的微控制器的运算速度和存储容量等衡量。

1.1.3　嵌入式系统的特点

通过嵌入式系统的定义和嵌入式系统与通用计算机系统的比较,可以看出嵌入式系统具有以下特点。

1. 专用性强

嵌入式系统通常是针对某种特定的应用场景,与具体应用密切相关,其硬件和软件都是面向特定产品或任务而设计的。不但一种产品中的嵌入式系统不能应用到另一种产品中,甚至都不能嵌入同一种产品的不同系列。例如,洗衣机的控制系统不能应用到洗碗机中,甚至不同型号洗衣机中的控制系统也不能相互替换,因此嵌入式系统具有很强的专用性。

2. 可剪裁性

受限于体积、功耗和成本等因素,嵌入式系统的硬件和软件必须高效率地设计,根据实际应用需求量体裁衣,去除冗余,从而使系统在满足应用要求的前提下达到最精简的配置。

3. 实时性好

许多嵌入式系统应用于宿主系统的数据采集、传输与控制过程时,普遍要求嵌入式系统具有较好的实时性,如现代汽车中的制动器、安全气囊控制系统、武器装备中的控制系统、某些工业装置中的控制系统等。这些应用对实时性有着极高的要求,一旦达不到应有的实时性,就有可能造成极其严重的后果。另外,虽然有些系统本身的运行对实时性要求不是很高,但实时性也会对用户体验感产生影响,如需要避免人机交互的卡顿、遥控反应迟钝等情况。

4. 可靠性高

嵌入式系统的应用场景多种多样,面对复杂的应用环境,嵌入式系统应能够长时间稳定可靠地运行。在某些应用中,嵌入式系统硬件或软件中存在的一个小Bug,都有可能导致灾难性后果的发生。

5. 体积小、功耗低

由于嵌入式系统要嵌入具体的应用对象体中,其体积大小受限于宿主对象,因此往往对体积有着严格的要求,如心脏起搏器的大小就像一粒胶囊。2020 年 8 月,埃隆·马斯克发布的拥有 1024 个信道的 Neuralink 脑机接口只有一枚硬币大小。同时,由于嵌入式系统在移动设备、可穿戴设备以及无人机、人造卫星等这样的应用设备中,不可能配置交流电源或大容量的电池,因此低功耗也往往是嵌入式系统所追求的一个重要指标。

6. 注重制造成本

与其他商品一样,制造成本会对嵌入式系统设备或产品在市场上的竞争力有很大的影响。同时嵌入式系统产品通常会进行大量生产。例如,现在的消费类嵌入式系统产品,通常年产量会在百万数量级、千万数量级甚至亿数量级。节约单个产品的制造成本,意味着总制造成本的海量节约,会产生可观的经济效益。因此,注重嵌入式系统的硬件和软件的高效设计,在满足应用需求的前提下有效地降低单个产品的制造成本,也成为嵌入式系统所追求的重要目标之一。

7. 生命周期长

随着计算机技术的飞速发展,像个人计算机(Personal Computer,PC)、智能手机这样的通用计算机系统的更新换代速度大大加快,更新周期通常为 18 个月左右。然而,嵌入式系统和实际具体应用装置或系统紧密结合,一般会伴随具体嵌入的产品维持 8～10 年相对较长的使用时间,其升级换代往往是和宿主对象系统同步进行的。因此,相较于通用计算机系统而言,嵌入式系统产品一旦进入市场后,不会像通用计算机系统那样频繁换代,通常具有较长的生命周期。

8. 不可垄断性

代表传统计算机行业的 Wintel(Windows-Intel)联盟统治桌面计算机市场长达 30 多年,形成了事实上的市场垄断。而嵌入式系统是将先进的计算机技术、半导体电子技术和网络通信技术与各个行业的具体应用相结合后的产物,其拥有更广阔和多样化的应用市场,行业细分市场极其宽泛,这一点就决定了嵌入式系统必然是一个技术密集、资金密集、高度分散、不断创新的知识集成系统。特别是 5G 技术、物联网技术以及人工智能技术与嵌入式系统的快速融合,催生了嵌入式系统创新产品的不断涌现,没有一家企业能够形成对嵌入式系统市场的垄断,给嵌入式系统产品的设计研发提供了广阔的市场空间。

1.2 嵌入式系统的组成

嵌入式系统是一个在功能、可靠性、成本、体积和功耗等方面有严格要求的专用计算机系统,那么无一例外,其具有一般计算机组成结构的共性。从总体上看,嵌入式系统的核心部分由嵌入式硬件和嵌入式软件组成;而从层次结构上看,嵌入式系统可划分为硬件层、驱动层、操作系统层以及应用层 4 个层次,如图 1-1 所示。

嵌入式硬件(硬件层)是嵌入式系统的物理基础,主要包括嵌入式处理器、存储器、输入/

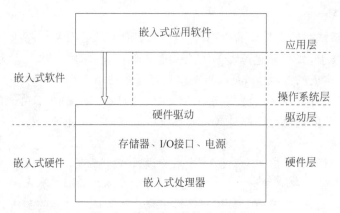

图 1-1 嵌入式系统的组成结构

输出(I/O)接口和电源等。其中,嵌入式处理器是嵌入式系统的硬件核心,通常可分为嵌入式微处理器、嵌入式微控制器、嵌入式数字信号处理器以及嵌入式片上系统等主要类型。

存储器是嵌入式系统硬件的基本组成部分,包括随机存取器(Random Access Memory, RAM)、Flash、电擦除可编程只读存储器(Electrically-Erasable Programmable Read-Only Memory,EEPROM)等主要类型,承担着存储嵌入式系统程序和数据的任务。目前的嵌入式处理器中已经集成了较为丰富的存储器资源,同时也可通过 I/O 接口在嵌入式处理器外部扩展存储器。

I/O 接口及设备是嵌入式系统对外联系的纽带,负责与外部世界进行信息交换。I/O接口主要包括数字接口和模拟接口两大类。其中,数字接口又可分为并行接口和串行接口;模拟接口包括模数转换器和数模转换器。并行接口可以实现数据的所有位同时并行传输,传输速度快,但通信线路复杂,传输距离短。串行接口则采用数据位逐位顺序传输的方式,通信线路少,传输距离远,但传输速度相对较慢。常用的串行接口有通用同步/异步收发器(USART)接口、串行外设接口(SPI)、芯片间总线(P2C)接口以及控制器局域网络(CAN)接口等,实际应用时可根据需要选择不同的接口类型。I/O 设备主要包括人机交互设备(如按键、显示器件等)和机机交互设备(如传感器、执行器等),可根据实际应用需求选择所需的设备类型。

嵌入式软件运行在嵌入式硬件平台之上,指挥嵌入式硬件完成嵌入式系统的特定功能。嵌入式软件可包括硬件驱动(驱动层)、嵌入式操作系统(操作系统层)以及嵌入式应用软件(应用层)3 个层次。另外,有些系统包含中间层,中间层也称为硬件抽象层(Hardware Abstract Layer,HAL)或板级支持包(Board Support Package,BSP),对于底层硬件,它主要负责相关硬件设备的驱动;而对于上层的嵌入式操作系统或应用软件,它提供了操作和控制硬件的规则与方法。嵌入式操作系统(操作系统层)是可选的,简单的嵌入式系统无需嵌入式操作系统的支持,由应用层软件通过驱动层直接控制硬件层完成所需功能,也称为"裸金属"(Bare-Metal)运行。对于复杂的嵌入式系统,应用层软件通常需要在嵌入式操作系统内核以及文件系统、图形用户界面、通信协议栈等系统组件的支持下,完成复杂的数据管理、人机交互以及网络通信等功能。

嵌入式处理器是一种在嵌入式系统中使用的微处理器。从体系结构看，与通用CPU一样，嵌入式处理器也分为冯·诺依曼（von Neumann）结构的嵌入式处理器和哈佛（Harvard）结构的嵌入式处理器。冯·诺依曼结构是一种将内部程序空间和数据空间合并在一起的结构，程序指令和数据的存储地址指向同一个存储器的不同物理位置，程序指令和数据的宽度相同，取指令和取操作数通过同一条总线分时进行。大部分通用处理器采用的是冯·诺依曼结构，也有不少嵌入式处理器采用冯·诺依曼结构，如 Intel 8086、Arm7、MIPS、PIC16 等。哈佛结构是一种将程序空间和数据空间分开在不同的存储器中的结构，每个空间的存储器独立编址，独立访问，设置了与两个空间存储器相对应的两套地址总线和数据总线，取指令和执行能够重叠进行，数据的吞吐率提高了一倍，同时指令和数据可以有不同的数据宽度。大多数嵌入式处理器采用了哈佛结构或改进的哈佛结构，如 Intel 8051、Atmel AVR、Arm9、Arm10、Arm11、Arm Cortex-M3 等系列嵌入式处理器。

从指令集的角度看，嵌入式处理器也有复杂指令集计算机（Complex Instruction Set Computer，CISC）和 RISC 两种指令集架构。早期的处理器全部采用的是 CISC 架构，它的设计动机是要用最少的机器语言指令完成所需的计算任务。为了提高程序的运行速度和软件编程的方便性，CISC 处理器不断增加可实现复杂功能的指令和多种灵活的寻址方式，使处理器所含的指令数目越来越多。然而，指令数量越多，完成微操作所需的逻辑电路就越多，芯片的结构就越复杂，器件成本也相应越高。相比之下，RISC 是一套优化过的指令集架构，可以从根本上快速提高处理器的执行效率。在 RISC 处理器中，每个机器周期都在执行指令，无论简单还是复杂的操作，均由简单指令的程序块完成。由于指令高度简约，RISC 处理器的晶体管规模普遍都很小而且性能强大。因此，继 IBM 公司推出 RISC 架构和处理器产品后，众多厂商纷纷开发出自己的 RISC 指令系统，并推出自己的 RISC 架构处理器，如 DEC 公司的 Alpha、SUN 公司的 SPARC、HP 公司的 PA-RISC、MIPS 技术公司的 MIPS、Arm 公司的 Arm 等。RISC 处理器被广泛应用于消费电子产品、工业控制计算机和各类嵌入式设备中。RISC 处理器的热潮出现在 RISC-V 开源指令集架构推出后，涌现出了各种基于 RISC-V 架构的嵌入式处理器，如 SiFive 公司的 U54-MC Coreplex、GreenWaves Technologies 公司的 GAP8、Western Digital 公司的 SweRV EH1，国内有睿思芯科（深圳）技术有限公司的 Pygmy、芯来科技（武汉）有限公司的 Hummingbird（蜂鸟）E203、晶心科技（武汉）有限公司的 AndeStar V5 和 AndesCore N22 以及平头哥半导体有限公司的玄铁 910 等。

1.3 嵌入式系统的软件

嵌入式系统的软件一般固化于嵌入式存储器中，是嵌入式系统的控制核心，控制着嵌入式系统的运行，实现嵌入式系统的功能。由此可见，嵌入式软件在很大程度上决定整个嵌入式系统的价值。

从软件结构上划分，嵌入式软件分为无操作系统和带操作系统两种。

1.3.1　无操作系统的嵌入式软件

对于通用计算机,操作系统是整个软件的核心,不可或缺。然而,对于嵌入式系统,由于其专用性,在某些情况下无需操作系统。尤其在嵌入式系统发展的初期,由于较低的硬件配置、单一的功能需求以及有限的应用领域(主要集中在工业控制和国防军事领域),嵌入式软件的规模通常较小,没有专门的操作系统。

在组成结构上,无操作系统的嵌入式软件仅由引导程序和应用程序两部分组成,如图 1-2 所示。引导程序一般由汇编语言编写,在嵌入式系统上电后运行,完成自检、存储映射、时钟系统和外设接口配置等一系列硬件初始化操作。应用程序一般由 C 语言编写,直接架构在硬件之上,在引导程序之后运行,负责实现嵌入式系统的主要功能。

图 1-2　无操作系统的嵌入式软件结构

1.3.2　带操作系统的嵌入式软件

随着嵌入式应用在各个领域的普及和深入,嵌入式系统向多样化、智能化和网络化发展,其对功能、实时性、可靠性和可移植性等方面的要求越来越高,嵌入式软件日趋复杂,越来越多地采用嵌入式操作系统+应用软件的模式。相比于无操作系统的嵌入式软件,带操作系统的嵌入式软件规模较大,其应用软件架构于嵌入式操作系统上,而非直接面对嵌入式硬件,可靠性高,开发周期短,易于移植和扩展,适用于功能复杂的嵌入式系统。

带操作系统的嵌入式软件的体系结构如图 1-3 所示,自下而上包括设备驱动层、操作系统层和应用软件层。

图 1-3　带操作系统的嵌入式软件的体系结构

1.3.3　嵌入式操作系统的分类

按照嵌入式操作系统对任务响应的实时性分类,嵌入式操作系统可以分为嵌入式非实时操作系统和嵌入式实时操作系统(RTOS)。这两类操作系统的主要区别在于任务调度处理方式不同。

1. 嵌入式非实时操作系统

嵌入式非实时操作系统主要面向消费类产品应用领域。大部分嵌入式非实时操作系统都支持多用户和多进程,负责管理众多的进程并为它们分配系统资源,属于不可抢占式操作系统。非实时操作系统尽量缩短系统的平均响应时间并提高系统的吞吐率,在单位时间内为尽可能多的用户请求提供服务,注重平均表现性能,不关心个体表现性能。例如,对于整个系统,注重所有任务的平均响应时间而不关心单个任务的响应时间;对于某个单个任务,注重每次执行的平均响应时间而不关心某次特定执行的响应时间。典型的嵌入式非实时操作系统有 Linux、iOS 等。

2. 嵌入式实时操作系统

嵌入式实时操作系统主要面向控制、通信等领域。实时操作系统除了要满足应用的功能需求,还要满足应用提出的实时性要求,属于抢占式操作系统。嵌入式实时操作系统能及时响应外部事件的请求,并以足够快的速度予以处理,其处理结果能在规定的时间内控制、监控生产过程或对处理系统作出快速响应,并控制所有任务协调、一致地运行。因此,嵌入式实时操作系统采用各种算法和策略,始终保证系统行为的可预测性。这要求在系统运行的任何时刻,在任何情况下,嵌入式实时操作系统的资源调配策略都能为争夺资源(包括CPU、内存、网络带宽等)的多个实时任务合理地分配资源,使每个实时任务的实时性要求都能得到满足,要求每个实时任务在最坏情况下都要满足实时性要求。嵌入式实时操作系统总是执行当前优先级最高的进程,直至结束执行,中间的时间通过 CPU 频率等可以推算出来。由于虚存技术访问时间的不可确定性,在嵌入式实时操作系统中一般不采用标准的虚存技术。典型的嵌入式实时操作系统有 VxWorks、μC/OS-Ⅱ、QNX、FreeRTOS、eCOS、RTX 及 RT-Thread 等。

1.3.4　嵌入式实时操作系统的功能

嵌入式实时操作系统满足了实时控制和实时信息处理领域的需要,在嵌入式领域应用十分广泛,一般有实时内核、内存管理、文件系统、图形接口、网络组件等。在不同的应用中,可对嵌入式实时操作系统进行剪裁和重新配置。一般来讲,嵌入式实时操作系统需要完成以下管理功能。

1. 任务管理

任务管理是嵌入式实时操作系统的核心和灵魂,决定了操作系统的实时性能。任务管理通常包含优先级设置、多任务调度机制和时间确定性等部分。

嵌入式实时操作系统支持多个任务,每个任务都具有优先级,任务越重要,被赋予的优先级越高。优先级的设置分为静态优先级和动态优先级两种。静态优先级指的是每个任务在运行前都被赋予一个优先级,而且这个优先级在系统运行期间是不能改变的。动态优先级则是指每个任务的优先级(特别是应用程序的优先级)在系统运行时可以动态地改变。任务调度主要是协调任务对计算机系统资源的争夺使用,任务调度直接影响到系统的实时性能,一般采用基于优先级抢占式调度。系统中每个任务都有一个优先级,内核总是将 CPU 分配给处于就绪态的优先级最高的任务运行。如果系统发现就绪队列中有比当前运行任务更高的优先级任务,就会把当前运行任务置于就绪队列,调入高优先级任务运行。系统采用优先级抢占方式进行调度,可以保证重要的突发事件得到及时处理。嵌入式实时操作系统调用的任务与服务的执行时间应具有可确定性,系统服务的执行时间不依赖于应用程序任务的多少,因此,系统完成某个确定任务的时间是可预测的。

2. 任务同步与通信机制

实时操作系统的功能一般要通过若干任务和中断服务程序共同完成。任务与任务之间、任务与中断间任务及中断服务程序之间必须协调动作、互相配合,这就涉及任务间的同步与通信问题。嵌入式实时操作系统通常是通过信号量、互斥信号量、事件标志和异步信号实现同步的,是通过消息邮箱、消息队列、管道和共享内存提供通信服务的。

3. 内存管理

通常在操作系统的内存中既有系统程序,也有用户程序,为了使两者都能正常运行,避免程序间相互干扰,需要对内存中的程序和数据进行保护。存储保护通常需要硬件支持,很多系统都采用存储器管理单元(Memory Management Unit,MMU),并结合软件实现这一功能。但由于嵌入式系统的成本限制,内核和用户程序通常都在相同的内存空间中。内存分配方式可分为静态分配和动态分配。静态分配是在程序运行前一次性分配相应内存,并且在程序运行期间不允许再申请或在内存中移动;动态分配则允许在程序运行的整个过程中进行内存分配。静态分配使系统失去了灵活性,但对实时性要求比较高的系统是必需的;而动态分配赋予了系统设计者更多自主性,系统设计者可以灵活地调整系统的功能。

4. 中断管理

中断管理是实时系统中一个很重要的部分,系统经常通过中断与外部事件交互。评估系统的中断管理性能主要考虑的是否支持中断嵌套、中断处理、中断延时等。中断处理是整个运行系统中优先级最高的代码,它可以抢占任何任务级代码运行。中断机制是多任务环境运行的基础,是系统实时性的保证。

1.3.5 典型嵌入式操作系统

使用嵌入式操作系统主要是为了有效地对嵌入式系统的软硬件资源进行分配、任务调度切换、中断处理,以及控制和协调资源与任务的并发活动。由于 C 语言可以更好地对硬件资源进行控制,嵌入式操作系统通常采用 C 语言编写。当然,为了获得更快的响应速度,有时也需要采用汇编语言编写一部分代码或模块,以达到优化的目的。嵌入式操作系统与通用操作系统相比,在两方面有很大的区别。一方面,通用操作系统为用户创建了一个操作环境,在这个环境中,用户可以和计算机相互交互,执行各种各样的任务;而嵌入式系统一般只是执行有限类型的特定任务,并且一般不需要用户干预。另一方面,在大多数嵌入式操作系统中,应用程序通常作为操作系统的一部分内置于操作系统中,随同操作系统启动时自动在只读存储器(Read-Only Memory,ROM)或 Flash 中运行;而在通用操作系统中,应用程序一般是由用户选择加载到 RAM 中运行的。

随着嵌入式技术的快速发展,国内外先后问世了 150 多种嵌入式操作系统,较常见的国外嵌入式操作系统有 μC/OS-Ⅱ、FreeRTOS、Embedded Linux、VxWorks、QNX、RTX、

Windows IoT Core、Android Things 等。虽然国产嵌入式操作系统发展相对滞后,但在物联网技术与应用的强劲推动下,国内厂商也纷纷推出了多种嵌入式操作系统,并得到了日益广泛的应用。目前较常见的国产嵌入式操作系统有华为 Lite OS、华为 HarmonyOS、阿里巴巴 AliOS Things、翼辉 SylixOS、睿赛德 RT-Thread 等。

1.4 嵌入式系统的应用领域

嵌入式系统主要应用在以下领域。

1. 工业控制

基于嵌入式芯片的工业自动化设备将获得长足的发展,目前已经有大量的 8、16、32 位嵌入式微控制器在应用中,网络化是提高生产效率和产品质量、减少人力资源的主要途径,如工业过程控制、数字机床、电力系统、电网安全、电网设备监测、石油化工系统。就传统的工业控制产品而言,低端型采用的往往是 8 位单片机,但是随着技术的发展,32 位、64 位的处理器逐渐成为工业控制设备的核心,在未来几年内必将获得长足的发展。

2. 交通管理

在车辆导航、流量控制、信息监测和汽车服务方面,嵌入式系统技术已经获得了广泛的应用,如内嵌全球定位系统(Global Position System,GPS)模块、全球移动通信系统(Global System for Mobile Communications,GSM)模块的移动定位终端已经在各种运输行业获得了成功的使用,目前 GPS 设备已经从尖端产品进入了普通百姓的家庭。

3. 信息家电

信息家电将成为嵌入式系统最大的应用领域,冰箱、空调等的网络化、智能化将引领人们的生活步入一个崭新的空间。即使你不在家里,也可以通过电话线、网络进行远程控制,在这些设备中,嵌入式系统将大有用武之地。

4. 家庭智能管理系统

水、电、燃气表的远程自动抄表,安全防火、防盗系统,其中嵌有的专用控制芯片将代替传统的人工检查,并实现更高、更准确和更安全的性能。目前在服务领域,如远程点菜器等已经体现了嵌入式系统的优势。

5. POS 网络及电子商务

公共交通无接触智能卡(Contactless Smartcard,CSC)发行系统、公共电话卡发行系统、自动售货机、各种智能 ATM 终端将全面走入人们的生活,到时手持一卡就可以行遍天下。

6. 环境工程与自然

嵌入式系统在水文资料实时监测、防洪体系及水土质量监测、堤坝安全、地震监测网、实时气象信息网、水源和空气污染监测等方面有很广泛的应用。在很多环境恶劣、地况复杂的地区,嵌入式系统将实现无人监测。

7. 机器人

嵌入式芯片的发展将使机器人在微型化、高智能方面的优势更加明显,同时会大幅度降低机器人的价格,使其在工业领域和服务领域得到更广泛的应用。

8. 机电产品

相对于其他领域,机电产品可以说是嵌入式系统应用最典型、最广泛的领域之一。从最初的单片机到现在的工控机、SoC在各种机电产品中均有着巨大的市场。

9. 物联网

嵌入式系统已经在物联网方面取得大量成果,在智能交通、POS收银,工厂自动化等领域已经广泛应用,仅在智能交通行业就已经取得非常明显的社会效益和经济效益。

随着移动应用的发展,嵌入式移动应用方面的前景非常广阔,包括穿戴设备、智能硬件、物联网。随着低功耗技术的发展,随身可携带的嵌入式应用将会普及人们生活的各个方面。

1.5 嵌入式系统的体系

嵌入式系统是一个专用计算机应用系统,是一个软件和硬件的集合体。图1-4描述了一个典型嵌入式系统的组成结构。

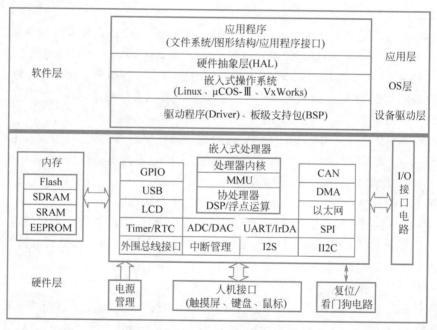

图1-4 典型嵌入式系统的组成结构

嵌入式系统的硬件层一般由嵌入式处理器、内存、人机接口、复位/看门狗电路、I/O接电路等组成,它是整个系统运行的基础,通过人机接口和I/O接口实现和外部的通信。嵌入式系统的软件层主要由应用程序、硬件抽象层、嵌入式操作系统和驱动程序、板级支持包组成,嵌入式操作系统主要实现应用程序和硬件抽象层的管理,在一些应用场合可以不使用,直接编写裸机应用程序。嵌入式系统软件运行在嵌入式处理器中。在嵌入式操作系统的管理下,设备驱动层将硬件电路接收的控制指令和感知的外部信息传递给应用层,经过其处理后,将控制结果或数据再反馈给系统硬件层,完成存储、传输或执行等功能要求。

1.5.1 硬件架构

嵌入式系统的硬件架构以嵌入式处理器为核心,由存储器、外围设备、通信模块、电源及复位等必要的辅助接口组成。嵌入式系统是量身定做的专用计算机应用系统,不同于普通计算机组成,在实际应用中的嵌入式系统硬件配置非常精简。除了微处理器和基本的外围设备,其余的电路都可根据需要和成本进行剪裁、定制,因此嵌入式系统硬件配置非常经济、可靠。

随着计算机技术、微电子技术及纳米芯片加工工艺技术的发展。以微处理器为核心的集成多种功能的 SoC 已成为嵌入式系统的核心。这些 SoC 集成了大量的外围 USB、以太网、ADC/DAC、I2S 等功能模块。SOPC 结合了 SoC 和 PLD 的技术优点,使得系统具有可编程的功能,是可编程逻辑器件在嵌入式应用中的完美体现,极大地提高了系统在线升级、换代的能力。以 SoC/SOPC 为核心,用最少的外围器件和连接器件构成一个应用系统,以满足系统的功能需求,是嵌入式系统发展的一个方向。

因此,嵌入式系统设计是以嵌入式微处理器/SoC/SOPC 为核心,结合外围接口设备,包括存储设备、通信扩展设备、扩展设备接口和辅助的设备(电源、传感、执行等),构成硬件系统以完成系统设计的。

1.5.2 软件层次

嵌入式系统软件可以是直接面向硬件的裸机程序开发,也可以是基于操作系统的嵌入式程序开发。当嵌入式系统应用功能简单时,相应的硬件平台结构也相对简单,这时可以使用裸机程序开发方式,不仅能够降低系统复杂度,还能够实现较好的系统实时性,但是要求程序设计人员对硬件构造和原理比较熟悉。如果嵌入式系统应用较复杂,相应的硬件平台结构也相对复杂,这时可能就需要一个嵌入式操作系统管理和调度内存、多任务、周边资源等。在进行基于操作系统的嵌入式程序设计开发时,操作系统通过对驱动程序的管理,将硬件各组成部分抽象成一系列应用程序接口(Application Programming Interface,API)函数,这样在编写应用程序时,程序设计人员就可以减少对硬件细节的关注,专注于程序设计,从而减轻程序设计人员的工作负担。

嵌入式系统软件结构一般包含 3 个层面:设备驱动层、OS 层、应用层(包括硬件抽象层、应用程序)。由于嵌入式系统应用的多样性,需要根据不同的硬件电路和嵌入式系统应用特点,对软件部分进行剪裁。现代高性能嵌入式系统的应用越来越广泛,嵌入式操作系统的使用成为必然发展趋势。

1. 设备驱动层

设备驱动层一般由板级支持包和驱动程序组成,是嵌入式系统中不可或缺的部分,设备驱动层的作用是为上层程序提供外围设备的操作接口,并且实现设备的驱动程序。上层程序可以不管设备内部实现细节,只调用设备驱动的操作接口即可。

应用程序运行在嵌入式操作系统上,利用嵌入式操作系统提供的接口完成特定功能。嵌入式操作系统具有应用的任务调度和控制等核心功能。硬件平台根据不同的应用,所具备功能各不相同,而且所使用的硬件也不相同,具有复杂的多样性。因此,针对不同硬件平台进行嵌入式操作系统的移植是极为耗时的工作,为简化不同硬件平台间操作系统的移植问题,在嵌入式操作系统和硬件平台之间增加了硬件抽象层(HAL)。有了硬件抽象层,嵌入式操作系统和应用程序就不需要关心底层的硬件平台信息,内核与硬件相关的代码也不必因硬件的不同而修改,只要硬件抽象层能够提供必需的服务即可,从而屏蔽底层硬件,方便进行系统的移植。通常硬件抽象层是以板级支持包的形式完成对具体硬件的操作的。

1)板级支持包

板级支持包(BSP)是介于主板硬件和嵌入式操作系统中驱动程序之间的一层。BSP是所有与硬件相关的代码体的集合,为嵌入式操作系统的正常运行提供了最基本、最原始的硬件操作的软件模块。BSP和嵌入式操作系统息息相关,为上层的驱动程序提供了访问硬件的寄存器的函数包,使之能够更好地运行于主板硬件。

BSP具有以下三大功能。

(1)系统上电时的硬件初始化。例如,对系统内存、寄存器及设备的中断进行设置。这是比较系统化的工作,硬件上电初始化要根据嵌入式开发所选的CPU类型、硬件及嵌入式操作系统的初始化等多方面决定BSP应实现的功能。

(2)为嵌入式操作系统访问硬件驱动程序提供支持。驱动程序经常需要访问硬件的寄存器,如果整个系统为统一编址,那么开发人员可直接在驱动程序中用C语言的函数访问硬件的寄存器。但是,如果系统为单独编址,那么C语言将不能直接访问硬件的寄存器,只有汇编语言编写的函数才能对硬件的寄存器进行访问。BSP就是为上层的驱动程序提供访问硬件的寄存器的函数包。

(3)集成硬件相关和硬件无关的嵌入式操作系统所需的软件模块。BSP是相对于嵌入式操作系统而言的,不同的嵌入式操作系统对应不同定义形式的BSP。例如,VxWorks的BSP和Linux的BSP相对于某一CPU来说,尽管实现的功能一样,但是写法和接口定义是完全不同的,所以写BSP一定要按照该系统BSP的定义形式(BSP的编程过程大多数是在某个成型的BSP模板上进行修改的),这样才能与上层嵌入式操作系统保持正确的接口,良好地支持上层嵌入式操作系统。

2)驱动程序

只有安装了驱动程序,嵌入式操作系统才能操作硬件平台,驱动程序控制嵌入式操作系统和硬件之间的交互。驱动程序提供一组嵌入式操作系统可理解的抽象接口函数,如设备初始化、打开、关闭、发送、接收等。一般而言,驱动程序和设备的控制芯片有关。驱动程序运行在高特权级的处理器环境中,可以直接对硬件进行操作,但正因为如此,任何一个设备驱动程序的错误都可能导致嵌入式操作系统的崩溃,因此好的驱动程序需要有完备的错误处理函数。

2. OS层

嵌入式操作系统(Operating System,OS)是一种支持嵌入式系统应用的操作系统软件,是嵌入式系统的重要组成部分。嵌入式操作系统通常包括与硬件相关的底层驱动软件、系统内核、设备驱动接口、通信协议、图形界面、标准化浏览器等。嵌入式操作系统具有通用操作系统的基本特点。例如,能有效管理越来越复杂的系统资源;能把硬件虚拟化,将开发人员从繁忙的驱动程序移植和维护中解脱出来;能提供库函数、驱动程序、工具集及应用程序。与通用操作系统相比较,嵌入式操作系统在系统实时高效性、硬件的相关依赖性、软件固态化及应用的专用性等方面具有较突出的特点。嵌入式操作系统具有通用操作系统的基本特点,能够有效管理复杂的系统资源,并且把硬件虚拟化。

在一般情况下,嵌入式操作系统可以分为两类,一类是面向控制、通信等领域的嵌入式实时操作系统(RTOS),如 VxWorks、PSOS、QNX、μCOS-Ⅱ、RT-Thread、FreeRTOS 等;另一类是面向消费电子产品的嵌入式非实时操作系统,如 Linux、Android、iOS 等,这类产品包括智能手机、机顶盒、电子书等。

3. 应用层

1)硬件抽象层

硬件抽象层(HAL)本质上就是一组对硬件进行操作的 **API**,是对硬件功能抽象的结果。硬件抽象层通过 API 为嵌入式操作系统和应用程序提供服务。但是,在 Windows 和 Linux 操作系统下,硬件抽象层的定义是不同的。

Windows 操作系统下的硬件抽象层定义:位于嵌入式操作系统的最底层,直接操作硬件,隔离与硬件相关的信息,为上层的嵌入式操作系统和驱动程序提供一个统一的接口,起到对硬件的抽象作用。HAL 简化了驱动程序的编写,使嵌入式操作系统具有更好的可移植性。

Linux 操作系统下的硬件抽象层定义:位于嵌入式操作系统和驱动程序之上,是一个运行在用户空间中的服务程序。

Linux 和所有 UNIX 一样,习惯用文件抽象设备,任何设备都是一个文件,如/dev/mouse 是鼠标的设备文件名。这种方法看起来不错,每个设备都有统一的形式,但使用起来并没有那么容易,设备文件名没有什么规范,用户从简单的一个文件名无法得知它是什么设备,具有什么特性。乱七八糟的设备文件,让设备的管理和应用程序的开发变得很麻烦,所以有必要提供一个硬件抽象层,为上层应用程序提供一个统一的接口,Linux 的硬件抽象层就这样应运而生了。

2)应用程序

应用程序是为完成某项或某几项特定任务而被开发运行于嵌入式操作系统之上的程序,如文件操作、图形操作等。在嵌入式操作系统上编写应用程序一般需要一些应用程序接口。应用程序接口(API)又称为应用编程接口,是软件系统不同组部分衔接的约定。应用程序接口的设计十分重要,良好的接口设计可以降低系统各部分的相互依赖性,提高组成单元的内聚性,降低组成单元间的耦合程度,从而提高系统的维护性和扩展性。

根据嵌入式系统应用需求,应用程序通过调用嵌入式操作系统的 API 函数操作系统硬件,从而实现应用需求。一般嵌入式应用程序建立在主任务基础之上,可以是多任务的,通过嵌入式操作系统管理工具(信号量、队列等)实现任务间通信和管理,进而实现应用需要的特定功能。

第 2 章

嵌入式处理器

本章讲述嵌入式处理器,包括 Arm 嵌入式处理器、存储器系统、嵌入式处理器的分类和特点。

2.1 Arm 嵌入式处理器

1978 年 12 月 5 日,物理学家赫尔曼·豪泽(Hermann Hauser)和工程师 Chris Curry 在英国剑桥创办了 CPU(Cambridge Processing Unit)公司,主要业务是为当地市场供应电子设备。1979 年,CPU 公司更名为 **Acorn** 计算机公司。

据说,还有一名创始人叫 Andy Hopper。Andy Hopper 是 Acorn 的研究主管,但为了顾及自己在剑桥大学的本职工作,他刻意保持低调,而将公开露面的机会留给了另外两位创始人。

1985 年,Roger Wilson 和 Steve Furber 设计了他们自己的第 1 代 32 位 6MHz 的处理器,用它做出了一台 RISC 指令集的计算机,简称 Arm(Acorn RISC Machine)。这就是第 1 代 Arm 处理器——Arm1。随后,改良版的 Arm2 也被研发出来。Arm2 被用在 BBC Archimedes 305 上。

后来 Acorn 被 Olivetti 收购,在 Andy Hopper 的提议下,1990 年 11 月 27 日,Advanced RISC Machines Ltd.(简称 Arm)被分拆出来,正式成为一家独立的处理器公司,由苹果公司出资 150 万英镑,芯片厂商 VLSI 出资 25 万英镑,Acorn 本身则以 150 万英镑的知识产权和 12 名工程师入股。公司的办公地点非常简陋,就是一个谷仓。

这个项目到后来进入 Arm6,首版的样品在 1991 年发布,然后苹果计算机使用 Arm6 架构的 Arm 610 作为其 Apple Newton 产品的处理器。在 1994 年,Acorn 计算机使用 Arm 610 作为其个人计算机产品的处理器。

Arm 既是一个公司的名字,也是对一类微处理器的通称,还可以认为是一种技术的名字。Arm 系列处理器是全球最成功的 RISC。1991 年,Arm 公司设计出全球第 1 款 RISC 处理器。从此以后,Arm 处理器被授权给众多半导体制造厂,成为低功耗和低成本的嵌入式应用的市场领导者。

Arm 公司是全球领先的半导体知识产权(Intellectual Property,**IP**)提供商,与一般的公司不同,Arm 公司既不生产芯片,也不销售芯片,而是设计出高性能、低功耗、低成本和高可靠性的 IP 内核,如 Arm7TDMI、Arm9TDMI、Arm10TDMI 等,授权给各半导体公司使用。半导体公司在授权付费使用 Arm 内核的基础上,根据自己公司的定位和各自不同的应用领域,添加适当的外围电路,从而形成自己的嵌入式微处理器或微控制器芯片产品。目前,绝大多数的半导体公司都使用 Arm 公司的授权,如 Intel、IBM、三星、德州仪器、飞思卡尔(Freescale)、恩智浦(NXP)、意法半导体(ST)等。这样既使 Arm 技术获得更多的第三方工具、硬件、软件的支持,又使整个系统成本降低,使产品更容易进入市场被消费者所接受,更具有竞争力。Arm 公司利用这种双赢的伙伴关系迅速成为全球性 RISC 微处理器标准的缔造者。

Arm 嵌入式处理器有着非常广泛的嵌入式系统支持,如 Windows CE、μC/OS-II、μCLinux、VxWorks、μTenux 等。

2.1.1　Arm 处理器的特点

因为 Arm 处理器采用 RISC 结构,所以它具有 **RISC 架构**的一些经典特点,具体如下。

(1) 体积小、功耗低、成本低、性能高。

(2) 支持 Thumb(16 位)/Arm(32 位)双指令集,能很好地兼容 8 位/16 位器件。

(3) 大量使用寄存器,指令执行速度更快。

(4) 大多数数据操作都在寄存器中完成。

(5) 寻址方式灵活简单,执行效率高。

(6) 内含嵌入式在线仿真器。

基于 Arm 处理器的上述特点,它被广泛应用于以下领域。

(1) 为通信、消费电子、成像设备等产品提供可运行复杂操作系统的开放应用平台。

(2) 在海量存储、汽车电子、工业控制和网络应用等领域,提供实时嵌入式应用。

(3) 在军事、航天等领域,提供宽温、抗电磁干扰、耐腐蚀的复杂嵌入式应用。

2.1.2　Arm 体系结构的版本和系列

下面讲述 Arm 体系结构的版本和系列。

1. Arm 处理器的体系结构

Arm 体系结构是 CPU 产品所使用的一种体系结构,Arm 公司开发了一套拥有知识产权的 RISC 体系结构的指令集。每个 Arm 处理器都有一个特定的指令集架构,而一个特定的指令集架构又可以由多种处理器实现。

自从第 1 枚 Arm 处理器芯片诞生至今,Arm 公司先后定义了 8 个 Arm 体系结构版本,分别命名为 V1～V8;此外,还有基于这些体系结构的变种版本。V1～V3 版本已经被淘汰,目前常用的是 V4～V8 版本,每个版本均集成了前一个版本的基本设计,但性能有所提高或功能有所扩充,并且指令集向下兼容。

1)冯·诺依曼结构

冯·诺依曼结构(von Neumann Architecture)是一种将程序指令存储器和数据存储器合并在一起的计算机设计概念结构。它描述的是一种实作通用图灵机的计算装置,以及一种相对于平行计算的序列式结构参考模型(Referential Model),如图 2-1 所示。

冯·诺依曼结构隐约指导了将存储装置与中央处理器分开的概念,因此根据该结构设计出的计算机又称为存储程序型计算机。

冯·诺依曼结构处理器具有以下特点。

(1)必须有一个存储器。

(2)必须有一个控制器。

(3)必须有一个运算器,用于完成算术运算和逻辑运算。

(4)必须有输入和输出设备,用于进行人机通信。

2)哈佛结构

哈佛结构是一种将程序指令存储和数据存储分开的存储器结构。中央处理器首先到程序指令存储器中读取程序指令内容,如图 2-2 所示,解码后得到数据地址,再到相应的数据存储器中读取数据,并进行下一步的操作(通常是执行)。程序指令存储和数据存储分开,数据和指令的存储可以同时进行,可以使指令和数据有不同的数据宽度,如 Microchip 公司的 PIC16 芯片的程序指令是 14 位宽度,而数据是 8 位宽度。

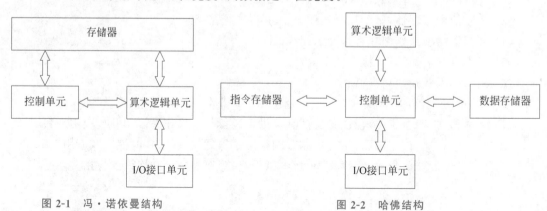

图 2-1　冯·诺依曼结构　　　　　　　图 2-2　哈佛结构

与冯·诺依曼结构处理器比较,哈佛结构处理器具有两个明显的特点。

(1)使用两个独立的存储器模块,分别存储指令和数据,每个存储模块都不允许指令和数据并存,以便实现并行处理。

(2)具有一条独立的地址总线和一条独立的数据总线,利用公用地址总线访问两个存储模块(程序存储模块和数据存储模块),公用数据总线则被用来完成程序存储模块或数据存储模块与中央处理器之间的数据传输。

哈佛结构的微处理器通常具有较高的执行效率。其程序指令和数据指令是分开组织和存储的,执行时可以预先读取下一条指令。目前使用哈佛结构的中央处理器和微控制器有很多,除了上面提到的 Microchip 公司的 PIC 系列芯片,还有摩托罗拉公司的 MC68 系列、Zilog 公司的 Z8 系列、Atmel 公司的 AVR 系列和 Arm 公司的 Arm9、Arm10 和 Arm11。Arm 有许多系列,如 Arm7、Arm9、Arm10E、XScale、Cortex 等,其中哈佛结构、冯·诺依曼结构都有,如控制领域最常用的 Arm7 系列是冯·诺依曼结构,而 Cortex-M3 系列是哈佛结构。

2. Arm 体系结构版本的变种

Arm 处理器在制造过程中的具体功能要求往往会与某个标准的 Arm 体系结构不完全一致,有可能根据实际需求增加或减少一些功能。因此,Arm 公司制定了标准,采用一些字母后缀表明基于某个标准 Arm 体系结构版本的不同之处,这些字母称为 Arm 体系结构版本变量或变量后缀。带有变量后缀的 Arm 体系结构版本称为 Arm 体系结构版本变种。表 2-1 给出了 Arm 体系结构版本的变量后缀。

表 2-1 **Arm 体系结构版本的变量后缀**

变量后缀	国 内 描 述
T	Thumb 指令集,Thumb 指令长度为 16 位,目前有两个版本:Thumb1 用于 Arm V4 的 T 变种,Thumb2 用于 Arm V5 以上的版本
D	含有 JTAG 调试,支持片上调试
M	内嵌硬件乘法器(Multiplier),提供用于进行长乘法操作的 Arm 指令,产生全 64 位结果
I	嵌入式 ICE,用于实现片上断点和调试点支持
E	增强型 DSP 指令,增加了新的 16 位数据乘法与乘加操作指令,加减法指令可以实现饱和的带符号数的加减法操作
J	Java 加速器 Jazelle,与一般的 Java 虚拟机相比,它将 Java 代码运行速度提高了 8 倍,而功耗降低了 80%
F	向量浮点单元
S	可综合版本

2.1.3 Arm 的 RISC 结构特性

Arm 内核采用精简指令集计算机(RISC)体系结构,它是一个小门数的计算机,其指令集和相关的译码机制比复杂指令集计算机(CISC)要简单得多,其目标就是设计出一套能在高时钟频率下单周期执行、简单而有效的指令集。RISC 的设计重点在于降低处理器中指令执行部件的硬件复杂度,这是因为软件比硬件更容易提供更大的灵活性和更高的智能化,因此 Arm 具备了非常典型的 **RISC** 结构特性,具体如下。

(1)具有大量的通用寄存器。

(2)通过装载/保存(Load/Store)结构使用独立的 load 和 store 指令完成数据在寄存器和外部存储器之间的传输,处理器只处理寄存器中的数据,从而避免多次访问存储器。

(3)寻址方式非常简单,所有装载/保存的地址都只由寄存器内容和指令域决定。

(4)使用统一和固定长度的指令格式。

此外,**Arm** 体系结构还提供以下特征。

（1）每条数据处理指令都可以同时包含算术逻辑单元（Arithmetic Logic Unit，ALU）的运算和移位处理，以实现对 ALU 和移位器的最大利用。

（2）使用地址自动增加和自动减少的寻址方式优化程序中的循环处理。

（3）load/store 指令可以批量传输数据，从而实现了最大数据吞吐量。

（4）大多数 Arm 指令是可"条件执行"的，也就是说只有当某个特定条件满足时指令才会被执行。通过使用条件执行，可以减少指令的数目，从而改善程序的执行效率和提高代码密度。

这些在基本 RISC 结构上增强的特性使 Arm 处理器在高性能、低代码规模、低功耗和小的硅片尺寸方面取得良好的平衡。

从 1985 年 Arm1 诞生至今，Arm 指令集体系结构发生了巨大的改变，还在不断地完善和发展。为了清楚地表达每个 Arm 应用实例所使用的指令集，Arm 公司定义了 7 种主要的 Arm 指令集体系结构版本，以版本号 V1～V7 表示。

2.2 存储器系统

本节首先对存储器系统进行概述，然后介绍嵌入式系统存储器的分类。

2.2.1 存储器系统概述

存储器系统作为计算机或嵌入式系统中不可或缺的组成部分，主要用来存储指令和数据。当前计算机或嵌入式系统的主存储器由于计算机体系结构的限制，存在若干不足之处，如有时不能同时满足存取速度快、存储容量大和成本低的要求。因此，折中考虑数据访问需求和成本性能，一般在计算机内部、嵌入式系统内部或芯片内部布置速度由慢到快、容量由大到小的多级、多层次存储器，以优化的控制调度算法、合理的成本、合理的性能构成可用和经济的存储器系统。

2.2.2 嵌入式系统存储器的分类

存储器作为嵌入式系统硬件的重要组成部分，主要功能是存放嵌入式系统工作时所用的程序和数据。嵌入式系统的存储器分为片内和片外两部分，其层次结构一般如图 2-3 所示。在这种存储器分层结构中，一般把上一层的存储器当作下一层存储器的高速缓存。例如，CPU 寄存器就是芯片内的高速缓存；内存又是主存储器的高速缓存，它经常被用来将数据从 Flash 等主存储器中提取出来并予以存放，以此提高 CPU 的运行效率。嵌入式系统的主存储器容量是十分有限的，通常会选择使用磁盘、光盘或 CF（Compact Flash）卡、SD 卡等外部存储器存储大信息量的数据。

在嵌入式系统中，根据存储器在系统中所起的作用不同，存储器主要分为辅助存储器（简称外存）、主存储器（简称内存）、CPU 高速缓存和片内寄存器。片内寄存器具有特殊性，一般由 CPU 直接读写，芯片的用户手册中有详细的寄存器定义，它们的访问权限也不完全相同。

CPU 高速缓存是位于 CPU 与内存之间的临时存储器，它的容量与内存相比小得多，但

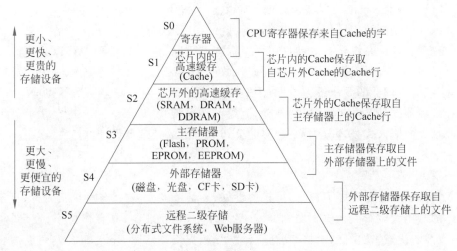

图 2-3 嵌入式系统中存储器的连接

是交换速度却比内存要快得多。因为 CPU 运算速度要比内存读写速度快很多,所以会导致 CPU 花费很长时间等待数据从内存中读取或把数据写入内存,从而降低计算机或嵌入式系统的运算效率。高速缓存的设计解决了 CPU 运算速度与内存读写速度严重不匹配的难题,其机制是在 CPU 高速缓存中的数据只是内存中的一小部分,但这一小部分是短时间内 CPU 即将访问的(或频繁访问的)。当 CPU 需要调用大量数据时,可先从高速缓存中调用,从而加快读取速度。

内存是存储系统中重要的组成部件之一,CPU 可以直接对内存进行访问,它是与 CPU 进行信息传输的桥梁。由于系统中所有程序的执行都是在内存中进行的,因此计算机的运行效率受到了内存性能的制约。内存通常会选择采用快速的存储器件构成,内存的存取速度和总线的访问频率以及位宽相关联,而且访问位宽又决定了可以访问的内存容量,因此内存是制约嵌入式系统性能的重要因素。通常,CPU 中的运算数据会暂时存放在内存中,方便与硬盘等外部存储器交换。计算机和嵌入式系统只要在运行中,CPU 就会把需要运算的数据传输到内存中,当运算完成后 CPU 再将结果传输出去,以供显示、控制或存储到外存中。

外存是指除内存及 CPU 高速缓存以外的存储器,也可以用来存储各种信息,一般用来存放不会经常使用的程序和数据,其特点是容量大,且断电后仍然能保存全部数据,是非易失性的存储器。内存及 CPU 高速缓存是易失性存储器,一旦掉电数据就会丢失。外存总会和某个外部设备相关,常见的外存有硬盘、U 盘、光盘等。CPU 要使用外存中存储的信息时,必须通过特定的设备将信息先传输到内存中。

2.3 嵌入式处理器的分类和特点

处理器分为通用处理器与嵌入式处理器两类。通用处理器以 x86 体系架构的产品为代表,基本被 Intel 和 AMD 两家公司垄断。通用处理器追求更快的计算速度、更大的数据吞吐率,有 8 位处理器、16 位处理器、32 位处理器、64 位处理器。

在嵌入式应用领域中应用较多的还是各种嵌入式处理器。嵌入式处理器是嵌入式系统的核心,是控制、辅助系统运行的硬件单元。根据其现状,嵌入式处理器可以分为嵌入式微处理器、嵌入式微控制器、嵌入式 DSP 和嵌入式 SoC。因为嵌入式系统有应用针对性的特点,不同系统对处理器的要求千差万别,因此嵌入式处理器种类繁多。据不完全统计,全世界嵌入式处理器的种类已经超过 1000 种,流行的体系架构有 30 多个。现在几乎每个半导体制造商都生产嵌入式处理器,越来越多的公司有自己的处理器设计部门。

2.3.1　嵌入式微处理器

嵌入式微处理器处理能力较强,可扩展性好,寻址范围大,支持各种灵活设计,且不限于某个具体的应用领域。嵌入式微处理器是 32 位以上的处理器,具有体积小、重量轻、成本低、可靠性高的优点,在功能、价格、功耗、芯片封装、温度适应性、电磁兼容方面更适合嵌入式系统应用要求。嵌入式微处理器目前主要有 Arm、MIPS、PowerPC、xScale、ColdFire 系列等。

2.3.2　嵌入式微控制器

嵌入式微控制器(Microcontroller Unit,MCU)又称为单片机,在嵌入式设备中有着极其广泛的应用。嵌入式微控制器芯片内部集成了 ROM/EPROM、RAM、总线、总线逻辑、定时/计数器、看门狗、I/O、串行口、脉宽调制输出、ADC、DAC、Flash RAM、EEPROM 等各种必要功能和外设。和嵌入式微处理器相比,嵌入式微控制器最大的特点是单片化,体积大大减小,从而使功耗和成本下降,可靠性提高。嵌入式微控制器的片上外设资源丰富,适用于嵌入式系统工业控制的应用领域。嵌入式微控制器从 20 世纪 70 年代末出现至今,出现了很多种类,比较有代表性的嵌入式微控制器产品有 Cortex-M、8051、AVR、PIC、MSP430、C166、STM8 系列等。

2.3.3　嵌入式 DSP

嵌入式数字信号处理器(Embedded Digital Signal Processor,EDSP)又称为嵌入式 DSP,是专门用于信号处理的嵌入式处理器,它在系统结构和指令算法方面经过特殊设计,具有很高的编译效率和指令执行速度。嵌入式 DSP 内部采用程序和数据分开的哈佛结构,具有专门的硬件乘法器,广泛采用流水线操作,提供特殊的数字信号处理指令,可以快速实现各种数字信号处理算法。在数字化时代,数字信号处理是一门应用广泛的技术,如数字滤波、FFT、谱分析、语音编码、视频编码、数据编码、雷达目标提取等。传统微处理器在进行这类计算操作时的性能较低,而嵌入式 DSP 的系统结构和指令系统针对数字信号处理进行了特殊设计,因而嵌入式 DSP 在执行相关操作时具有很高的效率。比较有代表性的嵌入式 DSP 产品是德州仪器公司的 TMS320 系列和 Analog Devices 公司的 ADSP 系列。

2.3.4　嵌入式 SoC

针对嵌入式系统的某一类特定的应用对嵌入式系统的性能、功能、接口有相似的要求的特点,用大规模集成电路技术将某一类应用需要的大多数模块集成在一枚芯片上,从而在芯片上实现一个嵌入式系统大部分核心功能的处理器就是嵌入式 SoC。

SoC 把微处理器和特定应用中常用的模块集成在一枚芯片上,应用时往往只需要在 SoC 外部扩充内存、接口驱动、一些分立元件及供电电路,就可以构成一套实用的系统,极大地简化了系统设计的难度,还有利于减小电路板面积、降低系统成本、提高系统可靠性。SoC 是嵌入式处理器的一个重要发展趋势。

2.3.5　嵌入式处理器的特点

在分类的基础上,描述一款嵌入式处理器通常包括以下方面。

(1) 内核。内核是一个处理器的核心,它影响处理器的性能和开发环境。通常,内核包括内部结构、指令集。而内部结构又包括运算和控制单元、总线、存储管理单元及异常管理单元等。

(2) 片内存储资源。高性能处理器通常片内集成高速 RAM,以提高程序执行速度。一些 MCU 和 SOC 内置 ROM 或 Flash ROM,以简化系统设计,提高相关处理器应用的方便性。

(3) 外设。嵌入式处理器不可缺少外设,如中断控制器、定时器、直接存储器访问(Direct Memory Access,DMA)控制器等,还包括通信、人机交互、信号 I/O 等接口。

(4) 电源。嵌入式处理器的电源电气指标通常包括处理器正常工作和耐受的电压范围,以及工作所需的最大电流。

(5) 封装形式。封装形式包括处理器的尺寸、外形和引脚方式等。

嵌入式处理器是嵌入式系统的核心。为了满足嵌入式系统实时性强、功耗低、体积小、可靠性高的要求,嵌入式处理器具有以下特点。

(1) 速度快。实时应用要求处理器必须具有高处理速度,以保证在限定的时间内完成从数据获取、分析处理到控制输出的整个过程。

(2) 功耗低。电池续航能力是手机等移动设备的一项重要的性能指标。电子气表、电子水表、电子锁等产品要求电池续航时间达一年甚至更长的时间。进一步地,嵌入式处理器不仅要求低功耗,还需具有管理外设功耗的能力。

(3) 接口丰富,I/O 能力强。手机、个人数字助理(Personal Digital Assistant,PDA)以及个人媒体播放器(Personal Media Player,PMP)等设备要求系统具有液晶显示、扬声器等输出设备,支持键盘、手写笔等输入设备及 Wi-Fi、蓝牙、USB 等通信能力。这类产品要求嵌入式处理器能够集成多种接口,满足系统丰富的功能需求。

(4) 可靠性高。不同于通用计算机,嵌入式系统经常工作在无人值守的环境中,一旦系统出错难以得到及时纠正。为此,嵌入式处理器常采用看门狗电路等技术提高可靠性。

（5）生命周期长。一些嵌入式系统的应用需求比较稳定，长时间内不发生变化。另外，稳定成熟的嵌入式处理器不仅可以保证产品质量的稳定性，而且具有较低的价格。因此，嵌入式处理器通常具有较长的生命周期。例如，英特尔公司于 1980 年推出的 8 位微控制器 8051，至今仍然是全球流行的产品。

（6）**产品系列化**。为了缩短产品的开发周期和上市时间，嵌入式处理器产品呈现出系列化、家族化的特征。通常，同一系列不同型号处理器采用相同的架构，其内部组成和接口有所区别。产品系列化保证了软件的兼容性，提高了软件升级和移植的方便性。

通常的处理器分类方法可以用于对嵌入式处理器进行分类。例如，可以依据嵌入式处理器指令集的特点、处理器字长、内部总线结构和功能特点等进行分类。

第3章

STM32 系列微控制器

本章对 STM32 微控制器进行概述,内容包括 STM32F407ZGT6 概述、STM32F407ZGT6 芯片内部结构、STM32F407VGT6 芯片引脚和功能和最小系统设计。

3.1 STM32 微控制器概述

STM32 是意法半导体(STMicroelectronics)公司较早推向市场的基于 Cortex-M 内核的微处理器系列产品,该系列产品具有成本低、功耗优、性能高、功能多等优势,并且以系列化方式推出,方便用户选型,在市场上获得了广泛好评。

目前常用的 STM32 有 STM32F103~107 系列,简称"1 系列",ST 公司推出的高端系列 STM32F4xx,简称"4 系列"。前者基于 Cortex-M3 内核,后者基于 **Cortex-M4** 内核。

Cortex-M4 处理器是由 Arm 公司专门开发的嵌入式处理器,在 Cortex-M3 处理器的基础上强化了运算能力,新增了浮点、DSP、并行计算等,用于满足需要控制和信号处理混合功能的数字信号控制市场。Cortex-M4 处理器将 32 位控制与领先的数字信号处理技术集成,用于满足需要很高能效级别的市场。高效的信号处理功能与 Cortex-M 系列处理器的低功耗、低成本和易于使用的优点的组合,旨在满足专门面向电动机控制、汽车、电源管理、嵌入式音频和工业自动化市场的新兴类别的灵活解决方案。

Cortex-M4 处理器已设计具有适用于数字信号控制市场的多种高效信号处理功能。Cortex-M4 处理器在很多地方和 Cortex-M3 处理器相同,如流水线、编程模型等。Cortex-M4 处理器支持 Cortex-M3 处理器的所有功能,并额外支持各种面向 DSP 应用的指令,如扩展的单周期乘累加单元(Multiply and Accumulate Cell,MAC)指令、优化的 SIMD(Single Instruction,Multiple Data,即一条指令操作多个数据)指令、饱和运算指令和一个可选的单精度浮点单元(Single precision floating point unit,FPU)。

Cortex-M4 处理器的 SIMD 操作可以并行处理两个 16 位数据和 4 个 8 位数据。在某些 DSP 运算中,使用 SIMD 指令可以加速计算 16 位和 8 位数据,因为这些运算可以并行处理。但是,一般的编程中,C 编译器并不能充分利用 SIMD 运算能力,这是 Cortex-M3 处理器和 Cortex-M4 处理器典型 Benchmark(基准)分数差不多的原因。然而,Cortex-M4 处理器的内部数据通路和 Cortex-M3 处理器的内部数据通路不同,在某些情况下 Cortex-M4 处理器可以处理得更快(如单周期 MAC 指令,可以在一个周期中写回到两个寄存器)。

Cortex-M4 的处理器架构采用哈佛结构,为系统提供 **3** 套总线,独立发起总线传输读写操作。这 **3** 套总线分别是:**I-Code** 总线,用于取指;**D-Code** 总线,用于操作数据;系统总线,用于访问其他系统空间,包括指令、数据访问,CPU 及调试模块发起的访问和支持位访问。

Cortex-M4 是 32 位系统,总线宽度是 32 位,一次取一条 32 位指令。若是 16 位的 Thumb 指令,则处理器每隔一个周期做一次取指,一次能够取两条 16 位的 Thumb 指令。Cortex-M4 支持三级流水线:取指、译码和执行。当执行跳转指令时,整个流水线会刷新,重新从目的地址取指。Cortex-M4 采用分支预测,以避免流水线气泡(Bubble)过大。Cortex-M4 处理器架构如图 3-1 所示。

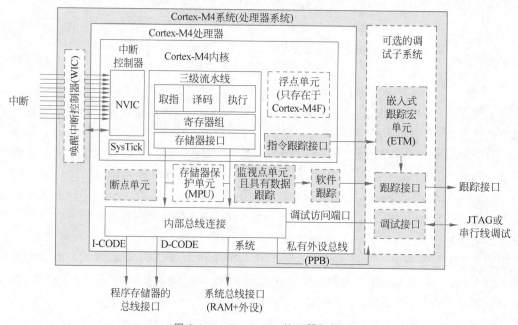

图 3-1　　**Cortex-M4 处理器架构**

Cortex-M4 处理器实现基于 Thumb-2 技术的 Thumb 指令集版本,确保高代码密度和降低程序内存需求。Cortex-M4 处理器紧密集成了一个可配置的嵌套中断控制器,以提供领先的中断性能。中断包括不可屏蔽中断等,提供多达 256 个中断优先级。Cortex-M4 处理器提供了一个可选的内存保护单元,它提供细粒度内存控制,使应用程序能够利用多个特权级别,根据任务分离和保护代码、数据和堆栈。

Cortex-M4 内核仅仅是一个 CPU 内核,而一个完整的微控制器还需要集成除内核外的很多其他组件。芯片生产商在得到 Cortex-M4 内核的使用授权后,可以把 Cortex-M4 内核用在自己的芯片设计中,添加存储器、片上外设、I/O 及其他功能块。Cortex-M4 系列微控制器内部构造如图 3-2 所示。不同厂家设计的微控制器会有不同的配置,存储器容量、类型、外设等都各具特色。如果想要了解某个具体型号的微控制器,还需查阅相关厂家提供的文档。很多领先的 MCU 半导体公司已经获得 Cortex-M4 内核授权,并已有很多成熟的微控制器产品,其中包括 ST 公司(STM32F4 系列微控制器)、恩智浦(LPC4000 系列微控制器)和德州仪器(TM4C 系列微控制器)等。

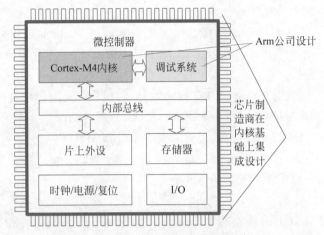

图 3-2　Cortex-M4 系列微控制器内部构造

STM32F4xx 系列在以下诸多方面进行了优化:

(1) 增加了浮点运算;

(2) 具有数字信号处理器(DSP)功能;

(3) 存储空间更大,高达 1MB 以上;

(4) 运算速度更高,以 168MHz 高速运行时处理能力可达到 210DMIPS[①];

(5) 新增更高级的外设,如照相机接口、加密处理器、USB 高速 OTG 接口等,提高性能,具有更快的通信接口、更高的采样率、带 FIFO 的 DMA 控制器。

STM32 系列单片机具有以下优点。

1. 先进的内核结构

(1) 哈佛结构使其在处理器整数性能测试上有着出色的表现,运行速度可以达到 1.25DMIPS/MHz,而功耗仅为 0.19mW/MHz。

(2) Thumb-2 指令集以 16 位的代码密度带来了 32 位的性能。

(3) 内置了快速的中断控制器,提供了优越的实时特性,中断的延迟时间降到只需 6 个 CPU 周期,从低功耗模式唤醒的时间也只需 6 个 CPU 周期。

(4) 具有单周期乘法指令和硬件除法指令。

2. 3 种功耗控制

STM32 经过特殊处理,针对应用中 3 种主要的能耗要求进行了优化,这 3 种能耗要求

---

① DMIPS 即 Dhrystone Million Instructions executed Per Second,主要用于衡量整数计算能力。

分别是运行模式下高效率的动态耗电机制、待机状态时极低的电能消耗和电池供电时的低电压工作能力。因此,STM32 提供了 3 种低功耗模式和灵活的时钟控制机制,用户可以根据自己所需要的耗电/性能要求进行合理优化。

3. 最大程度地集成整合

(1) STM32 内嵌电源监控器,包括上电复位、低电压检测、掉电检测和自带时钟的看门狗定时器,减少对外部器件的需求。

(2) 使用一个主晶振可以驱动整个系统。低成本的 25MHz 晶振即可驱动 CPU、USB 以及所有外设,使用内嵌锁相环(Phase Locked Loop,PLL)产生多种频率,可以为内部实时时钟选择 32kHz 的晶振。

(3) 内嵌出厂前调校好的 8MHz RC 振荡电路,可以作为主时钟源。

(4) 拥有针对实时时钟(Real Time Clock,RTC)或看门狗的低频率 RC 电路。

(5) LQPF100 封装芯片的最小系统只需要 7 个外部无源器件。

因此,使用 STM32 可以很轻松地完成产品的开发。ST 公司提供了完整、高效的开发工具和库函数,帮助开发者缩短系统开发时间。

4. 出众及创新的外设

STM32 的优势来源于两路高级外设总线,连接到该总线上的外设能以更高的速度运行。

(1) USB 接口速度可达 12Mb/s。

(2) USART 接口速度高达 4.5Mb/s。

(3) SPI 速度可达 37.5Mb/s。

(4) I2C 接口速度可达 400kHz。

(5) 通用输入输出(General Purpose Input Output,GPIO)的最大翻转频率为 84MHz。

(6) 脉冲宽度调制(Pulse Width Modulation,PWM)定时器最高可使用 168MHz 时钟输入。

3.1.1　STM32 微控制器产品介绍

目前,市场上常见的基于 Cortex-M3 的 MCU 有 ST 公司的 STM32F103 微控制器、德州仪器公司(TI)的 LM3S8000 微控制器和恩智浦公司(NXP)的 LPC1788 微控制器等,基于 Cortex-M4 的 MCU 有 ST 公司的 STM32F407 和 STM32F429 微控制器,其应用遍及工业控制、消费电子、仪器仪表、智能家居等各个领域。

ST 公司于 1987 年 6 月成立,是由意大利的 **SGS** 微电子公司和法国 **THOMSON** 半导体公司合并而成。1998 年 5 月,改名为意法半导体有限公司(简称 ST 公司),是世界最大的半导体公司之一。从成立至今,ST 公司的增长速度超过了半导体工业的整体增长速度。自 1999 年起,ST 公司始终是世界十大半导体公司之一。据工业统计数据,ST 公司是全球第五大半导体厂商,在很多领域居世界领先水平。例如,它是世界第一大专用模拟芯片和电源转换芯片制造商,世界第一大工业半导体和机顶盒芯片供应商,而且在分立器件、手机相机模块和车用集成电路领域居世界前列。

在诸多半导体制造商中,ST公司是较早在市场上推出基于Cortex-M内核的MCU产品的公司,其根据Cortex-M内核设计生产的STM32微控制器充分发挥了低成本、低功耗、高性价比的优势,以系列化的方式推出,方便用户选择,受到了广泛的好评。

STM32系列微控制器适合的应用有替代绝大部分8/16位MCU的应用、替代目前常用的32位MCU(特别是Arm7)的应用、小型操作系统相关的应用以及简单图形和语音相关的应用等。

STM32系列微控制器不适合的应用有程序代码大于1MB的应用、基于Linux或Android的应用、基于高清或超高清的视频应用等。

STM32系列微控制器的产品线包括高性能类型、主流类型和超低功耗类型三大类,分别面向不同的应用,如图3-3所示。

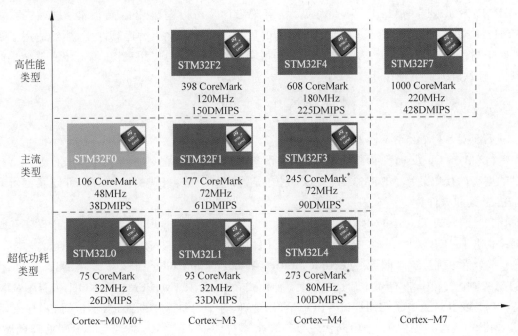

图3-3　STM32系列微控制器产品线

1. STM32F1系列(主流类型)

STM32F1系列微控制器基于Cortex-M3内核,利用一流的外设和低功耗、低压操作实现了高性能,同时以可接受的价格,利用简单的架构和简便易用的工具实现了高集成度,能够满足工业、医疗和消费类市场的各种应用需求。凭借该产品系列,ST公司在全球基于Arm Cortex-M3的微控制器领域处于领先地位。

2. STM32F0系列(主流类型)

STM32F0系列微控制器基于Cortex-M0内核,在实现32位性能的同时,传承了STM32系列的重要特性。它集实时性能、低功耗运算和与STM32平台相关的先进架构及外设于一身,将全能架构理念变成了现实,特别适合成本敏感型应用。

3. STM32F4 系列(高性能类型)

STM32F4 系列微控制器基于 Cortex-M4 内核,采用了 ST 公司的 90nm 非易失性存储器(Non Volatile Memory,NVM)工艺和自适应实时(Adaptive Real Time,ART)加速器,在高达 180MHz 的工作频率下通过 Flash 执行时,其处理性能达到 225DMIPS/608CoreMark。由于采用了动态功耗调整功能,通过 Flash 执行时的电流消耗范围为 STM32F401 的 $128\mu A/MHz$ 到 STM32F439 的 $260\mu A/MHz$。

4. STM32F7 系列(高性能类型)

STM32F7 是一款基于 Cortex-M7 内核的微控制器。它采用 6 级超标量流水线和浮点单元,并利用 ART 加速器和 L1 缓存,实现了 Cortex-M7 的最大理论性能——无论是从嵌入式 Flash 还是外部存储器执行代码,都能在 216MHz 处理器频率下使性能达到 462DMIPS/1082CoreMark。由此可见,相对于 ST 公司以前推出的高性能微控制器,如 STM32F2、STM32F4 系列,STM32F7 系列的优势就在于其强大的运算性能,能够适用于那些对于高性能计算有巨大需求的应用,对于可穿戴设备和健身应用来说,将会带来革命性的颠覆,起到巨大的推动作用。

3.1.2 STM32 系统性能分析

下面对 STM32 系统性能进行分析。

(1) **Arm Cortex-M4** 内核。与 8/16 位设备相比,Arm Cortex-M4 32 位 RISC 处理器提供了更高的代码效率。STM32F407xx 微控制器带有一个嵌入式的 Arm 核,可以兼容所有 Arm 工具和软件。

(2) 嵌入式 **Flash** 和 **SRAM**。内置多达 1024KB 的嵌入式 Flash,可用于存储程序和数据;多达 192KB 的嵌入式 SRAM 可以以 CPU 的时钟速度进行读/写。

(3) 可变静态存储器(**Flexible Static Memory Controller,FSMC**)。FSMC 嵌入在 STM32F407xx 中,带有 4 个片选,支持 5 种模式:Flash、RAM、PSRAM、NOR 和 NAND。

(4) 嵌套向量中断控制器(**NVIC**)。可以处理 43 个可屏蔽中断通道(不包括 Cortex-M3 的 16 根中断线),提供 16 个中断优先级。紧密耦合的 NVIC 实现了更低的中断处理延时,直接向内核传递中断入口向量表地址。紧密耦合的 NVIC 内核接口允许中断提前处理,对后到的更高优先级的中断进行处理,支持尾链,自动保存处理器状态,中断入口在中断退出时自动恢复,不需要指令干预。

(5) 外部中断/事件控制器(**EXTI**)。外部中断/事件控制器由 23 根用于产生中断/事件请求的边沿探测器线组成。每根线可以被单独配置用于选择触发事件(上升沿、下降沿,或者两者都可以),也可以被单独屏蔽。有一个挂起寄存器维护中断请求的状态。当外部线上出现长度超过内部高级外围总线(Advanced Peripheral Bus,APB)APB2 时钟周期的脉冲时,EXTI 能够探测到。多达 112 个 GPIO 连接到 16 根外部中断线。

(6) 时钟和启动。在系统启动时要进行系统时钟选择,但复位时内部 8MHz 的晶振被选作 CPU 时钟。可以选择一个外部的 25MHz 时钟,并且会被监视判定是否成功。在这期间,控制器被禁止并且软件中断管理也随后被禁止。同时,如果有需要(如碰到一个间接使用的晶振失败),PLL 时钟的中断管理完全可用。多个预比较器可以用于配置高性能总线(Advanced High performance Bus,AHB)频率,包括高速 APB(APB2)和低速 APB(APB1),高速 APB 最高的频率为 168MHz,低速 APB 最高的频率为 84MHz。

(7) **Boot 模式**。在启动时,Boot 引脚被用来在 3 种 Boot 选项中选择一种:从用户 Flash 导入、从系统存储器导入、从 SRAM 导入。Boot 导入程序位于系统存储器,用于通过 USART1 重新对 Flash 存储器编程。

(8) 电源供电方案。V_{DD} 电压范围为 3.0~3.6V,外部电源通过 VDD 引脚提供,用于 I/O 和内部调压器。V_{SSA} 和 V_{DDA} 电压范围为 2.0~3.6V,外部模拟电压输入,用于 ADC(模/数转换器)、复位模块、RC 和 PLL,在 V_{DD} 范围之内(ADC 被限制在 2.4V),V_{SSA} 和 V_{DDA} 必须相应连接到 VSS 和 VDD 引脚。V_{BAT} 电压范围为 1.8~3.6V,当 V_{DD} 无效时为 RTC(实时时钟,Real Time Clock)、外部 32kHz 晶振和备份寄存器供电(通过电源切换实现)。

(9) 电源管理。设备有一个完整的上电复位(POR)和掉电复位(PDR)电路。这个电路一直有效,用于确保电压从 2V 启动或掉到 2V 时进行一些必要的操作。

(10) 电压调节。调压器有 3 种运行模式,分别为主(MR)模式、低功耗(LPR)模式和掉电模式。MR 模式用在传统意义上的调节模式(运行模式),LPR 模式用在停止模式,掉电模式用在待机模式。调压器输出为高阻,核心电路掉电,包括零消耗(寄存器和 SRAM 的内容不会丢失)。

(11) 低功耗模式。STM32F407xx 支持 3 种低功耗模式,从而在低功耗、短启动时间和可用唤醒源之间达到一个最好的平衡点。

3.1.3 Cortex-M4 的三级流水线

流水线技术通过多个功能部件并行工作缩短指令的运行时间,提高系统的效率和吞吐率。

一条指令的执行可以分解为多个阶段,各个阶段使用的硬件部件不同,这样指令执行就可以重叠,实现多条指令并行处理。指令的执行还是顺序的,但是可以在前一条指令未执行完成时,提前执行后面的指令,并与前面的指令不冲突,以加快整个程序的执行速度。

随着流水线级数的增加,可简化流水线各级的逻辑,进一步提高处理器的性能。但是,由于流水线级数的增加,会增加系统的延迟,即内核在执行一条指令之前,需要更多的周期填充流水线。过多的流水线级数常常会削弱指令的执行效率。例如,一条指令的下一条指令需要该条指令的执行结果作为输入,那么下一条指令只能等待这条指令执行完成后才能执行。再如,若出现跳转指令,普通的流水线处理器要付出更大的代价。

Arm 微处理器种类繁多,其中不同系列使用的流水线级别也不尽相同,不过大致可以分为三级流水线、五级流水线和超流水线。其中,三级流水线的实现逻辑最简单,五级流水线的实现逻辑最经典,超流水线的实现逻辑最复杂。从理论上说,流水线深度越深的处理器执行效率就越高,不过执行的逻辑也越复杂,需要解决的冲突也越多。

流水线技术提高了 CPU 的吞吐量,但并没有降低每条指令的延迟。所谓延迟,是指一条指令从进入流水线到流出流水线所花费的时间;而吞吐量是指单位时间内执行的指令数。

Cortex-M4 是一个 32 位处理器内核,采用哈佛架构,支持 Thumb、Thumb-2 指令集。Cortex-M4 使用的是三级流水线:取指、译码和执行,如图 3-4 所示。

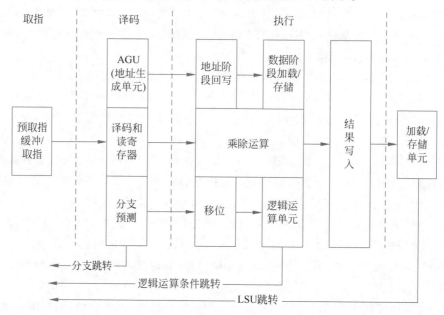

图 3-4　Cortex-M4 的三级流水线

1. 取指阶段

取指(Fetch)用来计算下一个预取指令的地址,从指令存储空间中取出指令,或者自动加入中断向量。在此阶段还包含一个预取指缓冲区,允许后续指令在执行之前在缓冲区中排队。也可以对非对齐的指令进行自动对齐,避免流水线的"断流"。因为 Cortex-M4 支持 16 位的 Thumb 指令和 32 位的 Thumb-2 指令,通过在预取指缓冲区中进行自动对齐确定指令的边界。缓冲区有 3 个字长,可以缓存 6 个 Thumb 指令或 3 个 Thumb-2 指令。该缓冲区不会在流水线中添加额外的级数,因此不会使跳转导致的性能下降更加恶化。由于 Cortex-M4 总线宽度为 32 位,所以一次读取 32 位的指令。如果代码都是 16 位的 Thumb 指令,那么处理器会每隔一个时钟周期进行取指,每次读取两条 Thumb 指令。如果缓冲区满了,那么指令缓冲区会暂停对指令的加载。

2. 译码阶段

译码(Decode)是对之前取指阶段送入的指令进行解码操作,分解出指令中的操作数和执行码,再由操作数相应的寻址方式生成操作数的加载/存储单元(Load/Store Unit,LSU)地址,产生寄存器值。如果操作数存储在外部存储器中,则可以由地址生成单元(Address Generation Unit,AGU)产生此操作数的访问地址。如果操作数存储在寄存器中,那么在此阶段直接读取操作数。

3. 执行阶段

执行(Execute)用于执行指令,指令包括加减乘除四则运算、逻辑运算、加载外部存储器操作数、产生LSU的回写执行结果等。

如图3-4所示,在译码和执行阶段都可以产生跳转操作。当执行到跳转指令时,需要清理流水线,处理器将不得不从跳转的目的地重新取指,这样会影响代码执行效率。

Cortex-M4处理器内核引入了分支预测技术,分支预测在指令的译码阶段就会预测是否会发生跳转,在取指阶段会自动加载预测后的指令,如果预测正确将不会产生流水线断流。许多算法都需要对指令反复执行运算,简单的分支预测有利于提高代码执行效率。

3.1.4　STM32微控制器的命名规则

ST公司在推出一系列基于Cortex-M内核的STM32微控制器产品线的同时,也制定了它们的命名规则。通过名称,用户能直观、迅速地了解某款具体型号的STM32微控制器产品。STM32系列微控制器的名称主要由以下几部分组成。

1. 产品系列名

STM32系列微控制器名称通常以STM32开头,表示产品系列,代表ST公司基于Arm Cortex-M系列内核的32位MCU。

2. 产品类型名

产品类型是STM32系列微控制器名称的第二部分,通常有F(Flash Memory,通用快速闪存)、W(无线系统芯片)、L(低功耗低电压,1.65~3.6V)等类型。

3. 产品子系列名

产品子系列是STM32系列微控制器名称的第三部分。

例如,常见的STM32F产品子系列有050(Arm Cortex-M0内核)、051(Arm Cortex-M0内核)、100(Arm Cortex-M3内核,超值型)、101(Arm Cortex-M3内核,基本型)、102(Arm Cortex-M3内核,USB基本型)、103(Arm Cortex-M3内核,增强型)、105(Arm Cortex-M3内核,USB互联网型)、107(Arm Cortex-M3内核,USB互联网型和以太网型)、108(Arm Cortex-M3内核,IEEE 802.15.4标准)、151(Arm Cortex-M3内核,不带LCD)、152/162(Arm Cortex-M3内核,带LCD)、205/207(Arm Cortex-M3内核,摄像头)、215/217(Arm Cortex-M3内核,摄像头和加密模块)、405/407(Arm Cortex-M4内核,MCU+FPU,摄像头)、415/417(Arm Cortex-M4内核,MCU+FPU,加密模块和摄像头)等。

4. 引脚数

引脚数是STM32系列微控制器名称的第四部分,通常有以下几种:F(20pin)、G(28pin)、K(32pin)、T(36pin)、H(40pin)、C(48pin)、U(63pin)、R(64pin)、O(90pin)、V(100pin)、Q(132pin)、Z(144pin)和I(176pin)等。

5. Flash容量

Flash容量是STM32系列微控制器名称的第五部分,通常以下几种:4(16KB Flash,

小容量)、6(32KB Flash,小容量)、8(64KB Flash,中容量)、B(128KB Flash,中容量)、C(256KB Flash,大容量)、D(384KB Flash,大容量)、E(512KB Flash,大容量)、F(768KB Flash,大容量)、G(1MB Flash,大容量)。

6. 封装方式

封装方式是 STM32 系列微控制器名称的第六部分,通常有以下几种:T(LQFP,薄型四侧引脚扁平封装)、H(BGA,球栅阵列封装)、U(VFQFPN,超薄细间距四方扁平无铅封装)、Y(WLCSP,晶圆片级芯片规模封装)。

7. 温度范围

温度范围是 STM32 系列微控制器名称的第七部分,通常有以下两种:6(−40~85℃,工业级)和 7(−40~105℃,工业级)。

STM32F407 微控制器的命名规则如图 3-5 所示。

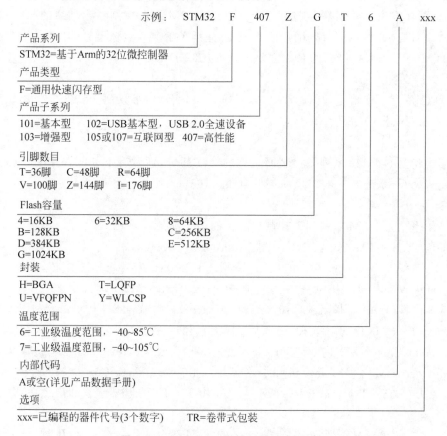

图 3-5　STM32F407 微控制器的命名规则

通过命名规则,用户能直观、迅速地了解某款具体型号的微控制器产品。例如,本书后续部分主要介绍的微控制器 STM32F407ZGT6,其中,STM32 代表 ST 公司基于 Arm Cortex-M 系列内核的 32 位 MCU,F 代表通用快速闪存型,407 代表基于 Arm Cortex-M4

内核的高性能子系列,Z 代表 144 个引脚,G 代表大容量 1MB Flash,T 代表 LQFP 封装方式,6 代表-40~85℃的工业级温度范围。

3.1.5　STM32F1 和 STM32F4 的区别

STM32F1 和 STM32F4 的区别如下。

(1) STM32F1 采用 Cortex-M3 内核,STM32F4 采用 Cortex-M4 内核。

(2) STM32F1 最高主频为 72MHz,STM32F4 最高主频为 168MHz。

(3) STM32F4 具有单精度浮点运算单元,STM32F1 没有浮点运算单元。

(4) STM32F4 具备增强的 DSP 指令集。STM32F4 执行 16 位 DSP 指令的时间只有 STM32F1 的 30%~70%;执行 32 位 DSP 指令的时间只有 STM32F1 的 25%~60%。

(5) STM321 内部 SRAM 最大为 64KB,STM32F4 内部 SRAM 为 192KB(112KB+64KB+16KB)。

(6) STM32F4 有备份域 SRAM(通过 V_{BAT} 供电保持数据),STM32F1 没有备份域 SRAM。

(7) STM32F4 从内部 SRAM 和外部 FSMC 存储器执行程序的速度比 STM32F1 快很多。STM32F1 的指令总线 I-BUS 只接到 Flash 上,从 SRAM 和 FSMC 取指令只能通过 S-BUS,速度较慢。STM32F4 的 I-BUS 不但连接到 Flash 上,而且还连接到 SRAM 和 FSMC 上,从而加快从 SRAM 或 FSMC 取指令的速度。

(8) STM32F1 最大封装为 144 脚,可提供 112 个 GPIO;STM32F4 最大封装为 176 脚,可提供 140 个 GPIO。

(9) STM32F1 的 GPIO 内部上下拉电阻配置仅对输入模式有用,输出时无效。而 STM32F4 的 GPIO 在设置为输出模式时,上下拉电阻的配置依然有效。即 STM32F4 可以配置为开漏输出,内部上拉电阻使能,而 STM32F1 没有此功能。

(10) STM32F4 的 GPIO 最高翻转速度为 84MHz,STM32F1 最大翻转速度只有 18MHz。

(11) STM32F1 最多可提供 5 个 UART 串口,STM32F4 最多可以提供 6 个 UART 串口。

(12) STM32F1 可提供两个 I2C 接口,STM32F4 可提供 3 个 I2C 接口。

(13) STM32F1 和 STM32F4 都具有 3 个 12 位的独立 ADC,STM32F1 可提供 21 个输入通道,STM32F4 可以提供 24 个输入通道。STM32F1 的 ADC 最大采样频率为 1MSPS[①],两路交替采样可到 2MSPS(STM32F1 不支持 3 路交替采样)。STM32F4 的 ADC 最大采样频率为 2.4MSPS,3 路交替采样可到 7.2MSPS。

(14) STM32F1 只有 12 个 DMA 通道,STM32F4 有 16 个 DMA 通道。STM32F4 的每个 DMA 通道有 4×32 位 FIFO,STM32F1 没有 FIFO。

---

① MSPS 即 Million Samples per Second。

（15）STM32F1 的 SPI 时钟最高速度为 18MHz,STM32F4 可以到 37.5MHz。

（16）STM32F1 没有独立的 32 位定时器(32 位需要级联实现),STM32F4 的 TIM2 和 TIM5 具有 32 位上下计数功能。

（17）STM32F1 和 STM32F4 都有两个 I2S 接口,但是 STM32F1 的 I2S 只支持半双工,而 STM32F4 的 I2S 支持全双工。

3.1.6　STM32 微控制器的选型

在微控制器选型过程中,工程师常常会陷入这样一个困局:一方面抱怨 8 位/16 位微控制器有限的指令和性能,另一方面抱怨 32 位处理器的高成本和高功耗。能否有效地解决这个问题,让工程师不必在性能、成本、功耗等因素中作出取舍和折中?

通过前面的介绍,我们已经大致了解了 STM32 微控制器的分类和命名规则。在此基础上,根据实际情况的具体需求,可以大致确定所要选用的 STM32 微控制器的内核型号和产品系列。例如,一般的工程应用的数据运算量不是特别大,基于 Cortex-M3 内核的 STM32F1 系列微控制器即可满足要求;如果需要进行大量的数据运算,且对实时控制和数字信号处理能力要求很高,或者需要外接 RGB 大屏幕,则推荐选择基于 Cortex-M4 内核的 STM32F4 系列微控制器。

确定好产品线之后,即可选择具体的型号。参照 STM32 微控制器的命名规则,可以先确定微控制器的引脚数目。引脚多的微控制器的功能相对多一些,当然价格也贵一些,具体要根据实际应用中的功能需求进行选择,一般够用就好。确定好了引脚数目之后再选择 Flash 容量的大小。对于 STM32 微控制器,具有相同引脚数目的微控制器会有不同的 Flash 容量可供选择,它也要根据实际需要进行选择,程序大就选择容量大的 Flash,一般也是够用即可。到这里,根据实际的应用需求,确定了所需的微控制器的具体型号,下一步的工作就是开发相应的应用。

除了可以选择 STM32 外,还可以选择国产芯片。Arm 技术发源于国外,但通过研究人员十几年的研究和开发,我国的 Arm 微控制器技术已经取得了很大的进步,国产品牌已获得了较高的市场占有率,相关的产业也在逐步发展壮大之中。

（1）兆易创新于 2005 年在北京成立,是一家领先的无晶圆厂半导体公司,致力于开发先进的存储器技术和 IC 解决方案。该公司的核心产品线为 Flash、32 位通用型 MCU 及智能人机交互传感器芯片及整体解决方案,产品以"高性能、低功耗"著称,为工业、汽车、计算、消费类电子、物联网、移动应用以及网络和电信行业的客户提供全方位服务。与 STM32F103 兼容的产品为 GD32VF103。

（2）华大半导体是中国电子信息产业集团有限公司(CEC)旗下专业的集成电路发展平台公司,围绕汽车电子、工业控制、物联网三大应用领域,重点布局控制芯片、功率半导体、高端模拟芯片和安全芯片等,形成竞争力强劲的产品矩阵及全面的整体芯片解决方案。可以选择的 Arm 微控制器有 HC32F0、HC32F1 和 HC32F4 系列。

学习嵌入式微控制器的知识,掌握其核心技术,了解这些技术的发展趋势,有助于为我国培养该领域的后备人才,促进我国在微控制器技术上的长远发展,为国产品牌的发展注入新的活力。在学习中,应注意知识学习、能力提升、价值观塑造的有机结合,培养自力更生、追求卓越的奋斗精神和精益求精的工匠精神,树立民族自信心,为实现中华民族的伟大复兴贡献力量。

3.2　STM32F407ZGT6 概述

与其他单片机一样,STM32 是一个单片计算机或单片微控制器。所谓单片,就是在一枚芯片上集成了计算机或微控制器该有的基本功能部件。这些功能部件通过总线连在一起。就 STM32 而言,这些功能部件主要包括 Cortex-M 内核、总线、系统时钟发生器、复位电路、程序存储器、数据存储器、中断控制、调试接口以及各种功能部件(外设)。不同的芯片系列和型号,外设的数量和种类也不同,常用的基本功能部件(外设)有输入/输出接口(GPIO)、定时/计数器(Timer/Counter)、通用同步/异步收发器(Universal Synchronous/Asynchronous Receiver/Transmitter,USART)、串行总线 I2C 和 SPI 或 I2S,SD 卡接口 SDIO、USB 接口等。

STM32F407 属于 STM32F4 系列微控制器,采用了最新的 168MHz 的 Cortex-M4 处理器内核,可取代当前基于微控制器和中低端独立数字信号处理器的双片解决方案,或者将两者整合成一个基于标准内核的数字信号控制器。微控制器与数字信号处理器整合还可以提高能效,让用户使用支持 STM32 的强大研发生态系统。STM32 全系列产品在引脚、软件和外设上相互兼容,并配有巨大的开发支持生态系统,包括例程、设计 IP、低成本的探索工具和第三方开发工具,可提升设计系统扩展和软、硬件再用的灵活性,使 STM32 平台的投资回报率最大化。因此,STM32F407 微控制器的相关结构、原理及使用方法适用于其他 STM32F4 系列微控制器,对于使用相同封装形式和相同功能的片上外设应用,代码和电路可以共用。

3.2.1　STM32F407 的主要特性

STM32F407 的主要特性如下。

(1) 内核。带有 FPU 的 Arm 32 位 Cortex-M4 CPU,在 Flash 中实现零等待状态运行性能的自适应实时加速器(ART 加速器),主频高达 168MHz,具有内存保护单元(Memory Protection Unit,MPU),能够实现高达 210DMIPS 即 1.25DMIPS/MHz(Dhrystone 2.1)的性能,具有 DSP 指令集。

(2) 存储器。高达 1MB 的 Flash,组织为两个区,可读写同步;高达 192KB+4KB 的 SRAM,包括 64KB 的 CCM(内核耦合存储器)数据 RAM;具有高达 32 位数据总线的灵活外部存储控制器: SRAM、PSRAM、SDRAM/LPSDR SDRAM、Compact Flash/NOR/NAND 存储器。

(3) LCD 并行接口,兼容 8080/6800 模式。

（4）**LCD-TFT** 控制器具有高达 XGA 的分辨率，具有专用的 Chrom-ART Accelerator，用于增强的图形内容创建（DMA2D）。

（5）时钟、复位和电源管理。

① 1.7～3.6V 供电和 I/O。

② 上电复位（Power On Reset，POR）、掉电复位（Power Down Reset，PDR）、可编程电压检测器（Programmable Voltage Detector，PVD）和欠压复位（Brownout Reset，BOR）。

③ 4～26MHz 晶振。

④ 内置经工厂调校的 16MHz RC 振荡器（1%精度）。

⑤ 带校准功能的 32kHz RTC 振荡器。

⑥ 内置带校准功能的 32kHz RC 振荡器。

（6）低功耗。

① 具有睡眠、停机和待机模式。

② V_{BAT} 可为 RTC、20×32 位备份寄存器＋可选的 4KB 备份 SRAM 供电。

（7）3 个 12 位 2.4MSPS **ADC**。多达 24 通道，三重交叉模式下的性能高达 7.2MSPS。

（8）两个 12 位 **DAC**。

（9）**通用 DMA**：具有 FIFO 和突发支持的 16 路 DMA 控制器。

（10）12 个 16 位定时器和两个频率高达 168MHz 的 32 位定时器，每个定时器都带有 4 个输入捕获/输出比较/PWM 或脉冲计数器与正交（增量）编码器输入。

（11）调试模式。

① SWD & JTAG 接口。

② Cortex-M4 跟踪宏单元。

（12）多达 140 个具有中断功能的 I/O 端口。

① 高达 136 个快速 I/O，最高 84MHz。

② 高达 138 个可耐 5V 的 I/O。

（13）多达 15 个通信接口。

① 3 个 I2C 接口（SMBus/PMBus）。

② 4 个 USART 和两个 UART（10.5Mb/s，ISO 7816 接口，LIN，IrDA，调制解调器控制）接口。

③ 3 个 SPI（37.5Mb/s），两个可以复用的全双工 I2S，通过内部音频 PLL 或外部时钟达到音频级精度。

④ 两个 CAN（2.0B 主动）以及 SDIO 接口。

（14）高级连接功能。

① 具有片上 PHY 的 USB 2.0 全速器件/主机/OTG 控制器。

② 具有专用 DMA，片上全速 PHY 和 ULPI 的 USB 2.0 高速/全速器件/主机/OTG 控制器。

③ 具有专用 DMA 的 10/100 以太网 MAC，支持 IEEE 1588v2 硬件，MII/RMII 接口。

（15）8～14 位并行照相机接口，速度高达 54MB/s。

（16）真随机数发生器。

（17）**CRC** 计算单元。

（18）**RTC**：亚秒级精度，硬件日历。

（19）96 位唯一 **ID**。

3.2.2　STM32F407 的主要功能

STM32F407xx 器件基于高性能的 Arm Cortex-M4 32 位 RISC 内核，工作频率高达 168MHz。Cortex-M4 内核带有单精度浮点运算单元（FPU），支持所有 Arm 单精度数据处理指令和数据类型。它还具有一组 DSP 指令和一个提高应用安全性的存储器保护单元（MPU）。

STM32F407xx 器件集成了高速嵌入式存储器（Flash 和 SRAM 的容量分别高达 2MB 和 256KB）和高达 4KB 的后备 SRAM，以及大量连至两条 APB 总线、两条 AHB 总线和一个 32 位多 AHB 总线矩阵的增强型 I/O 与外设。

所有型号均带有 3 个 12 位 ADC、两个 DAC、一个低功耗 RTC、12 个通用 16 位定时器（包括两个用于电机控制的 PWM 定时器）、两个通用 32 位定时器。

STM32F407xx 还带有标准与高级通信接口，主要功能如下。

（1）高达 3 个 I2C。

（2）3 个 SPI 和两个全双工 I2S。为达到音频级的精度，I2S 外设可通过专用内部音频 PLL 提供时钟，或使用外部时钟以实现同步。

（3）4 个 USART 及两个 UART。

（4）一个 USB OTG 全速和一个具有全速能力的 USB OTG 高速（配有 ULPI 低引脚数接口）接口。

（5）两个 CAN 接口。

（6）一个 SDIO/MMC 接口。

（7）以太网和摄像头接口。

高级外设包括一个 SDIO、一个灵活存储器控制（FMC）接口、一个用于 CMOS 传感器的摄像头接口。

STM32F407xx 器件的工作温度范围为 −40～105℃，供电电压范围为 1.8～3.6V。

若使用外部供电监控器，则供电电压可低至 1.7V。

该系列提供了一套全面的节能模式，可实现低功耗应用设计。

STM32F407xx 器件有不同封装，范围从 64 引脚至 176 引脚，所包括的外设因所选的器件而异。

这些特性使得 STM32F407xx 微控制器应用广泛：

（1）电机驱动和应用控制；

（2）工业应用，如 PLC、逆变器、断路器；

（3）打印机、扫描仪；

（4）警报系统、视频电话、HVAC；

（5）家庭音响设备。

3.3　STM32F407ZGT6 芯片内部结构

STM32F407ZGT6 芯片主系统由 32 位多层 AHB 总线矩阵构成，STM32F407ZGT6 芯片内部通过 8 条主控总线（S0～S7）和 7 条被控总线（M0～M6）组成的总线矩阵将 Cortex-M4 内核、存储器及片上外设连在一起。

1. 8 条主控总线

（1）Cortex-M4 内核 I 总线、D 总线和 S 总线（S0～S2）。

S0：**I 总线**，用于将 Cortex-M4 内核的指令总线连接到总线矩阵。内核通过此总线获取指令。此总线访问的对象是包含代码的存储器（内部 Flash/SRAM 或通过 FSMC 的外部存储器）。

S1：**D 总线**，用于将 Cortex-M4 内核的数据总线和 64KB CCM 数据 RAM 连接到总线矩阵。内核通过此总线进行立即数加载和调试访问。此总线访问的对象是包含代码或数据的存储器（内部 Flash 或通过 FSMC 的外部存储器）。

S2：**S 总线**，用于将 Cortex-M4 内核的系统总线连接到总线矩阵。此总线用于访问位于外设或 SRAM 中的数据。也可通过此总线获取指令（效率低于 I 总线）。此总线访问的对象是内部 SRAM（112KB、64KB 和 16KB）、包括 APB 外设在内的 AHB1 外设和 AHB2 外设，以及通过 FSMC 的外部存储器。

（2）DMA1 存储器总线、DMA2 存储器总线（S3、S4）。

S3、S4：**DMA 存储器总线**，用于将 DMA 存储器总线主接口连接到总线矩阵。DMA 通过此总线执行存储器数据的传入和传出。此总线访问的对象是内部 SRAM（112KB、64KB、16KB）及通过 FSMC 的外部存储器。

（3）DMA2 外设总线（S5），用于将 DMA2 外设总线主接口连接到总线矩阵。DMA 通过此总线访问 AHB 外设或执行存储器间的数据传输。此总线访问的对象是 AHB 和 APB 外设及数据存储器（内部 SRAM 及通过 FSMC 的外部存储器）。

（4）以太网 DMA 总线（S6），用于将以太网 DMA 主接口连接到总线矩阵。以太网 DMA 通过此总线向存储器存取数据。此总线访问的对象是内部 SRAM（112KB、64KB 和 16KB）及通过 FSMC 的外部存储器。

（5）USB OTG HS DMA 总线（S7），用于将 USB OTG HS DMA 主接口连接到总线矩阵。USB OTG HS DMA 通过此总线向存储器加载/存储数据。此总线访问的对象是内部 SRAM（112KB、64KB 和 16KB）及通过 FSMC 的外部存储器。

2. 7 条被控总线

（1）内部 Flash I 总线（M0）。

（2）内部 Flash D 总线（M1）。

（3）主要内部 SRAM1(112KB)总线(M2)。

（4）辅助内部 SRAM2(16KB)总线(M3)。

（5）AHB1 外设(包括 AHB-APB 总线桥和 APB 外设)总线(M5)。

（6）AHB2 外设总线(M4)。

（7）FSMC 总线(M6)。FSMC 借助总线矩阵,可以实现主控总线到被控总线的访问,这样即使在多个高速外设同时运行期间,系统也可以实现并发访问和高效运行。

此外,还有辅助内部 SRAM3(64KB)总线(仅适用于 STM32F42 和 STM32F43 系列器件)(M7)。

主控总线所连接的设备是数据通信的发起端,通过矩阵总线可以和与其相交被控总线上连接的设备进行通信。例如,Cortex-M4 内核可以通过 S0 总线与 M0 总线、M2 总线和 M6 总线连接 Flash、SRAM1 及 FSMC 进行数据通信。STM32F407ZGT6 芯片总线矩阵结构如图 3-6 所示。

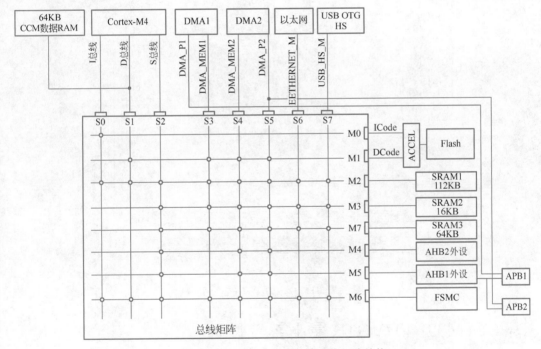

图 3-6　STM32F407ZGT6 芯片总线矩阵结构

3.4　STM32F407VGT6 芯片引脚和功能

STM32F407VGT6 芯片引脚如图 3-7 所示。图 3-7 只列出了每个引脚的基本功能,由于芯片内部集成功能较多,实际引脚有限,因此多数引脚为复用引脚(一个引脚可复用为多个功能)。对于每个引脚的功能定义请查看 STM32F407XX 数据手册。

STM32F4 系列微控制器的所有标准输入引脚都是 CMOS 的,但与 TTL 兼容。

STM32F4 系列微控制器的所有容忍 5V 电压的输入引脚都是 TTL 的,但与 CMOS 兼容。在输出模式下,在 2.7~3.6V 供电电压范围内,STM32F4 系列微控制器所有输出引脚都是与 TTL 兼容的。

由 STM32F4 芯片的电源引脚、晶振 I/O 引脚、下载 I/O 引脚、BOOT I/O 引脚和复位 I/O 引脚 NRST 组成的系统叫作最小系统。

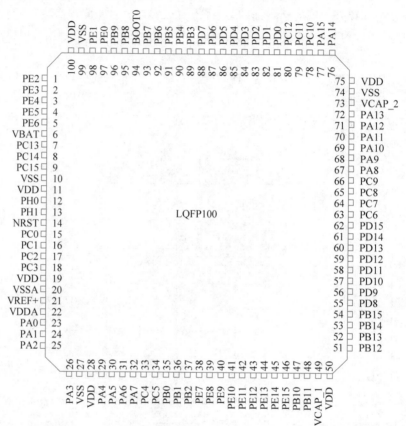

图 3-7　STM32F407VGT6 芯片引脚

3.5　STM32F407VGT6 最小系统设计

STM32F407VGT6 最小系统是指能够让 STM32F407VGT6 正常工作的包含最少元器件的系统。STM32F407VGT6 片内集成了电源管理模块(包括滤波复位输入、集成的上电复位/掉电复位电路、可编程电压检测电路)、8MHz 高速内部 RC 振荡器、40kHz 低速内部 RC 振荡器等部件,外部只需 7 个无源器件就可以让 STM32F407VGT6 工作。然而,为了使用方便,在最小系统中加入了 USB 转 TTL 串口、发光二极管等功能模块。

STM32F407VGT6 最小系统核心电路原理图如图 3-8 所示,其中包括了复位电路、晶体振荡电路和启动设置电路等模块。

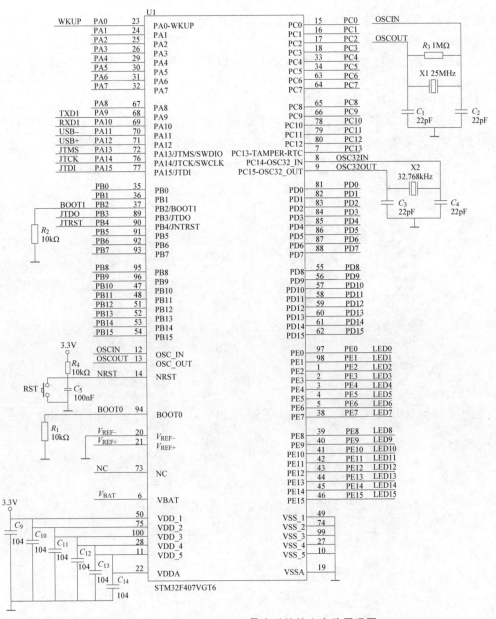

图 3-8　STM32F407VGT6 最小系统核心电路原理图

1. 复位电路

STM32F407VGT6 的 NRST 引脚输入中使用 CMOS 工艺,它内部连接了一个不能断开的上拉电阻 R_{pu},典型值为 $40k\Omega$;外部连接了一个上拉电阻 R_4、按键 RST 及电容 C_5。当按下 RST 按键时 NRST 引脚电位变为 0,通过这个方式实现手动复位。

2. 晶体振荡电路

STM32F407VGT6 一共外接了两个高振:一个 25MHz 的晶振 X1 提供给高速外部时

钟,另一个 32.768kHz 的晶振 X2 提供给全低速外部时钟。

3. 启动设置电路

启动设置电路由启动设置引脚 BOOT1 和 BOOT0 构成,二者均通过 10kΩ 的电阻接地,从用户 Flash 启动。

4. JTAG 接口电路

为了方便系统采用 J-Link 仿真器进行下载和在线仿真,在最小系统中预留了 JTAG 接口电路用来实现 STM32F407VGT6 与 J-Link 仿真器进行连接。JTAG 接口电路如图 3-9 所示。

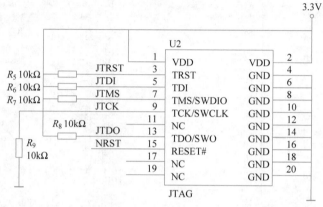

图 3-9　JTAG 接口电路

5. 流水灯电路

最小系统板载 16 个 LED 流水灯,对应 STM32F407VGT6 的 PE0～PE15 引脚,如图 3-10 所示。

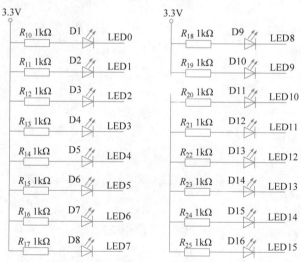

图 3-10　流水灯电路原理

另外,还设计有 USB 转 TTL 串口电路(采用 CH340G)、独立按键电路、ADC 采集电路(采用 10kΩ 电位器)和 5V 转 3.3V 电源电路(采用 AMS1117-3.3V),具体电路从略。

第4章 嵌入式开发环境的搭建

本章讲述嵌入式开发环境的搭建,包括 Keil MDK 安装配置、Keil MDK 新工程的创建、J-Scope 安装、J-Scope 调试方法、Cortex-M4 微控制器软件接口标准(CMSIS)、STM32F407 开发板的选择和 STM32 仿真器的选择。

4.1 Keil MDK 安装配置

4.1.1 Keil MDK 简介

Keil 公司是一家业界领先的微控制器(MCU)软件开发工具的独立供应商,由两家私人公司联合运营,这两家公司分别是德国的 Keil Elektronik GmbH 和美国的 Keil Software Inc.。Keil 公司制造和销售种类广泛的开发工具,包括 ANSI C 编译器、宏汇编程序、调试器、连接器、库管理器、固件和实时操作系统核心(Real-Time Kernel)。

MDK(Microcontroller Development Kit)即 RealView MDK 或 MDK-Arm,是 Arm 公司收购 Keil 公司以后,基于 μVision 界面推出的针对 Arm7、Arm9、Cortex-M、Cortex-R4 等系列 Arm 处理器的嵌入式软件开发工具。

Keil MDK 的全称是 Keil Microcontroller Development Kit,中文名称为 Keil 微控制器开发套件,经常能看到的 Keil Arm-MDK、Keil MDK、Realview MDK、I-MDK、μVision5(老版本为 μVision4 和 μVision3),这几个名称都是指同一个产品。Keil MDK 支持 40 多个厂商超过 5000 种的基于 Arm 的微控制器器件和多种仿真器,集成了行业领先的 Arm C/C++编译工具链,符合 Arm Cortex 微控制器软件接口标准(Cortex Microcontroller Software Interface Standard,CMSIS)。Keil MDK 提供了软件包管理器和多种实时操作系统(RTX、Micrium RTOS、RT-Thread 等)、IPv4/IPv6、USB 外设和 OTG 协议栈、IoT 安全连接以及 GUI 库等中间件组件;还提供了性能分析器,可以评估代码覆盖、运行时间以及函数调用次数等,指导开发者进行代码优化;同时,提供了大量的项目例程,帮助开发者快速掌握 Keil MDK 的强大功能。Keil MDK 是一个适用于 Arm7、Arm9、Cortex-M、Cortex-R 等系列微控制器的完整软件开发环境,具有强大的功能和方便易用性,深得广大开发者认可,成为目前常用的嵌入式集成开发环境之一，能够满足大多数苛刻的嵌入式应用开发的需要。

MDK-Arm 主要包含以下 **4** 个核心组成部分。

(1) **μVision IDE**：一个集项目管理器、源代码编辑器、调试器于一体的强大集成开发环境。

(2) **RVCT**：Arm 公司提供的编译工具链，包含编译器、汇编器、链接器和相关工具。

(3) **RL-Arm**：实时库，可将其作为工程库使用。

(4) **ULINK/JLINK USB-JTAG** 仿真器：用于连接目标系统的调试接口（JTAG 或 SWD 方式），帮助用户在目标硬件上调试程序。

μVision IDE 是一个基于 Windows 操作系统的嵌入式软件开发平台，集编译器、调试器、项目管理器和一些 Make 工具于一体，具有以下主要特征。

(1) 项目管理器用于产生和维护项目。

(2) 处理器数据库集成了一个能自动配置选项的工具。

(3) 带有用于汇编、编译和链接的 Make 工具。

(4) 全功能的源码编辑器。

(5) 模板编辑器可用于在源码中插入通用文本序列和头部块。

(6) 源码浏览器用于快速寻找、定位和分析应用程序中的代码和数据。

(7) 函数浏览器用于在程序中对函数进行快速导航。

(8) 函数略图（Function Sketch）可形成某个源文件的函数视图。

(9) 带有一些内置工具，如 Find in Files 等。

(10) 集模拟调试和目标硬件调试于一体。

(11) 配置向导可实现图形化的快速生成启动文件和配置文件。

(12) 可与多种第三方工具和软件版本控制系统连接。

(13) 带有 Flash 编程工具对话窗口。

(14) 丰富的工具设置对话窗口。

(15) 完善的在线帮助和用户指南。

MDK-Arm 支持的 Arm 处理器如下。

(1) Cortex-M0/M0+/M3/M4/M7。

(2) Cortex-M23/M33 非安全。

(3) ICortex-M23/M33 安全/非安全。

(4) Arm7、Arm9、Cortex-R4、SecurCore SC000/SC300。

(5) Arm V8-M 架构。

使用 MDK-Arm 作为嵌入式开发工具，其开发的流程与其他开发工具基本相同，一般可以分以下几步。

(1) 新建一个工程，从处理器库中选择目标芯片。

(2) 自动生成启动文件或使用芯片厂商提供的基于 CMSIS 的启动文件及固件库。

(3) 配置编译器环境。

(4) 用 C 语言或汇编语言编写源文件。

（5）编译目标应用程序。

（6）修改源程序中的错误。

（7）调试应用程序。

MDK-Arm 集成了业内最领先的技术，包括 μVision5 集成开发环境与 RealView 编译器 RVCT（RealView Compilation Tools）。MDK-Arm 支持 Arm7、Arm9 和 Cortex-M 核处理器，自动配置启动代码，集成 Flash 烧写模块，具有强大的 Simulation 设备模拟、性能分析等功能及出众的性价比，使得 Keil MDK 开发工具迅速成为 Arm 软件开发工具的标准。目前，Keil MDK 在我国 Arm 开发工具市场的占有率在 90% 以上。**Keil MDK** 主要为开发者提供以下开发优势。

（1）启动代码生成向导。启动代码和系统硬件结合紧密，只有使用汇编语言才能编写启动代码，因此启动代码成为许多开发者难以跨越的门槛。Keil MDK 的 μVision5 工具可以自动生成完善的启动代码，并提供图形化的窗口，方便修改。无论是对于初学者还是有经验的开发者，Keil MDK 都能大大节省开发时间，提高系统设计效率。

（2）设备模拟器。Keil MDK 的设备模拟器可以仿真整个目标硬件，如快速指令集仿真、外部信号和 I/O 端口仿真、中断过程仿真、片内外围设备仿真等。开发者在没有硬件的情况下也能进行完整的软件设计开发与调试工作，软硬件开发可以同步进行，大大缩短了开发周期。

（3）性能分析器。Keil MDK 的性能分析器具有辅助开发者查看代码覆盖情况、程序运行时间、函数调用次数等高端控制功能，帮助开发者轻松地进行代码优化，提高嵌入式系统设计开发的质量。

（4）**RealView** 编译器。Keil MDK 的 RealView 编译器与 Arm 公司以前的 ADS 工具包相比，其代码尺寸比 ADS 1.2 编译器小 10%，其代码性能也比 ADS 1.2 编译器提高了至少 20%。

（5）**ULINK2/Pro 仿真器**和 **Flash** 编程模块。Keil MDK 无须寻求第三方编程软硬件的支持。通过配套的 ULINK2 仿真器与 Flash 编程模块，可以轻松地实现 CPU 片内 Flash 和外扩 Flash 烧写，并支持用户自行添加 Flash 编程算法，支持 Flash 的整片删除、扇区删除、编程前自动删除和编程后自动校验等。

（6）**Cortex** 系列内核。Cortex 系列内核具备高性能和低成本等优点，是 Arm 公司新推出的微控制器内核，是单片机应用的热点和主流。而 Keil MDK 是第一款支持 Cortex 系列内核开发的工具，并为开发者提供了完善的工具集，因此，可以用它设计与开发 STM32 嵌入式系统。

（7）专业的本地化技术支持和服务。Keil MDK 的国内用户可以享受专业的本地化技术支持和服务，如电话、E-mail、论坛和中文技术文档等，这将为开发者设计出更有竞争力的产品提供更多的助力。

此外，Keil MDK 还具有自己的实时操作系统（RTOS），即 RTX。传统的 8 位或 16 位单片机往往不适合使用实时操作系统，但 Cortex-M3 内核除了为用户提供更强劲的性能、更高的性价比，还具备对小型操作系统的良好支持，因此在设计和开发 STM32 嵌入式系统时，开发者可以在 Keil MDK 上使用 RTOS。使用 RTOS 可以为工程组织提供良好的结构，并提高代码的重复使用率，使程序调试更加容易，项目管理更加简单。

4.1.2 Keil MDK 下载

Keil MDK 官方下载地址为 http://www2.keil.com/mdk5。

（1）打开官方网站，单击 Download MDK 按钮下载 Keil MDK。Keil MDK 下载界面如图 4-1 所示。

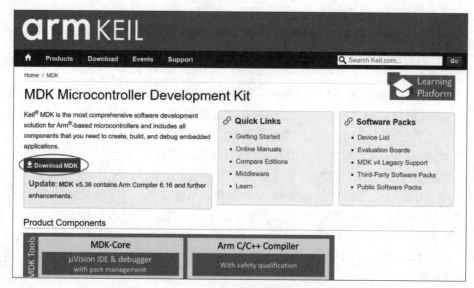

图 4-1 Keil MDK 下载界面

（2）如图 4-2 所示，按照要求填写信息，并单击 Submit 按钮。

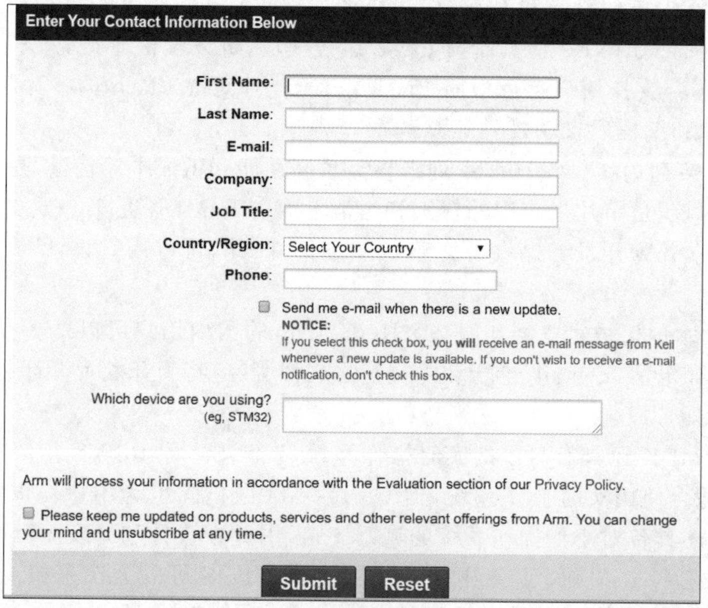

图 4-2 信息填写界面

MDKxxx.EXE 文件下载界面如图 4-3 所示。这里下载的是 MDK536.EXE,单击该文件,等待下载完成。

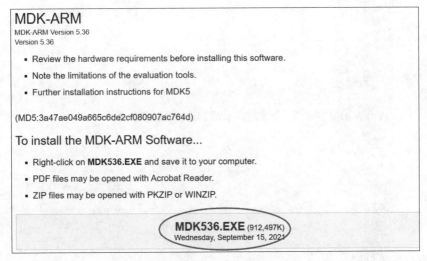

图 4-3　MDKxxx.EXE 文件下载界面

4.1.3　Keil MDK 安装

下面介绍 Keil MDK 的安装步骤。

(1) 如图 4-4 所示,双击 Keil MDK 图标。

Keil MDK 安装界面如图 4-5 所示。

图 4-4　Keil MDK 图标

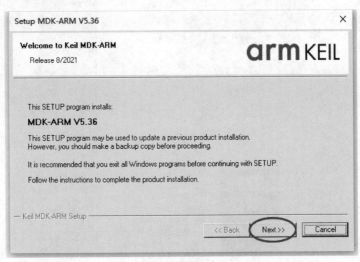

图 4-5　Keil MDK 安装界面

(2) 单击 Next 按钮,勾选"同意协议",选择安装路径(建议用默认路径),填写用户信息,等待安装。Keil MDK 安装进程如图 4-6 所示。

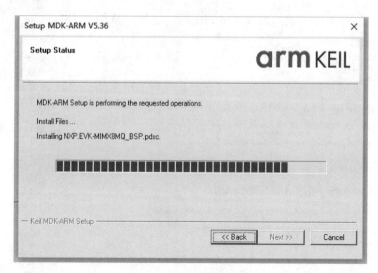

图 4-6 Keil MDK 安装进程

（3）需要显示版本信息，单击 Finish 按钮，完成安装。

（4）安装完成后，弹出 Pack Installer 欢迎界面。先关闭该界面，破解 Pack 包后再安装。

Keil MDK 安装成功后，计算机桌面上会出现 Keil μVision5 图标（以下简称 Keil5），如图 4-7 所示。

如果购买了正版的 Keil μVision5，以管理员身份运行 Keil μVision5，执行 File→License Management 菜单命令，安装 License（软件许可证），如图 4-8 所示。

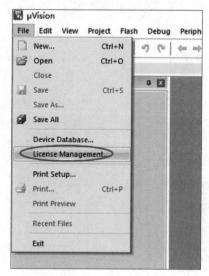

图 4-7 Keil μVision5 图标

图 4-8 安装 License

至此就可以使用 Keil5 了。

Keil5 功能限制如表 4-1 所示。

表 4-1 Keil5 功能限制

特 性	Lite 轻量版	Essential 基本版	Plus 升级版	Professional 专业版
带有包安装器的 μVision IDE	√	√	√	√
带源代码的 CMSIS RTX5 RTOS	√	√	√	√
调试器	32KB	√	√	√
C/C++ Arm 编译器	32KB	√	√	√
中间件：IPv4 网络、USB 设备、文件系统、图形			√	√
TÜV SÜD 认证的 Arm 编译器和功能安全认证套件				√
中间件：IPv6 网络、USB 主设备、IoT 连接				√
固定虚拟平台模型				√
快速模型连接				√
Arm 处理器支持				
Cortex-M0/M0＋/M3/M4/M7	√	√	√	√
Cortex-M23/M33 非安全		√	√	√
Cortex-M23/M33 安全/非安全			√	√
Arm7、Arm9、Cortex-R4、SecurCoreR SC000/SC300			√	√
Arm V8-M 架构				√

4.1.4 安装库文件

安装库文件的步骤如下。

（1）启动 **Keil5**，单击工具栏中 Pack Installer 按钮，如图 4-9 所示。

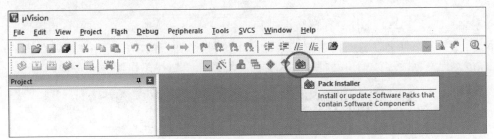

图 4-9 单击 Pack Installer 按钮

（2）弹出 **Pack Installer** 对话框，如图 4-10 所示。

（3）在左侧窗口中选择所使用的芯片 STM32Fxxx 系列，在右侧窗口中单击 Device Specific→ Keil∷STM32Fxxx_DFP 处的 Install 按钮安装库文件，在下方 Output 窗口可看到库文件的下载进度。

（4）等待库文件下载完成。

Keil∷STM32Fxxx_DFP 处 Action 状态变为 Up to date，表示该库下载完成。

打开一个工程，测试编译是否成功。

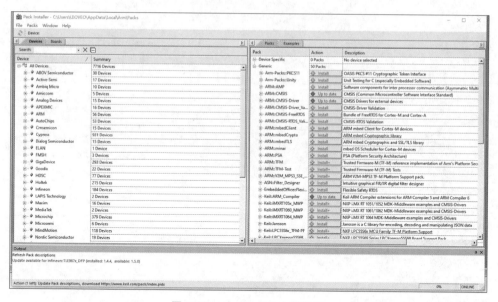

图 4-10　Pack Installer 对话框

4.2　Keil MDK 新工程的创建

创建一个新工程，对 STM32 的 GPIO 功能进行简单的测试。

4.2.1　建立文件夹

建立 GPIO_TEST 文件夹存放整个工程项目。如图 4-11 所示，在 GPIO_TEST 工程目录下，建立 4 个文件夹存放不同类别的文件：lib 文件夹存放库文件；obj 文件夹存放工程文件；out 文件夹存放编译输出文件；user 文件夹存放用户源代码文件。

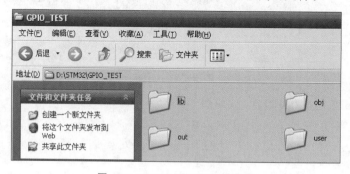

图 4-11　GPIO_TEST 工程目录

4.2.2　打开 Keil μVision

启动 Keil μVision 后，将显示上一次使用的工程，如图 4-12 所示。

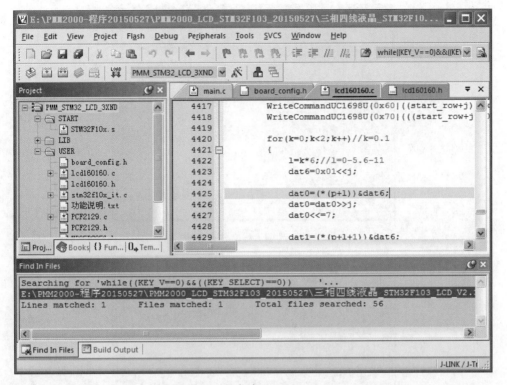

图 4-12　启动 Keil μVision

4.2.3　新建工程

执行 Project→New μVision Project 菜单命令,如图 4-13 所示。

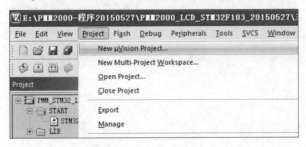

图 4-13　新建工程

把该工程存放在刚刚建立的 obj 子文件夹下,并输入工程文件名称,如图 4-14 和图 4-15 所示。

单击"保存"按钮,选择器件。例如,选择 STMicroelectronics 下 STM32F103VB 器件 (选择使用器件型号),如图 4-16 所示。

单击 OK 按钮,弹出如图 4-17 所示提示框。在该提示框中单击 OK 按钮,加载 STM32 的启动代码。

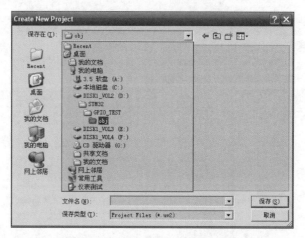

图 4-14　选择工程文件存放路径

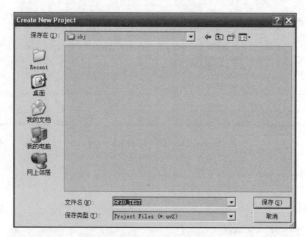

图 4-15　工程文件命名

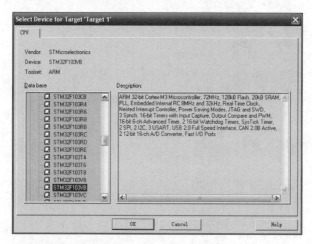

图 4-16　芯片型号选择

图 4-17　加载启动代码

至此,工程建立成功,如图 4-18 所示。

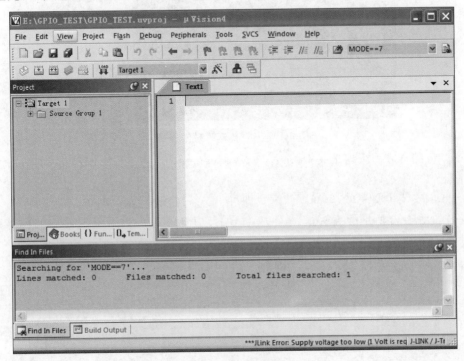

图 4-18　工程建立成功

4.3　J-Scope 安装

J-Scope 是 SEGGER 公司推出的可在目标 MCU 运行时实时分析数据并图形化显示的软件。J-Scope 读取 .elf 或 .axf 文件,并允许选择多个变量进行可视化显示。

J-Scope 主要有 RTT 和 HSS 两种工作模式。

RTT 模式需要用户在 MCU 上添加代码,类似于串口上传数据,因为有额外的代码,所以需要占用 MCU 的资源。RTT 模式的优点是速度快,缺点是需要额外的代码。

HSS 模式不需要用户在 MCU 上添加任何代码,只需要使用 J-Scope 加载 MDK 或 IAR 的可执行文件即可,而且可以随时连接 MCU,不影响 MCU 的正常功能,不需要额外的资源,使用标准 SWD 接口即可。HSS 模式的优点是不需要添加代码,缺点是速度较慢,一一般为 1kHz。当前调试均使用 HSS 模式。

HSS 模式支持的内核如图 4-19 所示。

Core	HSS
ARM7, ARM9, ARM11	○
Cortex-M0	✓
Cortex-M1	✓
Cortex-M3	✓
Cortex-M4	✓
Cortex-M7	✓
Cortex-A, Cortex-R	○
RX100	✓
RX200	✓
RX600	✓
RX700	✓
PIC32	○

图 4-19　HSS 模式支持的内核

J-Scope 的官方下载地址为 https://www.segger.com/products/debug-probes/j-link/tools/j-scope/[①]。

J-Scope 安装步骤简单，选择默认配置即可。安装过程如下。

双击如图 4-20 所示的 J-Scope 安装文件图标，开始安装。如图 4-21 所示，选择默认安装路径。

Setup_JScope_V 611m.exe

图 4-20　J-Scope 安装文件图标

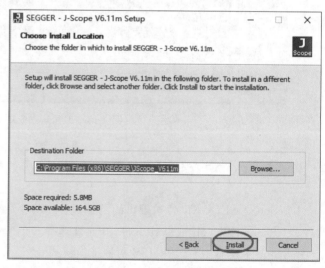

图 4-21　J-Scope 安装界面

J-Scope 安装完成后，出现如图 4-22 所示的界面。

---

① 官方地址已找不到下载入口，可在浏览器直接检索 setup_jscope_v611m。当前可用地址为 https://www.Armbbs.cn/forum.php?mod=viewthread&tid=86881。

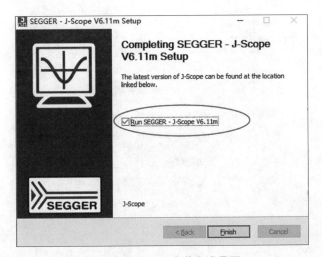

图 4-22　J-Scope 安装完成界面

　　勾选 Run SEGGER-J-Scope V6.11m 复选框,单击 Finish 按钮,弹出如图 4-23 所示的 J-Scope 演示界面。

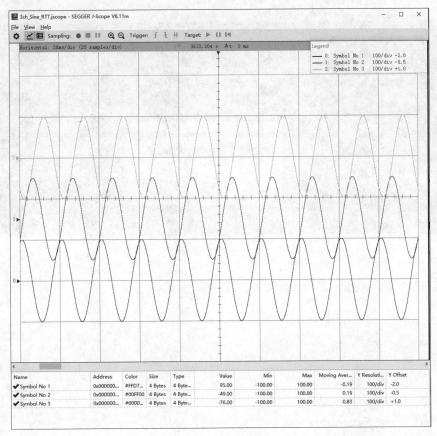

图 4-23　J-Scope 演示界面

4.4　J-Scope 调试方法

4.4.1　打开 J-Scope

（1）如图 4-24 所示，双击 J-Scope 图标，打开 J-Scope。

图 4-24　J-Scope 图标

（2）此时会弹出 J-Scope 新建工程菜单，如图 4-25 所示。可先关闭或开始新建工程。

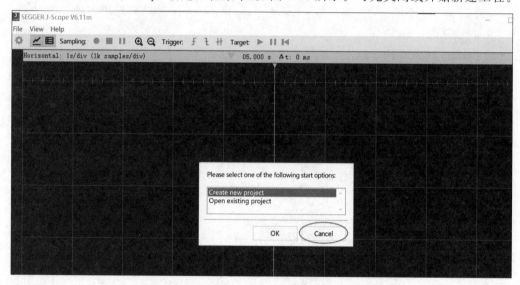

图 4-25　J-Scope 新建工程菜单

4.4.2　J-Scope 功能区介绍

1. File 菜单

File 菜单及功能如图 4-26 所示。

2. 工具栏

J-Scope 的工具栏如图 4-27 所示。

J-Scope 工具栏的各按钮介绍如下。

（1）✿ Open Project Settings：打开工程配置对话框。

（2）📈 Toggle Graph Window：关闭图形窗口，不常用。

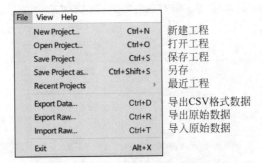

图 4-26 File 菜单及功能

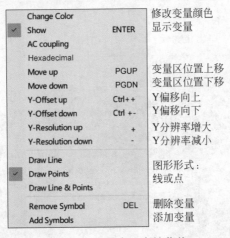

图 4-27 J-Scope 的工具栏

(3) 🖽 Toggle Watch Window：关闭变量观察窗口，不常用。

(4) ● Start/Resume Sampling：启动/重启采样（调试模式）。

(5) ■ Stop Sampling：停止采样。

(6) ❙❙ Pause Sampling：暂停采样。

(7) ⊕⊖ Zoom In/Out：放大/缩小图形。

(8) Trigger: ƒ ƚ ╫ Trigger Rising/Falling/Both Edge：上升/下降/双沿触发，未使用。

(9) Target: ▶ ❙❙ ◀ Start/Stop/Reset Target：启动/暂停/复位目标，未使用。

3. 变量窗口右键菜单

变量窗口右键菜单如图 4-28 所示。

图 4-28 变量窗口右键菜单

4. 图形和变量窗口

图形和变量窗口如图 4-29 所示。

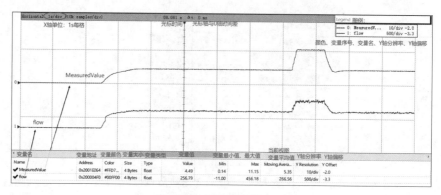

图 4-29　图形和变量窗口

4.4.3　新建工程

新建工程步骤如下。

（1）执行 File→New Project 菜单命令，如图 4-30 所示。

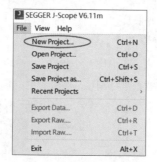

图 4-30　新建工程菜单命令

或者在启动 J-Scope 时弹出的新建工程菜单中单击 OK 按钮，如图 4-31 所示。

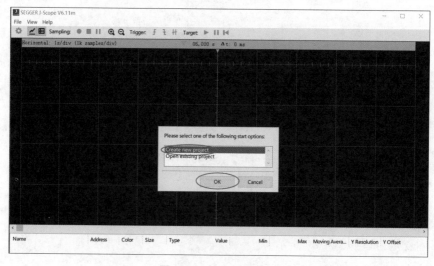

图 4-31　新建工程菜单

（2）工程配置。在 J-Scope Configuration 对话框中以下设置默认即可：连接方式为 USB，不指定脚本，SWD 接口 4000kHz，采样方式为 HSS，采样间隔为 $100\mu s$，如图 4-32 所示。

（3）设置目标设备。需要设置目标设备和 ELF 文件，如图 4-33 所示，单击 Specify Target Device 文本框右侧的"浏览"按钮。

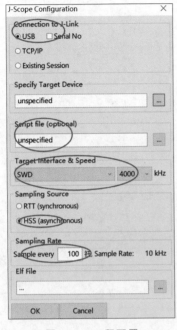

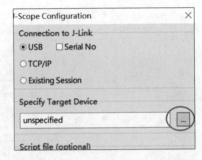

图 4-32 工程配置   图 4-33 J-Scope Configuration 界面

（4）进入选择目标设备界面，在 Device 文本框中输入 STM32F407，选择 STM32F407ZE，单击 OK 按钮，如图 4-34 所示。

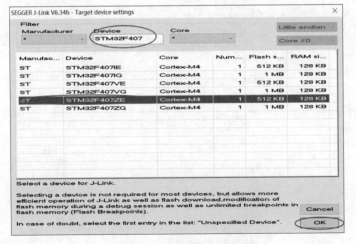

图 4-34 选择目标设备

这里选择的目标设备是以 STM32F407 为核心的呼吸机，所以 Device 选择 STM32F407ZE。

（5）选择 .elf 文件。选择 STM32 主程序生成的 .elf 或 .axf 文件，如图 4-35 所示。

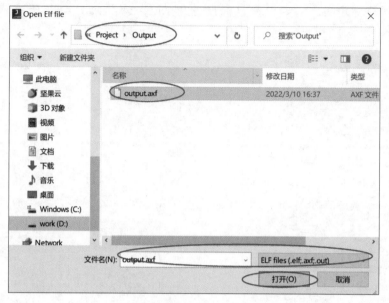

图 4-35　选择 .elf 文件

（6）配置完成后的 J-Scope Configuration 对话框如图 4-36 所示。

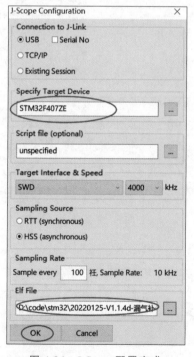

图 4-36　J-Scope 配置完成

（7）单击 OK 按钮，进入变量添加界面。

4.4.4 添加变量

添加变量的步骤如下。

（1）新建工程完成后，会进入变量添加界面，也可在变量区空白处右击，弹出 Add Symbols 菜单，如图 4-37 所示。

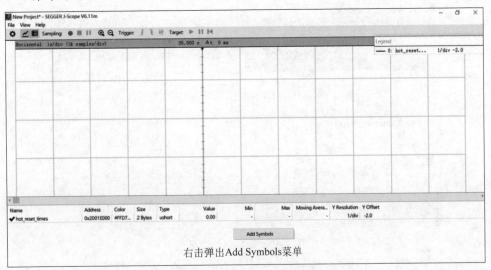

图 4-37 Add Symbols 菜单

（2）在 J-Scope Symbol Selection 对话框中，可以拖动滚动条选择变量，也可通过下方 Filter Symbols by name 文本框输入变量名称进行筛选，如图 4-38 所示。

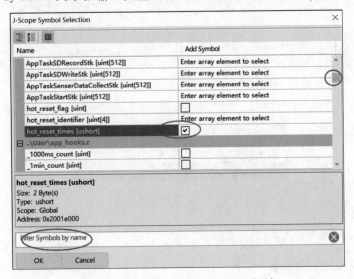

图 4-38 J-Scope Symbol Selection 对话框

（3）添加数组变量时，需先在 Add Symbol 列输入要查看数组的索引，然后单击变量名，下方会出现数组索引成员，选中即可，如图 4-39 所示。

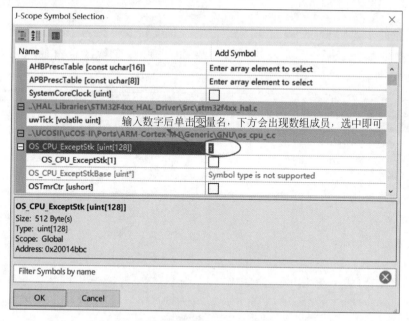

图 4-39　添加数组变量

（4）单个 J-Scope 工程能添加的变量总数与 J-Link 型号有关。当前使用的 J-Link 最多支持 10 个变量，超过 10 个会无法进入调试状态。如果监测的变量超过 10 个，可以同时运行多个工程实现。

右击变量，在弹出的快捷菜单中选择 Remove Symbol，或单击变量后按 Delete 键，即可删除该变量。

4.4.5　保存工程

进行添加/删除变量、修改工程配置、修改视图设置等操作后，J-Scope 左上角工程名处会有 * 示意，如图 4-40 所示。执行 File→Save Project 菜单命令保存工程，如图 4-41 所示。

图 4-40　工程有变动界面

4.4.6　进入调试模式

进入调试模式的步骤如下。

（1）连接 J-Link 到呼吸机主板 STM32 调试口，此时 J-Link USB 线不要连接计算机。

图 4-41 保存工程

（2）呼吸机主板上电。

（3）连接 J-Link USB 线到计算机，J-Link 指示灯应为绿色。

（4）单击启动按钮 ●，如图 4-42 所示。然后进入 J-Scope 调试模式，如图 4-43 所示。

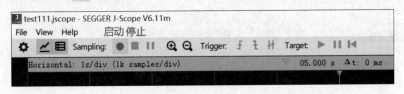

图 4-42 启动调试

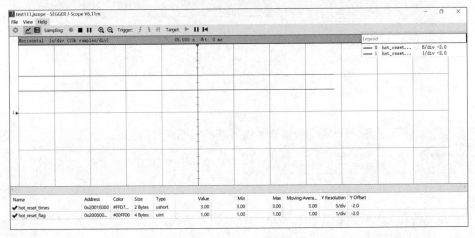

图 4-43 J-Scope 调试模式

在调试模式下可看到变量实时波形和变量值,但不可以添加、删除变量。

4.4.7　停止调试

单击工具栏 ▦ 按钮可以停止调试模式,如图 4-44 所示。

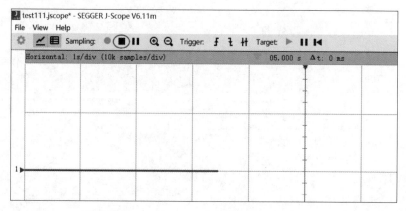

图 4-44　停止调试

4.4.8　查看存储的变量

在图形和变量窗口可查看存储的变量,如图 4-45 所示。

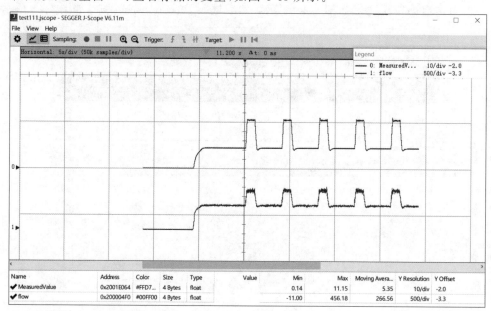

图 4-45　查看变量

需要注意的是,导入数据时的 J-Scope 工程、加载的 .axf 文件要与存储时的工程和 .axf 文件保持一致,否则可能导致数据加载混乱。

4.5 Cortex-M4 微控制器软件接口标准(CMSIS)

目前,软件开发已经是嵌入式系统行业公认的主要开发成本,通过将所有 Cortex-M 芯片供应商产品的软件接口标准化,能有效降低这一成本,尤其是进行新产品开发或将现有项目或软件移植到基于不同厂商 MCU 的产品时。为此,2008 年 Arm 公司发布了 Arm Cortex 微控制器软件接口标准(CMSIS)。

ST 公司为开发者提供了标准外设库,通过使用该标准库,无须深入掌握细节便可开发每个外设,缩短用户编程时间,从而降低开发成本。同时,标准库也是学习者深入学习 STM32 原理的重要参考工具。

4.5.1 CMSIS 介绍

CMSIS 软件架构由 4 层构成:用户应用层、操作系统及中间件接口层、CMSIS 层和硬件层,如图 4-46 所示。

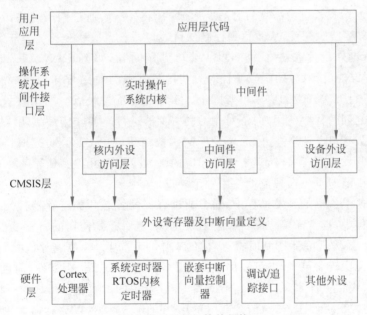

图 4-46 CMSIS 软件架构

其中,CMSIS 层起着承上启下的作用:一方面,对硬件寄存器层进行统一实现,屏蔽不同厂商对 Cortex-M 系列微处理器内核外设寄存器的不同定义;另一方面,向上层的操作系统及中间件接口层和用户应用层提供接口,简化应用程序开发,使开发人员能够在完全透明的情况下进行应用程序开发。

CMSIS 层主要由以下 3 部分组成。

(1) 核内外设访问层(Core Peripheral Access Layer,CPAL):由 Arm 公司实现,包括

命名定义、地址定义、存取内核寄存器和外围设备的协助函数,同时定义了一个与设备无关的 RTOS 内核接口函数。

（2）中间件访问层（Middleware Access Layer,MWAL）：由 Arm 公司实现,芯片厂商提供更新,主要负责定义中间件访问的应用程序接口（Application Programming Interface,API）函数,如 TCP/IP 协议栈、SD/MMC、USB 等协议。

（3）设备外设访问层（Device Peripheral Access Layer,DPAL）：由芯片厂商实现,负责对硬件寄存器地址及外设接口进行定义。另外,芯片厂商会对异常向量进行扩展,以处理相应异常。

4.5.2　STM32F40x 标准外设库

STM32 标准外设库也称为固件库,它是 ST 公司为嵌入式系统开发者访问 STM32 底层硬件而提供的一个中间函数接口,即 API,由程序、数据结构和宏组成,还包括微控制器所有外设的性能特征、驱动描述和应用实例。在 STM32 标准函数库中,每个外设驱动都由一组函数组成,这组函数覆盖了外设驱动的所有功能。可以将 STM32 标准外设库中的函数视为对寄存器复杂配置过程高度封装后所形成的函数接口,通过调用这些函数接口即可实现对 STM32 寄存器的配置,从而达到控制的目的。

STM32 标准外设库覆盖了从 GPIO 端口到定时器,再到 CAN、I2C、SPI、UART 和 ADC 等所有标准外设,对应的函数源代码只使用了基本的 C 编程知识,非常易于理解和使用,并且方便进行二次开发和应用。实际上,STM32 标准外设库中的函数只是建立在寄存器与应用程序之间的程序代码,向下对相关的寄存器进行配置,向上为应用程序提供配置寄存器的标准函数接口。STM32 标准外设库的函数构建已由 ST 公司完成,这里不再详述。在使用库函数开发应用程序时,只要调用相应的函数接口即可实现对寄存器的配置,不需要探求底层硬件细节即可灵活规范地使用每个外设。

在传统 8 位单片机的开发过程中,通常通过直接配置芯片的寄存器控制芯片的工作方式。在配置过程中,常常需要查阅寄存器表,由此确定所需要使用的寄存器配置位,以及是置 0 还是置 1。虽然这些都是很琐碎、机械的工作,但是因为 8 位单片机的资源比较有限,寄存器相对来说比较简单,所以可以用直接配置寄存器的方式进行开发,而且采用这种方式进行开发,参数设置更加直观,程序运行时对 CPU 资源的占用也会相对少一些。

STM32 的外设资源丰富,与传统 8 位单片机相比,STM32 的寄存器无论是在数量上还是在复杂度上都有大幅度提升。如果 STM32 采用直接配置寄存器的开发方式,则查阅寄存器表会相当困难,而且面对众多的寄存器位,在配置过程中也很容易出错,这会造成编程速度慢、程序维护复杂等问题,并且程序的维护成本也会很高。库函数开发方式提供了完备的寄存器配置标准函数接口,使开发者仅通过调用相关函数接口就能实现烦琐的寄存器配置,简单易学、编程速度快、程序可读性高,并降低了程序的维护成本,很好地解决了上述问题。

虽然采用寄存器开发方式能够让参数配置更加直观,而且相对于库函数开发方式,通过直接配置寄存器所生成的代码量会相对少一些,资源占用也会更少一些,但因为 STM32 较传统 8 位单片机而言有充足的 CPU 资源,权衡库函数开发的优势与不足,在一般情况下,可以牺牲一点 CPU 资源,选择更加便捷的库函数开发方式。一般只有对代码运行时间要求极为苛刻的项目,如需要频繁调用中断服务函数等,才会选用直接配置寄存器的方式进行系统的开发工作。

自从库函数出现以来,STM32 标准外设库中各种标准函数的构建也在不断完善,开发者对于 STM32 标准外设库的认识也在不断加深,越来越多的开发者倾向于用库函数进行开发。虽然目前 STM32F1 和 STM32F4 系列各有一套自己的函数库,但是它们大部分是相互兼容的,在采用库函数进行开发时,STM32F1 和 STM32F4 系列之间进行程序移植,只需要进行小修改即可。如果采用寄存器进行开发,则二者之间的程序移植是非常困难的。

当然,采用库函数开发并不是完全不涉及寄存器,前面也提到过,虽然库函数开发简单易学、编程速度快、程序可读性高,但它是在寄存器开发的基础上发展而来的,因此想要学好库函数开发,必须先对 STM32 的寄存器配置有一个基本的认识和了解。二者是相辅相成的,通过认识寄存器可以更好地掌握库函数开发,通过学习库函数开发也可以进一步了解寄存器。

STM32F40x 标准外设库包括微控制器所有外设的性能特征,而且包括每个外设的驱动描述和应用实例。通过使用该固件函数库,无须深入掌握细节便可开发每个外设,缩短用户编程时间,从而降低开发成本。

每个外设驱动都由一组函数组成,这组函数覆盖了该外设的所有功能,每个器件的开发都由一个通用 API 驱动,API 对该程序的结构、函数和参数名都进行了标准化。因此,对于多数应用程序,用户可以直接使用。对于那些在代码大小和执行速度方面有严格要求的应用程序,可以参考固件库,根据实际情况进行调整。因此,在掌握了微控制器细节之后结合标准外设库进行开发将达到事半功倍的效果。

进行 STM32 系列微控制器的程序开发主要分为两种方式:直接寄存器操作开发方式和库函数开发方式。使用直接寄存器操作开发方式需要完全熟悉微控制器的使用方法、流程及寄存器的配置方法。在编写程序时,直接面对寄存器,需要程序员自己编写所有操作代码。

库函数开发方式是在一个特定的库函数基础上进行程序开发的。库函数把对寄存器的操作抽象成了一系列操作微控制器的 API 函数,程序员只需要在功能层面熟悉 API 函数使用方法,然后按照一定的流程编写程序即可。

ST 公司提供了操作 STM32F 系列微控制器的标准函数库,该函数库包括对 STM32F 系列微控制器操作的基本 API 函数。开发者可调用这些函数接口配置 STM32F 系列微控制器的寄存器,使开发人员得以脱离最底层的寄存器操作。使用函数库开发方式进行应用开发,有开发快速、易于阅读、维护成本低等优点。

库函数开发方式和直接寄存器操作开发方式之间的对比如图 4-47 所示。

库函数是架设在寄存器层与用户驱动层之间的代码,向下处理与寄存器直接相关的配置,向上为用户提供配置寄存器的接口。

在实际使用过程中,大量使用库函数的地方主要集中在初始化阶段,在需要大量数据传输或响应操作等场合,库函数使用得并不是非常频繁,因此库函数开发方式和直接寄存器操

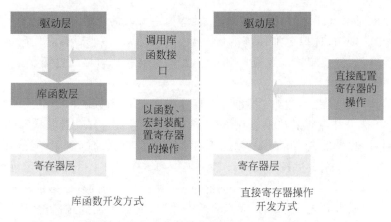

图 4-47 库函数开发方式和直接寄存器操作开发方式之间的对比

作开发方式在运行效率上的区别不大。综合考虑两种方式的优缺点,在 STM32 系列微控制器实际开发过程中,推荐使用库函数开发方式。

4.6 STM32F407 开发板的选择

本书应用实例是在野火 F407-霸天虎开发板上调试通过的,该开发板可以在网上购买,价格因模块配置的区别而不同(500~700 元)。

野火 F407-霸天虎实验平台使用 STM32F407ZGT6 作为主控芯片,使用 4.3 英寸液晶屏进行交互,可通过 Wi-Fi 的形式接入互联网,支持使用串口(TTL)、RS-485、CAN、USB 协议与其他设备通信,板载 Flash、EEPROM、全彩 RGB LED,还提供了各式通用接口,能满足各种各样的学习需求。

野火 F407-霸天虎开发板如图 4-48 所示。

图 4-48 野火 F407-霸天虎开发板(带 TFT LCD)

4.7 STM32 仿真器的选择

进行 STM32F 系列微控制器的程序开发,需要搭建一个交叉开发环境,其中包括计算机、开发软件、调试器、开发板或自己设计的电路板(包括 STM32F 系列微控制器)。

大部分 STM32F 系列微控制器内核包含用于高级调试功能的硬件,利用这些调试功能,可以在取指(指令断点)或取访问数据(数据断点)时使内核停止。当内核停止时,可以查询内核的内部状态和系统的外部状态。查询完成后,将恢复内核和系统并恢复程序执行。

当调试器与 STM32F 系列微控制器相连并进行调试时,将使用内核的硬件调试模块。调试接口(SWJ-DP)把 SWD-DP 和 JTAG-DP 功能合二为一,并且支持自动协议检测。

调试工具提供两个调试接口:串行(SWD)接口和 JTAG 接口。STM32F4 系列微控制器调试接口结构如图 4-49 所示。

图 4-49 STM32F4 系列微控制器调试接口结构

开发板可以采用 ST-Link、J-Link 或野火 fireDAP 下载器(符合 CMSIS-DAP Debugger 规范)下载程序。

1. CMSIS-DAP 仿真器

CMSIS-DAP 是支持访问 CoreSight 调试访问端口(DAP)的固件规范和实现,以及为各种 Cortex 处理器提供 CoreSight 调试和跟踪。

如今众多 Cortex-M 处理器能这么方便地调试,在于一项基于 Arm Cortex-M 处理器设备的 CoreSight 技术,该技术引入了强大的新调试(Debug)和跟踪(Trace)功能。

CoreSight 的两个主要功能就是调试和跟踪。

1)调试功能

(1)运行处理器的控制,允许启动和停止程序。

(2)单步调试源代码和汇编代码。

(3)在处理器运行时设置断点。

(4)即时读取/写入存储器内容和外设寄存器。

(5)编程内部和外部 Flash。

2)跟踪功能

(1)串行线查看器(SWV)提供程序计数器(PC)采样、数据跟踪、事件跟踪和仪器跟踪信息。

(2)指令(ETM)跟踪直接流式传输到 PC,从而实现历史序列的调试,软件性能分析和代码覆盖率分析。

野火 fireDAP 高速仿真器如图 4-50 所示。

2. J-Link

J-Link 是 SEGGER 公司为支持仿真 Arm 内核芯片推出的 JTAG 仿真器。它是通用的开发工具，配合 MDK-Arm、IAR EWArm 等开发平台，可以实现对 Arm7、Arm9、Arm11、Cortex-M0/M1/M3/M4、Cortex-A5/A8/A9 等大多数 Arm 内核芯片的仿真。J-Link 需要安装驱动程序，才能配合开发平台使用。J-Link 仿真器有 J-Link Plus、J-Link Ultra、J-Link Ultra＋、J-Link Pro、J-Link EDU、J-Trace 等多个版本，可以根据不同的需求选择不同的产品。

J-Link 仿真器如图 4-51 所示。

图 4-50　野火 fireDAP 高速仿真器

图 4-51　J-Link 仿真器

J-Link 仿真器具有以下特点。

（1）JTAG 最高时钟频率可达 15MHz。

（2）目标板电压范围为 1.2～3.3V,5V 兼容。

（3）具有自动速度识别功能。

（4）支持编辑状态的断点设置，并在仿真状态下有效。可快速查看寄存器和方便配置外设。

（5）带 J-Link TCP/IP Server,允许通过 TCP/IP 网络使用 J-Link。

3. ST-Link

ST-Link 是 ST 公司为 STM8 系列和 STM32 系列微控制器设计的仿真器。ST-Link V2 仿真器如图 4-52 所示。

ST-Link 仿真器具有以下特点。

（1）编程功能：可烧写 Flash、EEPROM 等,需要安装驱动程序才能使用。

（2）仿真功能：支持全速运行、单步调试、断点调试等调试方法。

（3）可查看 I/O 状态、变量数据等。

（4）仿真性能：采用 USB 2.0 接口进行仿真调试、单步调试、断点调试,反应速度快。

（5）编程性能：采用 USB 2.0 接口进行 SWIM/JTAG/SWD 下载,下载速度快。

图 4-52　ST-Link V2 仿真器

4. 微控制器调试接口

STM32 系列微控制器调试接口引脚如图 4-53 所示。为了减少 PCB 的占用空间,JTAG 调试接口可用双排 10 引脚接口,SWD 调试接口只需要 SWDIO、SWCLK、RESET 和 GND 这 4 根线。

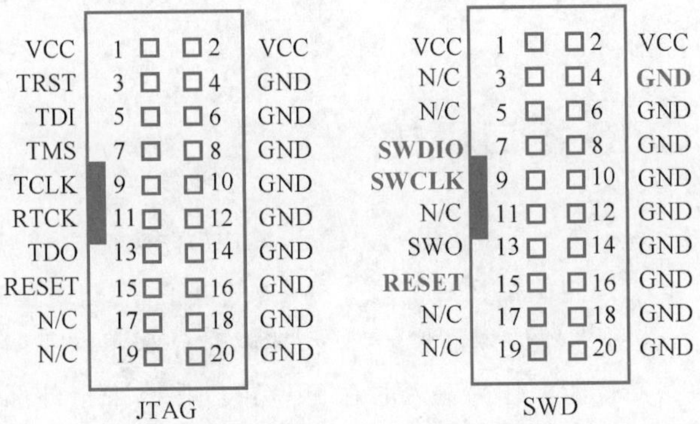

VCC	1	2	VCC
TRST	3	4	GND
TDI	5	6	GND
TMS	7	8	GND
TCLK	9	10	GND
RTCK	11	12	GND
TDO	13	14	GND
RESET	15	16	GND
N/C	17	18	GND
N/C	19	20	GND

JTAG

VCC	1	2	VCC
N/C	3	4	GND
N/C	5	6	GND
SWDIO	7	8	GND
SWCLK	9	10	GND
N/C	11	12	GND
SWO	13	14	GND
RESET	15	16	GND
N/C	17	18	GND
N/C	19	20	GND

SWD

图 4-53　STM32 系列微控制器调试接口引脚

第 5 章

STM32 GPIO

本章讲述 STM32 GPIO,包括 STM32 GPIO 接口概述、STM32 GPIO 功能、STM32 的 GPIO 常用库函数、STM32 的 GPIO 使用流程、STM32 GPIO 输出应用实例和 STM32 GPIO 输入应用实例。

5.1 STM32 GPIO 接口概述

General Purpose Input Output(通用输入输出,GPIO)接口的功能是让嵌入式处理器能够通过软件灵活地读出或控制单个物理引脚上的高、低电平,实现内核和外部系统之间的信息交换。GPIO 是嵌入式处理器使用最多的外设,能够充分利用其通用性和灵活性,是嵌入式开发者必须掌握的重要技能。作为输入时,GPIO 可以接收来自外部的开关量信号、脉冲信号等,如来自键盘、拨码开关的信号;作为输出时,GPIO 可以将内部的数据传输给外部设备或模块,如输出到 LED、数码管、控制继电器等。另外,理论上讲,当嵌入式处理器上没有足够的外设时,可以通过软件控制 GPIO 模拟 UART、SPI、I2C、FSMC 等各种外设的功能。

正是因为 GPIO 作为外设具有无与伦比的重要性,除特殊功能的引脚外,STM32 所有引脚都可以作为 GPIO 使用。以常见的 LQFP144 封装的 STM32F407ZGT6 为例,有 112 个引脚可以作为双向 I/O 使用。为便于使用和记忆,STM32 将它们分配到不同的"组"中,在每个组中再对其进行编号。具体来讲,每个组称为一个端口,端口号通常以大写字母命名,从 A 开始,依次简写为 PA、PB、PC 等。每个端口最多有 16 个 GPIO,软件既可以读写单个 GPIO,也可以通过指令一次读写端口中全部 16 个 GPIO。每个端口内部的 16 个 GPIO 又被分别标以 0~15 的编号,从而可以通过 PA0、PB5 或 PC10 等方式指代单个 GPIO。以 STM32F407ZGT6 为例,它共有 7 个端口(PA、PB、PC、PD、PE、PF 和 PG),每个端口有 16 个 GPIO,共 7×16=112 个 GPIO。

绝大多数嵌入式系统应用都涉及开关量的输入和输出功能,如状态指示、报警输出、继电器闭合和断开、按钮状态读入、开关量报警信息的输入等。这些开关量的输入和控制输出都可以通过 GPIO 实现。

GPIO 的每个位都可以由软件分别配置成以下模式。

(1) 输入浮空。浮空(Floating)就是逻辑器件的输入引脚既不接高电平,也不接低电平。由于逻辑器件的内部结构,当输入引脚浮空时,相当于该引脚接了高电平。一般实际运用时,不建议引脚浮空,易受干扰。

(2) 输入上拉。上拉就是把电压拉高,如拉到 V_{CC}。上拉就是将不确定的信号通过一个电阻钳位在高电平。电阻同时起限流作用。弱强只是上拉电阻的阻值不同,没有什么严格区分。

(3) 输入下拉。下拉就是把电压拉低到 GND。与上拉原理相似。

(4) 模拟输入。模拟输入是指传统方式的模拟量输入。数字输入是输入数字信号,即 0 和 1 的二进制数字信号。

(5) 具有上拉/下拉功能的开漏输出模式。输出端相当于三极管的集电极。要得到高电平状态,需要上拉电阻才行。该模式适合做电流型的驱动,其吸收电流的能力相对较强(一般在 20mA 以内)。

(6) 具有上拉/下拉功能的推挽输出模式。可以输出高低电平,连接数字器件。推挽结构一般是指两个三极管分别受两个互补信号的控制,总是在一个三极管导通时另一个截止。

(7) 具有上拉/下拉功能的复用功能推挽模式。复用功能可以理解为 GPIO 被用作第二功能时的配置情况(即并非作为通用 I/O 接口使用)。STM32 GPIO 的复用功能推挽模式中输出使能、输出速度可配置。这种复用模式可工作在开漏及推挽模式,但是输出信号是源于其他外设的,这时的输出数据寄存器 GPIOx_ODR 是无效的;而且输入可用,通过输入数据寄存器可获取 I/O 接口实际状态,但一般直接用外设的寄存器获取该数据信号。

(8) 具有上拉/下拉功能的复用功能开漏模式。复用功能可以理解为 GPIO 接口被用作第二功能时的配置情况(即并非作为通用 I/O 接口使用)。每个 I/O 接口可以自由编程,而 I/O 接口寄存器必须按 32 位字访问(不允许半字或字节访问)。GPIOx_BSRR 和 GPIOx_BRR 寄存器允许对任何 GPIO 寄存器的读/更改的独立访问,这样,在读和更改访问之间产生中断(IRQ)时不会发生危险。

每个 GPIO 端口包括 4 个 32 位配置寄存器(GPIOx_MODER、GPIOx_OTYPER、GPIOx_OSPEEDR 和 GPIOx_PUPDR)、两个 32 位数据寄存器(GPIOx_IDR 和 GPIOx_ODR)、一个 32 位置位/复位寄存器(GPIOx_BSRR)、一个 32 位配置锁存寄存器(GPIOx_LCKR)和两个 32 位复用功能选择寄存器(GPIOx_AFRH 和 GPIOx_AFRL)。应用程序通过对这些寄存器的操作实现 GPIO 的配置和应用。

一个 I/O 接口的基本结构如图 5-1 所示。

STM32 的 GPIO 资源非常丰富,包括 26、37、51、80、112 个多功能双向 5V 兼容的快速 I/O 接口,而且所有 I/O 接口可以映射到 16 个外部中断,对于 STM32 的学习,应该从最基本的 GPIO 开始。

GPIO 的每个位可以由软件分别配置成多种模式。常用的 I/O 接口寄存器只有 4 个:

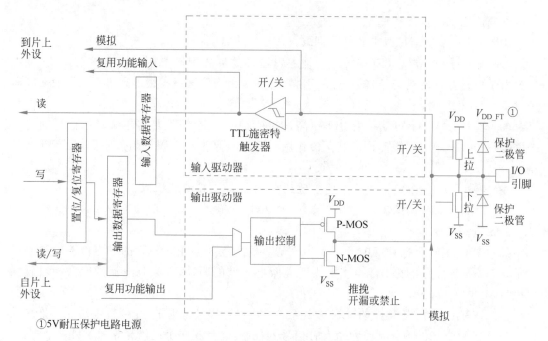

图 5-1 一个 I/O 接口的基本结构

CRL、CRH、IDR、ODR。CRL 和 CRH 寄存器控制每个 I/O 接口的模式及输出速率。

　　每个 GPIO 引脚都可以由软件配置成输出（推挽或开漏）、输入（带或不带上拉或下拉）或复用的外设功能端口。多数 GPIO 引脚都与数字或模拟的复用外设共用。除了具有模拟输入功能的端口，所有 GPIO 引脚都有大电流通过能力。

　　根据数据手册中列出的每个 I/O 接口的特定硬件特征，GPIO 的每个位可以由软件分别配置成多种模式：输入浮空、输入上拉、输入下拉、模拟输入、开漏输出、推挽式输出、推挽式复用功能、开漏复用功能。

5.1.1 输入通道

　　输入通道包括输入数据寄存器和输入驱动器。在接近 I/O 引脚处连接了两只保护二极管，假设保护二极管的导通电压降为 V_d，则输入输入驱动器的信号电压范围被钳位在

$$V_{SS} - V_d < V_{in} < V_{DD} + V_d$$

　　由于 V_d 的导通压降不会超过 0.7V，若电源电压 V_{DD} 为 3.3V，则输入输入驱动器的信号最低不会低于 -0.7V，最高不会高于 4V，起到了保护作用。在实际工程设计中，一般都将输入信号尽可能调理到 0~3.3V，也就是说，一般情况下，两只保护二极管都不会导通，输入驱动器中包括了两只电阻，分别通过开关接电源 V_{DD}（该电阻称为上拉电阻）和地 V_{SS}（该电阻称为下拉电阻）。开关受软件的控制，用来设置当 I/O 接口位用作输入时，选择使用上拉电阻或下拉电阻。

　　输入驱动器中的另一个部件是 TTL 施密特触发器，当 I/O 接口位用于开关量输入或

复用功能输入时,TTL 施密特触发器用于对输入波形进行整形。

GPIO 的输入驱动器主要由 TTL 肖特基触发器、带开关的上拉电阻电路和带开关的下拉电阻电路组成。值得注意的是,与输出驱动器不同,GPIO 的输入驱动器没有多路选择开关,输入信号送到 GPIO 输入数据寄存器的同时也送给片上外设,所以 GPIO 的输入没有复用功能选项。

根据 TTL 肖特基触发器、上拉电阻端和下拉电阻端两个开关的状态,GPIO 的输入可分为以下 4 种。

(1) 模拟输入:TTL 肖特基触发器关闭。

(2) 上拉输入:GPIO 内置上拉电阻,此时 GPIO 内部上拉电阻端的开关闭合,GPIO 内部下拉电阻端的开关打开。该模式下,引脚在默认情况下输入为高电平。

(3) 下拉输入:GPIO 内置下拉电阻,此时 GPIO 内部下拉电阻端的开关闭合,GPIO 内部上拉电阻端的开关打开。该模式下,引脚在默认情况下输入为低电平。

(4) 浮空输入:GPIO 内部既无上拉电阻,也无下拉电阻,此时 GPIO 内部上拉电阻端和下拉电阻端的开关都处于打开状态。该模式下,引脚在默认情况下为高阻态(即浮空),其电平高低完全由外部电路决定。

5.1.2 输出通道

输出通道包括位设置/清除寄存器、输出数据寄存器、输出驱动器。

要输出的开关量数据首先写入位设置/清除寄存器,通过读写命令进入输出数据寄存器,然后进入输出驱动的输出控制模块。输出控制模块可以接收开关量的输出和复用功能输出。输出的信号通过由 P-MOS 和 N-MOS 场效应管电路输出到引脚。通过软件设置,由 P-MOS 和 N-MOS 场效应管电路可以构成推挽、开漏或关闭模式。

GPIO 的输出驱动器主要由多路选择器、输出控制逻辑和一对互补的 MOS 管组成。

多路选择器根据用户设置决定该引脚是 GPIO 普通输出还是复用功能输出。

(1) 普通输出:该引脚的输出来自 GPIO 的输出数据寄存器。

(2) 复用功能(Alternate Function,AF)输出:该引脚的输出来自片上外设,并且一个 STM32 微控制器引脚输出可能来自多个不同外设,即一个引脚可以对应多个复用功能输出。但同一时刻,一个引脚只能使用这些复用功能中的一个,而这个引脚对应的其他复用功能都处于禁止状态。

输出控制逻辑根据用户设置通过控制 P-MOS 管和 N-MOS 管的状态(导通/关闭)决定 GPIO 输出模式(推挽、开漏或关闭)。

(1) 推挽(Push-Pull,PP)输出:可以输出高电平和低电平。当内部输出 1 时,P-MOS 管导通,N-MOS 管截止,外部输出高电平(输出电压等于 V_{DD});当内部输出 0 时,N-MOS 管导通,P-MOS 管截止,外部输出低电平(输出电压为 0)。

由此可见,相比于普通输出方式,推挽输出既提高了负载能力,又提高了开关速度,适于输出 0 和 V_{DD} 的场合。

(2) 开漏(Open-Drain,OD)输出：与推挽输出相比,开漏输出中连接 V_{DD} 的 P-MOS 管始终处于截止状态。这种情况与三极管的集电极开路非常类似。在开漏输出模式下,当内部输出 0 时,N-MOS 管导通,外部输出低电平(输出电压为 0V);当内部输出 1 时,N-MOS 管截止,由于此时 P-MOS 管也处于截止状态,外部输出既不是高电平,也是不是低电平,而是高阻态(浮空)。如果想要外部输出高电平,必须在 I/O 引脚外接一个上拉电阻。

这样,通过开漏输出,可以提供灵活的电平输出方式——改变外接上拉电源的电压,便可以改变传输电平电压的高低。例如,如果 STM32 微控制器想要输出 5V 高电平,只需要在外部接一个上拉电阻且上拉电源为 5V,并把 STM32 微控制器上对应的 I/O 引脚设置为开漏输出模式,当内部输出 1 时,由上拉电阻和上拉电源向外输出 5V 电平。需要注意的是,上拉电阻的阻值决定逻辑电平电压转换的速度。阻值越大,速度越低,功耗越小,所以负载电阻的选择应兼顾功耗和速度。

由此可见,开漏输出可以匹配电平,一般适用于电平不匹配的场合,而且,开漏输出吸收电流的能力相对较强,适合作为电流型的驱动。

5.2 STM32 GPIO 功能

5.2.1 普通 I/O 功能

复位期间和刚复位后,复用功能未开启,I/O 口被配置成浮空输入模式。

复位后,JTAG 引脚被置于输入上拉或下拉模式。

(1) PA13：JTMS 置于上拉模式。

(2) PA14：JTCK 置于下拉模式。

(3) PA15：JTDI 置于上拉模式。

(4) PB4：JNTRST 置于上拉模式。

当作为输出配置时,写到输出数据寄存器(GPIOx_ODR)上的值输出到相应的 I/O 引脚。可以以推挽模式或开漏模式(当输出 0 时,只有 N-MOS 被打开)使用输出驱动器。

输入数据寄存器(GPIOx_IDR)在每个 APB2 时钟周期捕捉 I/O 引脚上的数据。

所有 GPIO 引脚有一个内部弱上拉和弱下拉,当配置为输入时,它们可以被激活也可以被断开。

5.2.2 单独的位设置或位清除

当对 GPIOx_ODR 寄存器的个别位编程时,软件不需要禁止中断:在单次 APB2 写操作中,可以只更改一个或多个位。这是通过对置位/复位寄存器(GPIOx_BSRR/GPIOx_BRR)中想要更改的位写 1 实现的。没被选择的位将不被更改。

5.2.3 外部中断/唤醒线

所有端口都有外部中断能力。为了使用外部中断线,端口必须配置成输入模式。

5.2.4　复用功能

使用默认复用功能(AF)前必须对端口位配置寄存器编程。

(1) 对于复用输入功能,端口位必须配置成输入模式(浮空、上拉或下拉)且输入引脚必须由外部驱动。

(2) 对于复用输出功能,端口位必须配置成复用功能输出模式(推挽或开漏)。

(3) 对于双向复用功能,端口位必须配置复用功能输出模式(推挽或开漏)。此时,输入驱动器被配置成浮空输入模式。

如果把端口配置成复用输出功能,则引脚和输出寄存器断开,并和片上外设的输出信号连接。

如果软件把一个GPIO引脚配置成复用输出功能,但是外设没有被激活,那么它的输出将不确定。

5.2.5　软件重新映射 I/O 复用功能

STM32F407 微控制器的 I/O 引脚除了通用功能外,还可以设置为一些片上外设的复用功能。而且,一个 I/O 引脚除了可以作为某个默认外设的复用引脚外,还可以作为其他多个不同外设的复用引脚。类似地,一个片上外设,除了默认的复用引脚,还可以有多个备用的复用引脚。在基于 STM32 微控制器的应用开发中,用户根据实际需要可以把某些外设的复用功能从默认引脚转移到备用引脚上,这就是外设复用功能的 I/O 引脚重映射。

为了使不同封装器件的外设 I/O 功能的数量达到最优,可以把一些复用功能重新映射到其他一些引脚上。这可以通过软件配置 AFIO 寄存器完成,这时,复用功能就不再映射到它们的原始引脚上了。

5.2.6　GPIO 锁定机制

锁定机制允许冻结 I/O 配置。当在一个端口位上执行了锁定(LOCK)程序,在下一次复位之前,将不能再更改端口位的配置。这个功能主要用于一些关键引脚的配置,防止程序跑飞引起灾难性后果。

5.2.7　输入配置

当 I/O 口位被配置为输入时:

(1) 输出缓冲器被禁止;

(2) 施密特触发输入被激活;

(3) 根据输入配置(上拉、下拉或浮动)的不同,弱上拉和下拉电阻被连接;

(4) 出现在 I/O 引脚上的数据在每个 APB2 时钟被采样到输入数据寄存器;

(5) 对输入数据寄存器的读访问可得到 I/O 状态。

I/O 口位的输入配置如图 5-2 所示。

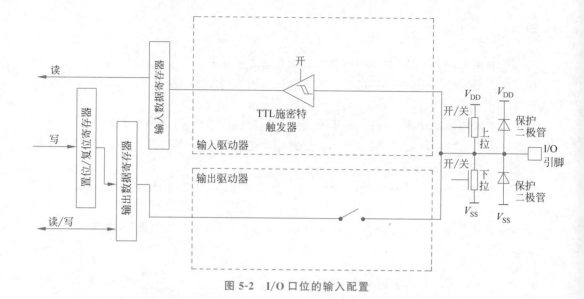

图 5-2　I/O 口位的输入配置

5.2.8　输出配置

当 I/O 口位被配置为输出时：

(1) 输出缓冲器被激活，开漏模式下，输出寄存器上的 0 激活 N-MOS 晶体管，而输出寄存器上的 1 将端口置于高阻状态（P-MOS 晶体管从不被激活），推挽模式下，输出寄存器上的 0 激活 N-MOS 晶体管，而输出寄存器上的 1 将激活 P-MOS 晶体管；

(2) 施密特触发输入被激活；

(3) 弱上拉和下拉电阻被禁止；

(4) 出现在 I/O 引脚上的数据在每个 APB2 时钟被采样到输入数据寄存器；

(5) 在开漏模式时，对输入数据寄存器的读访问可得到 I/O 状态；

(6) 在推挽式模式时，对输出数据寄存器的读访问得到最后一次写的值。

I/O 口位的输出配置如图 5-3 所示。

5.2.9　复用功能配置

当 I/O 口位被配置为复用功能时：

(1) 在开漏或推挽式配置中，输出缓冲器被打开；

(2) 内置外设的信号驱动输出缓冲器（复用功能输出）；

(3) 施密特触发输入被激活；

(4) 弱上拉和下拉电阻被禁止；

(5) 在每个 APB2 时钟周期，出现在 I/O 引脚上的数据被采样到输入数据寄存器；

(6) 开漏模式时，读输入数据寄存器时可得到 I/O 口状态；

(7) 在推挽模式时，读输出数据寄存器时可得到最后一次写的值。

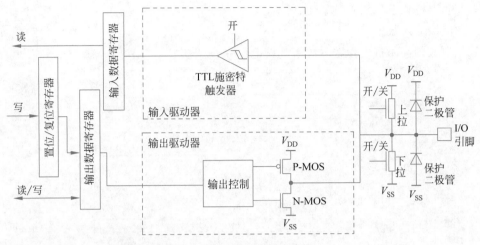

图 5-3　I/O 口位的输出配置

一组复用功能 I/O 寄存器允许用户把一些复用功能重新映像到不同的引脚。

I/O 口位的复用功能配置如图 5-4 所示。

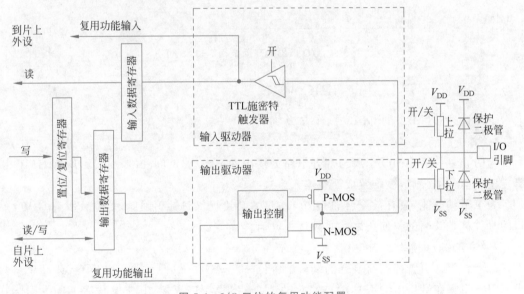

图 5-4　I/O 口位的复用功能配置

5.2.10　高阻抗模拟输入配置

当 I/O 口位被配置为模拟输入配置时：

（1）输出缓冲器被禁止；

（2）禁止施密特触发输入，实现了每个模拟 I/O 引脚上的零消耗，施密特触发输出值被强置为 0；

（3）弱上拉和下拉电阻被禁止；

（4）读取输入数据寄存器时数值为 0。

I/O 口位的高阻抗模拟输入配置如图 5-5 所示。

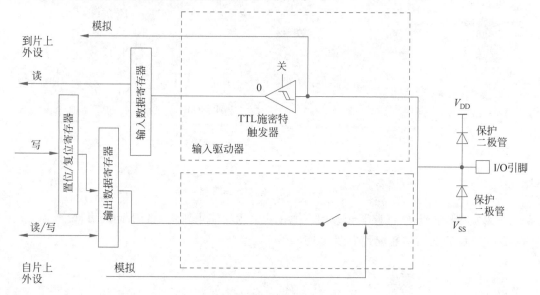

图 5-5　I/O 口位的高阻抗模拟输入配置

5.2.11　STM32 的 GPIO 操作

下面讲述 STM32 的 GPIO 操作方法。

1. 复位后的 GPIO

为防止复位后 GPIO 引脚与片外电路的输出冲突，复位期间和刚复位后，所有 GPIO 引脚复用功能都不开启，被配置成浮空输入模式。

为了节约电能，只有被开启的 GPIO 端口才会给提供时钟。因此，复位后所有 GPIO 端口的时钟都是关断的。使用之前必须逐一开启。

2. GPIO 工作模式的配置

每个 GPIO 引脚都拥有自己的端口配置位——MODERy[1:0]（模式寄存器，其中 y 代表 GPIO 引脚在端口中的编号）和 OTy[1:0]（输出类型寄存器，其中 y 代表 GPIO 引脚在端口中的编号），用于选择该引脚是处于输入模式中的浮空输入模式、上拉/下拉输入模式或模拟输入模式；还是输出模式中的输出推挽模式、开漏输出模式或复用功能推挽/开漏输出模式。每个 GPIO 引脚还拥有自己的端口模式位 OSPEEDRy[1:0]，用于选择该引脚是处于输入模式，或是输出模式中的输出带宽（2MHz、25MHz、50MHz 和 100MHz）。

每个 GPIO 端口拥有 16 个引脚，而每个引脚又拥有 4 个控制位，因此需要 64 位才能实现对一个端口所有引脚的配置，它们被分置在两个字中。如果是输出模式，还需要 16 位输出类型寄存器。各种工作模式的硬件配置总结如下。

（1）输入模式的硬件配置：输出缓冲器被禁止；施密特触发器输入被激活；根据输入配置（上拉、下拉或浮空）的不同，弱上拉和下拉电阻被连接；出现在 I/O 引脚上的数据在每个 APB2 时钟被采样到输入数据寄存器；对输入数据寄存器的读访问可得到 I/O 状态。

（2）输出模式的硬件配置：输出缓冲器被激活；施密特触发器输入被激活；弱上拉和下拉电阻被禁止；出现在 I/O 引脚上的数据在每个 APB2 时钟被采样到输入数据寄存器；对输入数据寄存器的读访问可得到 I/O 状态；对输出数据寄存器的读访问得到最后一次写的值；在推挽模式时，互补 MOS 管对都能被打开；在开漏模式时，只有 N-MOS 管可以被打开。

（3）复用功能的硬件配置：在开漏或推挽式配置中，输出缓冲器被打开；片上外设的信号驱动输出缓冲器；施密特触发器输入被激活；弱上拉和下拉电阻被禁止；在每个 APB2 时钟周期，出现在 I/O 引脚上的数据被采样到输入数据寄存器；对输出数据寄存器的读访问得到最后一次写的值；在推挽模式时，互补 MOS 管对都能被打开；在开漏模式时，只有 N-MOS 晶体管可以被打开。

3. GPIO 输入的读取

每个端口都有自己对应的输入数据寄存器 GPIOx_IDR（其中 x 代表端口号，如 GPIOA_IDR），它在每个 APB2 时钟周期捕捉 I/O 引脚上的数据。软件可以通过对 GPIOx_IDR 寄存器某个位的直接读取，或对位带别名区中对应字的读取得到 GPIO 引脚状态对应的值。

4. GPIO 输出的控制

STM32 为每组 16 引脚的端口提供了 3 个 32 位的控制寄存器：GPIOx_ODR、GPIOx_BSRR 和 GPIOx_BRR（其中 x 指代 A、B、C 等端口号）。其中，GPIOx_ODR 寄存器的功能比较容易理解，它的低 16 位直接对应了本端口的 16 个引脚，软件可以通过直接对这个寄存器的置位或清零，让对应引脚输出高电平或低电平。也可以利用位带操作原理，对 GPIOx_ODR 寄存器中某个位对应的位带别名区字地址执行写入操作以实现对单个位的简化操作。利用 GPIOx_ODR 寄存器的位带操作功能可以有效地避免端口中其他引脚的"读-修改-写"问题，但位带操作的缺点是每次只能操作一位，对于某些需要同时操作多个引脚的应用，位带操作就显得力不从心了。STM32 的解决方案是使用 GPIOx_BSRR 和 GPIOx_BRR 两个寄存器解决多个引脚同时改变电平的问题。

5. 输出速度

如果 STM32F407 的 I/O 引脚工作在某个输出模式下，通常还需设置其输出速度，这个输出速度指的是 I/O 驱动电路的响应速度，而不是输出信号的速度。输出信号的速度取决于软件程序。

STM32F407 的芯片内部在 I/O 输出部分安排了多个响应速度不同的输出驱动电路，用户可以根据自己的需要，通过选择响应速度选择合适的输出驱动模块，以达到最佳噪声控制和降低功耗的目的。众所周知，高频的驱动电路噪声也高。当不需要高输出频率时，尽量选用低频响应速度的驱动电路，这样非常有利于提高系统的 EMI 性能。当然，如果要输出较高频率的信号，但却选用了较低频率响应速度的驱动模块，很可能会得到失真的输出信号。一般推荐 I/O 引脚的输出速度是其输出信号速度的 5～10 倍。

STM32F407 的 I/O 引脚的输出速度有 4 种选择：2MHz、25MHz、50MHz 和 100MHz。下面根据一些常见的应用给读者一些选用参考。

(1) 连接 LED、蜂鸣器等外部设备的普通输出引脚，一般设置为 2MHz。

(2) 用作 USART 复用功能输出引脚，假设 USART 工作时最大比特率为 115.2kb/s，选用 2MHz 的响应速度也足够了，既省电，噪声又小。

(3) 用作 I2C 复用功能的输出引脚，假设 I2C 工作时最大比特率为 400kb/s，那么 2MHz 的引脚速度或许不够，这时可以选用 10MHz 的 I/O 引脚速度。

(4) 用作 SPI 复用功能的输出引脚，假设 SPI 工作时比特率为 18Mb/s 或 9Mb/s，那么 10MHz 的引脚速度显然不够，这时需要选用 50MHz 的 I/O 引脚速度。

(5) 用作 FSMC 复用功能连接存储器的输出引脚，一般设置为 50MHz 或 100MHz 的 I/O 引脚速度。

5.2.12　外部中断映射和事件输出

借助 AFIO，STM32F407 微控制器的 I/O 引脚不仅可以实现外设复用功能的重映射，而且可以实现外部中断映射和事件输出。需要注意的是，如需使用 STM32F407 控制器 I/O 引脚的以上功能，都必须先打开 APB2 总线上的 AFIO 时钟。

1. 外部中断映射

当 STM32 微控制器的某个 I/O 引脚被映射为外部中断线时，该 I/O 引脚就可以成为一个外部中断源，可以在这个 I/O 引脚上产生外部中断实现对用户 STM32 运行程序的交互。

STM32 微控制器的所有 I/O 引脚都具有外部中断能力。每根外部中断线 EXTI LineXX 和所有 GPIO 端口 GPIO[A..G].XX 共享。为了使用外部中断线，该 I/O 引脚必须配置成输入模式。

2. 事件输出

STM32 微控制器几乎每个 I/O 引脚(除端口 F 和 G 的引脚外)都可用作事件输出。例如，使用 SEV 指令产生脉冲，通过事件输出信号将 STM32 从低功耗模式中唤醒。

5.2.13　GPIO 的主要特性

综上所述，STM32F407 微控制器的 GPIO 主要具有以下特性。

(1) 提供最多 112 个多功能双向 I/O 引脚，80% 的引脚利用率。

(2) 几乎每个 I/O 引脚(除 ADC 外)都兼容 5V，每个 I/O 引脚具有 20mA 驱动能力。

(3) 每个 I/O 引脚具有最高 84MHz 的翻转速度。30pF 时输出速度为 100MHz，15pF 时输出速度为 80MHz 输出。

(4) 每个 I/O 引脚有 8 种工作模式，在复位时和刚复位后，复用功能未开启，I/O 引脚被配置成浮空输入模式。

（5）所有 I/O 引脚都具备复用功能，包括 JTAG/SWD、Timer、USART、I2C、SPI 等。

（6）某些复用功能引脚可通过复用功能重映射用作另一复用功能，方便 PCB 设计。

（7）所有 I/O 引脚都可作为外部中断输入，同时可以有 16 个中断输入。

（8）几乎每个 I/O 引脚（除端口 F 和 G 外）都可用作事件输出。

（9）PA0 可作为从待机模式唤醒的引脚，PC13 可作为入侵检测的引脚。

5.3　STM32 的 GPIO 常用库函数

GPIO 相关的函数和宏被定义在以下两个文件中。

（1）头文件：stm32f4xx_gpio.h。

（2）源文件：stm32f4xx_gpio.c。

常用库函数有初始化函数、读取输入电平函数、读取输出电平函数、设置输出电平函数、反转引脚状态函数及复用功能设置函数。

1. 初始化函数

该函数用于初始化 GPIO 的一个或多个引脚的工作模式、输出类型、输出速度及上拉/下拉方式。操作的是 4 个配置寄存器（模式寄存器、输出类型寄存器、输出速度寄存器和上拉/下拉寄存器）。语法格式为

```
void GPIO_Init(GPIO_TypeDef * GPIOx,GPIO_InitTypeDef * GPIO_InitStruct);
```

初始化函数有以下两个参数。

参数 1：GPIO_TypeDef * GPIOx。该参数是操作的 GPIO 对象，是一个结构体指针。在实际使用中的参数有 GPIOA～GPIOI，被定义在头文件 stm32f4xx.h 中。例如：

```
#define GPIOA        ((GPIO_TypeDef * )GPIOA_BASE)
#define GPIOB        ((GPIO_TypeDef * )GPIOB_BASE)
…
#define GPIOI        ((GPIO_TypeDef * )GPIOI_BASE)
```

参数 2：GPIO_InitTypeDef * GPIO_InitStruct。该参数是 GPIO 初始化结构体指针。GPIO_InitTypeDef 结构体类型被定义在头文件 stm32f4xx_gpio.h 中。

```
typedef struct
{
    uint32_t   GPIO_Pin;                    //初始化的引脚
    GPIOMode_TypeDef      GPIO_Mode;        //工作模式
    GPIOSpeed_TypeDef     GPIO_Speed;       //输出速度
    GPIOOType_TypeDef     GPIO_OType;       //输出类型
    GPIOPuPd_TypeDef      GPIO_PuPd;        //上拉/下拉
}GPIO_InitTypeDef;
```

成员 uint32_t　GPIO_Pin 声明需要初始化的引脚，以屏蔽字的形式出现，在头文件

stm32f4xx_gpio. h 中有如下定义。

```
#define GPIO_Pin_0        ((uint16_t)0x0001)      //Pin 0 selected
#define GPIO_Pin_1        ((uint16_t)0x0002)      //Pin 1 selected
#define GPIO_Pin_2        ((uint16_t)0x0004)      //Pin 2 selected
…
#define GPIO_Pin_15       ((uint16_t)0x8000)      //Pin 15 selected
#define GPIO_Pin_All      ((uint16_t)0xFFFF)      //All pins selected
```

在实际编程中,当一个 GPIO 的多个引脚被初始化为相同工作模式时,可以通过位或操作合并选择多个引脚。

例如,引脚 1、3、5 被初始化为相同工作模式时,通过位或操作合并如下。

```
GPIO_Pin_1|GPIO_Pin_3|GPIO_Pin_5
```

成员 GPIOMode_TypeDef GPIO_Mode 选择 GPIO 引脚工作模式,在头文件 stm32f4xx_gpio. h 中有如下定义。

```
typedef enum
{
    GPIO_Mode_IN = 0x00,            //输入模式
    GPIO_Mode_OUT = 0x01,           //输出模式
    GPIO_Mode_AF = 0x02,            //复用功能模式
    GPIO_Mode_AN = 0x03             //模拟功能模式
}GPIOMode_TypeDef;
```

成员 GPIOSpeed_ TypeDef GPIO_Speed 选择 GPIO 引脚输出速度,在头文件 stm32f4xx_gpio. h 中有如下定义。

```
typedef enum
{
    GPIO_Low_Speed = 0x00,          //低速
    GPIO_Medium_Speed = 0x01,       //中速
    GPIO_Fast_Speed = 0x02,         //快速
    GPIO_High_Speed = 0x03          //高速
}GPIOSpeed_TypeDef;
#define  GPIO_Speed_2MHz     GPIO_Low_Speed
#define  GPIO_Speed_25MHz    GPIO_Medium_Speed
#define  GPIO_Speed_50MHz    GPIO_Fast_Speed
#define  GPIO_Speed_100MHz   GPIO_High_Speed
```

成员 GPIOOType_ TypeDef GPIO_OType 选择 GPIO 引脚输出类型,在头文件 stm32f4xx_gpio. h 中有如下定义。

```
typedef enum
{
    GPIO_OType_PP = 0x00,           //推挽输出
    GPIO_OType_OD = 0x01            //开漏输出
}GPIOOType_TypeDef;
```

成员 GPIOPuPd_TypeDef GPIO_PuPd 选择 GPIO 引脚上拉/下拉功能,在头文件 stm32f4xx_gpio.h 中有如下定义。

```
typedef enum
{
    GPIO_PuPd_NOPULL = 0x00,          //不上拉/下拉
    GPIO_PuPd_UP = 0x01,              //上拉
    GPIO_PuPd_DOWN = 0x02             //下拉
} GPIOPuPd_TypeDef;
```

例如,将 GPIO 的 PF9、PF10 引脚配置为推挽输出模式,100MHz,使能上拉功能。

```
//定义 GPIO_InitTypeDef 结构体变量
GPIO_InitTypeDef  GPIO_InitStructure;
//使能 GPIOF 时钟
RCC_AHB1PeriphClockCmd (RCC_AHB1Periph_GPIOF, ENABLE);
//GPIO 的 PF9、PF10 引脚初始化设置
GPIO_InitStructure. GPIO_Pin = GPIO_Pin_9|GPIO_Pin_10;    //需要配置的 GPIO 引脚
GPIO_InitStructure. GPIO_Mode = GPIO_Mode_OUT;            //输出模式
GPIO_InitStructure. GPIO_OType = GPIO_OType_PP;           //推挽输出
GPIO_InitStructure. GPIO_Speed = GPIO_Speed_100MHz;       //100MHz
GPIO_InitStructure. GPIO_PuPd = GPIO_PuPd_UP;             //上拉
//调用 GPIO_Init()函数,完成 GPIO 的 PF9、PF10 引脚初始化
GPIO_Init (GPIOF, &GPIO_InitStructure);
```

2. 读取输入电平函数

(1) 读取某个 GPIO 的输入电平,实际操作的是输入数据寄存器。语法格式为

```
uint8_t GPIO_ReadInputDataBit (GPIO_TypeDef * GPIOx, uint16_t GPIO_Pin);
```

其中,参数 GPIO_TypeDef * GPIOx 为 GPIO 操作对象;参数 uint16_t GPIO_Pin 为操作引脚。

例如,读取 GPIO 的 PA5 引脚电平。

```
GPIO_ReadInputDataBit (GPIOA, GPIO_Pin_5);
```

该函数每次只能获取一个引脚状态。

(2) 读取某组 GPIO 的输入电平,实际操作的是输入数据寄存器。语法格式为

```
uint16_t GPIO_ReadInputData (GPIO_TypeDef * GPIOx);
```

例如,读取 GPIOA 所有引脚状态。

```
GPIO_ReadInputData (GPIOA);
```

3. 读取输出电平函数

(1) 读取某个 GPIO 的输出电平,实际操作的是输出数据寄存器。语法格式为

```
uint8_t GPIO_ReadOutputDataBit (GPIO_TypeDef * GPIOx, uint16_t GPIO_Pin);
```

其中,参数 GPIO_TypeDef * GPIOx 为 GPIO 操作对象;参数 uint16_t GPIO_Pin 为操作引脚。
例如,读取 GPIO 的 PA5 引脚的输出状态。

```
GPIO_ReadOutputDataBit (GPIOA, GPIO_Pin_5);
```

（2）读取某组 GPIO 的输出电平,实际操作的是输出数据寄存器。语法格式为

```
uint16_t GPIO_ReadOutputData (GPIO_TypeDef * GPIOx);
```

例如,读取 GPIOA 组中所有引脚输出电平。

```
GPIO_ReadOutputData (GPIOA);
```

以上这两个函数不常用。

4. 设置输出电平函数

（1）设置 GPIO 引脚为高电平（1）,实际操作的是置位/复位寄存器的低 16 位（BSRRL）。语法格式为

```
void GPIO_SetBits (GPIO_TypeDef * GPIOx, uint16_t GPIO_Pin);
```

其中,参数 GPIO_TypeDef * GPIOx 为 GPIO 操作对象;参数 uint16_t GPIO_Pin 为操作引脚。
例如,设置 GPIO 的 PA3、PA5 引脚为高电平。

```
GPIO_SetBits(GPIOA,GPIO_Pin_3|GPIO_Pin_5);
```

该函数可同时设置多个引脚的状态。

（2）设置 GPIO 引脚为低电平（0）,实际操作的是置位/复位寄存器的高 16 位（BSRRH）。
语法格式为

```
void GPIO_ResetBits (GPIO_TypeDef * GPIOx, uint16_t GPIO_Pin);
```

例如,设置 GPIO 的 PA2、PA4 引脚为低电平。

```
GPIO_ResetBits(GPIOA,GPIO_Pin_2|GPIO_Pin_4);
```

该函数可同时设置多个引脚的状态。

（3）设置某个 GPIO 引脚为特定电平,实际操作的是置位/复位寄存器。语法格式为

```
void GPIO_WriteBit(GPIO_TypeDef * GPIOx,uint16_t GPIO_Pin,Bit Action BitVal);
```

其中,参数 GPIO_TypeDef * GPIOx 为 GPIO 操作对象;参数 uint16_t GPIO_Pin 为操作
引脚;参数 Bit Action BitVal 为引脚状态,取值为 Bit_SET 或 Bit_RESET。
例如,设置 GPIO 的 PA3 引脚为高电平,设置 GPIO 的 PA5 引脚为低电平。

```
GPIO_WriteBit (GPIOA, GPIO_Pin_3, Bit_SET);
GPIO_WriteBit (GPIOA, GPIO_Pin_5, Bit_RESET);
```

该函数只能设置一个引脚状态。

（4）设置某个 GPIO 所有引脚为特定电平,实际操作的是输出数据寄存器。语法格式为

```
void GPIO_Write(GPIO_TypeDef * GPIOx,uint16_t Port Val);
```

其中,参数 GPIO_TypeDef * GPIOx 为 GPIO 操作对象;参数 uint16_t Port Val 为 16 位的无符号数据,据每位对应控制一个引脚的输出状态,0 代表对应引脚输出低电平,1 代表对应引脚输出高电平。

例如,设置 GPIOA 所有引脚为高电平。

```
GPIO_Write(GPIOA,0xFFFF);
```

5. 反转引脚状态函数

该函数将 GPIO 引脚状态反转,使用位异或操作输出数据寄存器。语法格式为

```
void GPIO_ToggleBits(GPIO_TypeDef * GPIOx,uint16_t GPIO_Pin);
```

其中,参数 GPIO_TypeDef * GPIOx 为 GPIO 操作对象,用初始化函数的参数 1 定义;参数 uint16_t GPIO_Pin 为操作引脚。

例如,设置 GPIO 的 PA3、PA5 引脚状态反转。

```
GPIO_ToggleBits(GPIOA,GPIO_Pin_3|GPIO_Pin_5);
```

6. 复用功能设置函数

该函数将 GPIO 的某个引脚设置为特定的复用功能,操作的是复用功能低位寄存器或复用功能高位寄存器。语法格式为

```
void GPIO_PinAFConfig(GPIO_TypeDef * GPIOx,uint16_t GPIO_PinSource,uint8_tGPIO_AF);
```

其中,参数 GPIO_TypeDef * GPIOx 为 GPIO 操作对象,用初始化函数的参数 1 定义;参数 uint16_t GPIO_PinSource 为复用引脚,在 stm32f4xx_gpio.h 文件中有如下定义。

```
# define GPIO_PinSource0    ((uint8_t)0x00)
# define GPIO_PinSource1    ((uint8_t)0x01)
# define GPIO_PinSource2    ((uint8_t)0x02)
…
# define GPIO_PinSource14   ((uint8_t)0x0E)
# define GPIO_PinSource15   ((uint8_t)0x0F)
```

参数 uint8_tGPIO_AF 为复用对象,在 stm32f4xx_gpio.h 文件中有片上外设引脚复用宏定义。例如,USART1 的引脚复用宏定义如下。

```
# define GPIO_AF_USART1    ((uint8_t)0x07)
```

例如,将 PA9、PA10 分别复用为 USART1 的发送(TX)引脚和接收(RX)引脚。PA9、PA10 可复用的功能如表 5-1 所示。

表 5-1 PA9、PA10 可复用的功能

引　　脚	复 用 功 能
PA9	TIM1_CH2、I2C3_SMBA、USART1_TX、DCMI_D0、EVENTOUT
PA10	TIM1_CH3、USART1_RX、OTG_FS_ID、DCMI_D1、EVENTOUT

USART1 对应的复用标号是 GPIO_AF_USART1(AF7)，因此实现程序如下。

```
//PA9 连接 AF7,复用为 USART1_TX
GPIO_PinAFConfig(GPIOA,GPIO_PinSource9,GPIO_AF_USART1);
//PA10 连接 AF7,复用为 USART1_RX
GPIO_PinAFConfig(GPIOA,GPIO_PinSource10,GPIO_AF_USART1);
```

5.4 STM32 的 GPIO 使用流程

使用库函数实现 GPIO 的应用，一般需要以下几步。

(1) 使能 GPIO 的时钟(非常重要)，涉及 stm32f4xx_rcc.h 头文件和 stm32f4xx_rcc.c 源文件。

使用的主要函数如下。

```
RCC_AHB1PeriphClockCmd(uint32_t RCC_AHB1Periph,FunctionalState NewState);
```

片上外设一般被设计为数字时序电路，需要驱动时钟才能工作。片上外设大都被挂载在 AHB1、AHB2、APB1、APB2 这 4 条总线上，因此，工作时钟由对应总线时钟驱动。微控制器为每个片上外设设置了一个时钟开关，可以控制片上外设的运行和禁止。通过操作 4 个外设时钟使能寄存器 RCC_AHB1ENR、RCC_AHB2ENR、RCC_APB1ENR、RCC_APB2ENR 相应的位段实现。

所有 GPIO 挂载在 AHB1 总线上，使能 GPIO 的工作时钟，操作的是外设时钟使能寄存器 RCC_AHB1ENR。

例如，使能 GPIOA 的工作时钟使用的函数如下。

```
RCC_AHB1PeriphClockCmd(RCC_AHB1Periph_GPIOA,ENABLE);
```

该函数有以下两个参数。

参数 1 为一个片上外设时钟对应于外设时钟使能寄存器中的使能屏蔽字，被定义在 stm32f4xx_rcc.h 文件中。

例如，GPIOA 的时钟使能位在 RCC_AHB1ENR 中的 0 位，因此有如下屏蔽字定义。

```
#define RCC_AHB1Periph_GPIOA       ((uint32_t) 0x00000001)
```

参数 2 为使能/禁止片上外设时钟。ENABLE(使能时钟)和 DISABLE(禁止时钟)以枚举类型分别被定义为 0 和非 0。RCC_AHB1PeriphClockCmd(RCC_AHB1Periph_

GPIOA,ENABLE)函数实现的功能,就是根据参数 2 的使能状态,将 RCC_AHB1ENR 的 0 位置 1(ENABLE,使能时钟)或清零(DISABLE,禁止时钟)。

(2) 设置对应于片上外设使用的 GPIO 工作模式。

(3) 如果使用复用功能,需要单独设置每个 GPIO 引脚的复用功能。

(4) 在应用程序中读取引脚状态、控制引脚输出状态或使用复用功能完成特定功能。

5.5　STM32 GPIO 输出应用实例

本节 GPIO 输出应用实例是使用固件库点亮 LED 灯。

5.5.1　STM32 的 GPIO 输出应用硬件设计

STM32F407 与 LED 的连接如图 5-6 所示。这是一个 RGB LED 灯,由红、蓝、绿 3 个 LED 构成,使用 PWM 控制时可以混合成不同的颜色。

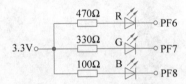

图 5-6　LED 灯硬件电路

这些 LED 的阴极都连接到 STM32F407 的 GPIO 引脚,只要控制 GPIO 引脚的电平输出状态,即可控制 LED 的亮灭。如果读者使用的开发板中 LED 的连接方式或引脚不一样,只需修改程序的相关引脚即可,程序的控制原理相同。

LED 电路是由外接+3.3V 电源驱动的。当 GPIO 引脚输出为 0 时,LED 点亮;当输出为 1 时,LED 熄灭。

在本实例中,根据图 5-6 的电路设计一个示例,使 LED 循环显示如下。

(1) 红灯亮 1s,灭 1s。

(2) 绿灯亮 1s,灭 1s。

(3) 蓝灯亮 1s,灭 1s。

(4) 红灯亮 1s,灭 1s。

(5) 轮流显示红绿蓝黄紫青白各 1s。

(6) 关灯 1s。

5.5.2　STM32 的 GPIO 输出应用软件设计

为了使工程更加有条理,把 LED 控制相关的代码独立分开存储,方便以后移植。在工程模板上新建 bsp_led.c 及 bsp_led.h 文件,其中 bsp 即 Board Support Packet 的缩写(板级支持包)。

1. bsp_led.h 头文件

```c
#ifndef __LED_H
#define __LED_H

#include "stm32f4xx.h"

//引脚定义
/************************************************************/
//R 红色灯
#define LED1_PIN                    GPIO_Pin_6
#define LED1_GPIO_PORT              GPIOF
#define LED1_GPIO_CLK               RCC_AHB1Periph_GPIOF

//G 绿色灯
#define LED2_PIN                    GPIO_Pin_7
#define LED2_GPIO_PORT              GPIOF
#define LED2_GPIO_CLK               RCC_AHB1Periph_GPIOF

//B 蓝色灯
#define LED3_PIN                    GPIO_Pin_8
#define LED3_GPIO_PORT              GPIOF
#define LED3_GPIO_CLK               RCC_AHB1Periph_GPIOF
/************************************************************/

/* 控制 LED 灯亮灭的宏
 * LED 低电平亮,设置 ON = 0,OFF = 1
 * 若 LED 高电平亮,把宏设置成 ON = 1,OFF = 0 即可
 */
#define ON   0
#define OFF  1

/* 带参宏,可以像内联函数一样使用 */
#define LED1(a)   if (a) \
                  GPIO_SetBits(LED1_GPIO_PORT,LED1_PIN);\
                  else    \
                  GPIO_ResetBits(LED1_GPIO_PORT,LED1_PIN)

#define LED2(a)   if (a) \
                  GPIO_SetBits(LED2_GPIO_PORT,LED2_PIN);\
                  else    \
                  GPIO_ResetBits(LED2_GPIO_PORT,LED2_PIN)

#define LED3(a)   if (a) \
                  GPIO_SetBits(LED3_GPIO_PORT,LED3_PIN);\
                  else    \
                  GPIO_ResetBits(LED3_GPIO_PORT,LED3_PIN)

/* 直接操作寄存器的方法控制 I/O */
#define  digitalHi(p,i)      {p->BSRRL = i;}        //设置为高电平
#define digitalLo(p,i)       {p->BSRRH = i;}        //输出低电平
```

```
#define digitalToggle(p,i)        {p->ODR ^ = i;}          //输出反转状态

/* 定义控制 I/O 的宏 */
#define LED1_TOGGLE              digitalToggle(LED1_GPIO_PORT,LED1_PIN)
#define LED1_OFF                 digitalHi(LED1_GPIO_PORT,LED1_PIN)
#define LED1_ON                  digitalLo(LED1_GPIO_PORT,LED1_PIN)

#define LED2_TOGGLE              digitalToggle(LED2_GPIO_PORT,LED2_PIN)
#define LED2_OFF                 digitalHi(LED2_GPIO_PORT,LED2_PIN)
#define LED2_ON                  digitalLo(LED2_GPIO_PORT,LED2_PIN)

#define LED3_TOGGLE              digitalToggle(LED3_GPIO_PORT,LED3_PIN)
#define LED3_OFF                 digitalHi(LED3_GPIO_PORT,LED3_PIN)
#define LED3_ON                  digitalLo(LED3_GPIO_PORT,LED3_PIN)

/* 基本混色,后面高级用法使用 PWM 可混出全彩颜色且效果更好 */
//红
#define LED_RED   \
                    LED1_ON;\
                    LED2_OFF;\
                    LED3_OFF
//绿
#define LED_GREEN   \
                    LED1_OFF;\
                    LED2_ON;\
                    LED3_OFF
//蓝
#define LED_BLUE   \
                    LED1_OFF;\
                    LED2_OFF;\
                    LED3_ON
//黄(红+绿)
#define LED_YELLOW  \
                    LED1_ON;\
                    LED2_ON;\
                    LED3_OFF
//紫(红+蓝)
#define LED_PURPLE   \
                    LED1_ON;\
                    LED2_OFF;\
                    LED3_ON
//青(绿+蓝)
#define LED_CYAN \
                    LED1_OFF;\
                    LED2_ON;\
                    LED3_ON
//白(红+绿+蓝)
#define LED_WHITE  \
                    LED1_ON;\
                    LED2_ON;\
                    LED3_ON
```

```
//黑(全部关闭)
#define LED_RGBOFF  \
                    LED1_OFF;\
                    LED2_OFF;\
                    LED3_OFF
void LED_GPIO_Config(void);
#endif /* __LED_H */
```

这部分宏控制 LED 亮灭的操作是直接向 BSRR、BRR 和 ODR 这 3 个寄存器写入控制指令实现的。对 BSRR 寄存器写 1 输出高电平,对 BRR 寄存器写 1 输出低电平,对 ODR 寄存器某位进行异或操作可反转位的状态。

RGB 彩灯可以实现混色。

上述代码中的\是 C 语言中的续行符语法,表示续行符的下一行与续行符所在的代码是同一行。因为代码中宏定义关键字#define 只对当前行有效,所以使用续行符连接起来。以下的代码是等效的。

```
#define LED_YELLOW LED1_ON; LED2_ON; LED3_OFF
```

应用续行符时要注意,在\后面不能有任何字符(包括注释、空格),只能直换行。

2. bsp_led.c 源文件

```
#include "./led/bsp_led.h"

/*
 * @brief   初始化控制 LED 的 I/O
 * @param   无
 * @retval  无
 */
void LED_GPIO_Config(void)
{
    /*定义一个 GPIO_InitTypeDef 类型的结构体*/
    GPIO_InitTypeDef GPIO_InitStructure;

    /*开启 LED 相关的 GPIO 外设时钟*/
    RCC_AHB1PeriphClockCmd ( LED1_GPIO_CLK|LED2_GPIO_CLK|
    LED3_GPIO_CLK, ENABLE);

    /*选择要控制的 GPIO 引脚*/
    GPIO_InitStructure.GPIO_Pin = LED1_PIN;

    /*设置引脚模式为输出模式*/
    GPIO_InitStructure.GPIO_Mode = GPIO_Mode_OUT;

    /*设置引脚的输出类型为推挽输出*/
    GPIO_InitStructure.GPIO_OType = GPIO_OType_PP;

    /*设置引脚为上拉模式*/
    GPIO_InitStructure.GPIO_PuPd = GPIO_PuPd_UP;
```

```
    /*设置引脚速率为 2MHz */
    GPIO_InitStructure.GPIO_Speed = GPIO_Speed_2MHz;

    /*调用库函数,使用上面配置的 GPIO_InitStructure 初始化 GPIO */
    GPIO_Init(LED1_GPIO_PORT, &GPIO_InitStructure);

    /*选择要控制的 GPIO 引脚 */
    GPIO_InitStructure.GPIO_Pin = LED2_PIN;
    GPIO_Init(LED2_GPIO_PORT, &GPIO_InitStructure);

    /*选择要控制的 GPIO 引脚 */
    GPIO_InitStructure.GPIO_Pin = LED3_PIN;
    GPIO_Init(LED3_GPIO_PORT, &GPIO_InitStructure);

    /*关闭 RGB 灯 */
    LED_RGBOFF;
}
```

初始化 GPIO 端口时钟时采用了 STM32 库函数,函数执行流程如下。

(1) 使用 GPIO_InitTypeDef 定义 GPIO 初始化结构体变量,以便下面用于存储 GPIO 配置。

(2) 调用库函数 RCC_AHB1PeriphClockCmd()使能 LED 灯的 GPIO 端口时钟,如果是直接向 RCC 寄存器赋值使能时钟的,不如这样直观。该函数有两个输入参数,第 1 个参数用于指示要配置的时钟,如本例中的 RCC_AHB1Periph_GPIOH 和 RCC_AHB1Periph_GPIOD,应用时使用|操作同时配置 3 个 LED 的时钟;函数的第 2 个参数用于设置状态,可输入 DISABLE 关闭或 ENABLE 使能时钟。

(3) 向 GPIO 初始化结构体赋值,把引脚初始化成推挽输出模式,其中的 GPIO_Pin 使用宏 LEDx_PIN 赋值,使函数的实现方便移植。

(4) 使用以上初始化结构体的配置,调用 GPIO_Init()函数向寄存器写入参数,完成 GPIO 的初始化,这里的 GPIO 端口使用宏 LEDx_GPIO_PORT 赋值,也是为了程序移植方便。

(5) 使用同样的初始化结构体,只修改控制的引脚和端口,初始化其他 LED 使用的 GPIO 引脚。

(6) 使用宏控制 RGB 灯默认关闭。

编写完 LED 的控制函数后,就可以在 main 函数中测试了。

3. main.c 文件

```
#include "stm32f4xx.h"
#include "./led/bsp_led.h"

void Delay(__IO u32 nCount);

/*
 * @brief  主函数
 * @param  无
```

```
 *  @retval 无
 */
int main(void)
{
  /* LED 端口初始化 */
  LED_GPIO_Config();

  /* 控制 LED 灯 */
  while (1)
  {
    LED1( ON );                        // 亮
    Delay(0xFFFFFF);
    LED1( OFF );                       // 灭

    LED2( ON );                        // 亮
    Delay(0xFFFFFF);
    LED2( OFF );                       // 灭

    LED3( ON );                        // 亮
    Delay(0xFFFFFF);
    LED3( OFF );                       // 灭

    /* 轮流显示红绿蓝黄紫青白 */
    LED_RED;
    Delay(0xFFFFFF);

    LED_GREEN;
    Delay(0xFFFFFF);

    LED_BLUE;
    Delay(0xFFFFFF);

    LED_YELLOW;
    Delay(0xFFFFFF);

    LED_PURPLE;
    Delay(0xFFFFFF);

    LED_CYAN;
    Delay(0xFFFFFF);

    LED_WHITE;
    Delay(0xFFFFFF);

    LED_RGBOFF;
    Delay(0xFFFFFF);
  }
}

void Delay(__IO uint32_t nCount)       //简单的延时函数
{
  for(; nCount != 0; nCount -- );
}
```

在 main 函数中,调用定义的 LED_GPIO_Config()函数初始化 LED 的控制引脚,然后直接调用各种控制 LED 亮灭的宏实现 LED 的控制。

以上就是一个使用 STM32 标准软件库开发应用的流程。

把编译好的程序下载到开发板并复位,可以看到 RGB 彩灯轮流显示不同的颜色。

5.6　STM32 GPIO 输入应用实例

本节 GPIO 输入应用实例是使用固件库的按键检测。

5.6.1　STM32 的 GPIO 输入应用硬件设计

按键机械触点断开、闭合时,由于触点的弹性作用,按键开关不会马上稳定接通或一下子断开,使用按键时会产生抖动信号,需要用软件消抖处理滤波,不方便输入检测。本实例开发板连接的按键附带硬件消抖功能,如图 5-7 所示。它利用电容充放电的延时消除了波纹,从而简化软件的处理,软件只需要直接检测引脚的电平即可。

从按键检测电路可知,这些按键在没有被按下时,GPIO 引脚的输入状态为低电平(按键所在的电路不通,引脚接地),当按键按下时,GPIO 引脚的输入状态为高电平(按键所在的电路导通,引脚接到电源)。只要按键检测引脚的输入电平,即可判断按键是否被按下。

若读者使用的开发板按键的连接方式或引脚不一样,只需根据工程修改引脚即可,程序的控制原理相同。

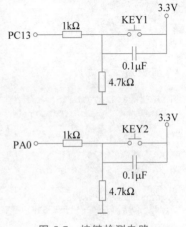

图 5-7　按键检测电路

在本实例中,根据图 5-7 电路设计一个示例,通过按键控制 LED,具体如下。

(1) 按下 KEY1,红灯翻转。

(2) 按下 KEY2,绿灯翻转。

5.6.2　STM32 的 GPIO 输入应用软件设计

为了使工程更加有条理,把 LED 控制相关的代码独立分开存储,方便以后移植。在工程模板上新建 bsp_key.c 及 bsp_key.h 文件,其中的 bsp 即 Board Support Packet 的缩写(板级支持包)。

编程要点如下。

(1) 使能 GPIO 端口时钟。

(2) 初始化 GPIO 目标引脚为输入模式(浮空输入)。

(3) 编写简单测试程序,检测按键的状态,实现按键控制 LED。

1. bsp_key.h 头文件

```
# ifndef  __KEY_H
# define  __KEY_H

# include "stm32f4xx.h"

//引脚定义
/ * ***************************************************** /
# define KEY1_PIN                    GPIO_Pin_0
# define KEY1_GPIO_PORT              GPIOA
# define KEY1_GPIO_CLK               RCC_AHB1Periph_GPIOA

# define KEY2_PIN                    GPIO_Pin_13
# define KEY2_GPIO_PORT              GPIOC
# define KEY2_GPIO_CLK               RCC_AHB1Periph_GPIOC
/ * ***************************************************** /
/ *  按键按下标志宏
 *  按键按下为高电平,设置 KEY_ON = 1, KEY_OFF = 0
 *  若按键按下为低电平,把宏设置成 KEY_ON = 0 ,KEY_OFF = 1 即可
 * /
# define KEY_ON   1
# define KEY_OFF  0

void Key_GPIO_Config(void);
uint8_t Key_Scan(GPIO_TypeDef * GPIOx,u16 GPIO_Pin);

# endif / *  __LED_H * /
```

2. bsp_key.c 源文件

```
# include "./key/bsp_key.h"
/// 不精确的延时
void Key_Delay(__IO u32 nCount)
{
    for(; nCount != 0; nCount -- );
}

/ *
 * @brief    配置按键用到的 I/O 口
 * @param    无
 * @retval 无
 * /
void Key_GPIO_Config(void)
{
    GPIO_InitTypeDef GPIO_InitStructure;

    / * 开启按键 GPIO 的时钟 * /
    RCC_AHB1PeriphClockCmd(KEY1_GPIO_CLK|KEY2_GPIO_CLK,ENABLE);

    / * 选择按键 1 的引脚 * /
    GPIO_InitStructure.GPIO_Pin = KEY1_PIN;

    / * 设置引脚为输入模式 * /
```

```
    GPIO_InitStructure.GPIO_Mode = GPIO_Mode_IN;

    /* 设置引脚不上拉也不下拉 */
    GPIO_InitStructure.GPIO_PuPd = GPIO_PuPd_NOPULL;

    /* 使用上面的结构体初始化按键 2 */
    GPIO_Init(KEY1_GPIO_PORT, &GPIO_InitStructure);

    /* 选择按键 2 的引脚 */
    GPIO_InitStructure.GPIO_Pin = KEY2_PIN;

    /* 使用上面的结构体初始化按键 2 */
    GPIO_Init(KEY2_GPIO_PORT, &GPIO_InitStructure);
}
```

函数执行流程如下。

（1）使用 GPIO_InitTypeDef 定义 GPIO 初始化结构体变量，以便下面用于存储 GPIO 配置。

（2）调用库函数 RCC_AHB1PeriphClockCmd() 使能按键的 GPIO 端口时钟，调用时使用|操作同时配置两个按键的时钟。

（3）向 GPIO 初始化结构体赋值，把引脚初始化成浮空输入模式，其中的 GPIO_Pin 使用宏 KEYx_PIN 赋值，使函数的实现方便移植。由于引脚的默认电平受按键电路影响，所以设置成浮空、上拉、下拉模式均没有区别。

（4）使用以上初始化结构体的配置，调用 GPIO_Init() 函数向寄存器写入参数，完成 GPIO 的初始化，这里的 GPIO 端口使用宏 KEYx_GPIO_PORT 赋值，也是为了程序移植方便。

（5）使用同样的初始化结构体，只修改控制的引脚和端口，初始化其他按键检测时使用的 GPIO 引脚。

```
/*
 * @brief    检测是否有按键按下
 * @param    GPIOx:具体的端口, x可以是 A~K
 * @param    GPIO_PIN:具体的端口位, 可以是 GPIO_PIN_x(x可以是 0~15)
 * @retval   按键的状态
 * @arg KEY_ON:按键按下
 * @arg KEY_OFF:按键未按下
 */
uint8_t Key_Scan(GPIO_TypeDef * GPIOx,uint16_t GPIO_Pin)
{
    /* 检测是否有按键按下 */
    if(GPIO_ReadInputDataBit(GPIOx,GPIO_Pin) == KEY_ON )
    {
        /* 等待按键释放 */
        while(GPIO_ReadInputDataBit(GPIOx,GPIO_Pin) == KEY_ON);
        return   KEY_ON;
    }
    else
        return KEY_OFF;
}
```

这里定义了一个 Key_Scan()函数,用于扫描按键状态。GPIO 引脚的输入电平可通过读取 IDR 寄存器对应的数据位感知,而 STM32 标准库提供了库函数 GPIO_ReadInputDataBit() 获取位状态,该函数输入 GPIO 端口及引脚号,函数返回该引脚的电平状态,高电平返回 1, 低电平返回 0。Key_Scan()函数中以 GPIO_ReadInputDataBit()函数的返回值与自定义的 宏 KEY_ON 对比,若检测到按键按下,则使用 while 循环持续检测按键状态,直到按键释 放,按键释放后 Key_Scan()函数返回一个 KEY_ON 值;若没有检测到按键按下,则函数直 接返回 KEY_OFF。若按键的硬件没有做消抖处理,需要在 Key_Scan()函数中做软件滤 波,防止波纹抖动引起误触发。

3. main.c 程序

```c
# include "stm32f4xx.h"
# include "./led/bsp_led.h"
# include "./key/bsp_key.h"

/*
 * @brief  主函数
 * @param  无
 * @retval 无
 */
int main(void)
{
    /* LED 端口初始化 */
    LED_GPIO_Config();

    /* 初始化按键 */
    Key_GPIO_Config();

    /* 轮询按键状态,若按键按下则翻转 LED */
    while(1)
    {
        if( Key_Scan(KEY1_GPIO_PORT,KEY1_PIN) == KEY_ON )
        {
            /* LED1 翻转 */
            LED1_TOGGLE;
        }

        if( Key_Scan(KEY2_GPIO_PORT,KEY2_PIN) == KEY_ON )
        {
            /* LED2 翻转 */
            LED2_TOGGLE;
        }
    }
}
```

代码中初始化 LED 及按键后,在 while 循环中不断调用 Key_Scan()函数,并判断其返 回值,若返回值表示按键按下,则翻转 LED 的状态。

把编译好的程序下载到开发板并复位,按下 KEY1 和 KEY2 分别可以控制 LED 的亮、 灭状态。

第 6 章

STM32 中断

本章讲述 STM32 中断,包括中断概述、STM32F4 中断系统、STM32F4 外部中断/事件控制器、STM32F4 中断系统库函数、STM32F4 外部中断设计流程和 STM32F4 外部中断设计实例。

6.1　中断概述

中断是计算机系统的一种处理异步事件的重要方法。它的作用是在计算机的 CPU 运行软件的同时,监测系统内外有没有发生需要 CPU 处理的"紧急事件"。当需要处理的事件发生时,中断控制器会打断 CPU 正在处理的常规事务,转而插入一段处理该紧急事件的代码;而该事务处理完成之后,CPU 又能正确地返回刚才被打断的地方,以继续运行原来的代码。中断可以分为中断响应、中断处理和中断返回 3 个阶段。

中断处理事件的异步性是指紧急事件在什么时候发生与 CPU 正在运行的程序完全没有关系,是无法预测的。既然无法预测,只能随时查看这些"紧急事件"是否发生,而中断机制最重要的作用,是将 CPU 从不断监测紧急事件是否发生这类繁重工作中解放出来,将这项"相对简单"的繁重工作交给中断控制器这个硬件完成。中断机制的第 2 个重要作用是判断哪个或哪些中断请求更紧急,应该优先被响应和处理,并且寻找不同中断请求所对应的中断处理代码所在的位置。中断机制的第 3 个作用是帮助 CPU 在运行完处理紧急事务的代码后,正确地返回之前运行被打断的地方。根据上述中断处理的过程及其作用,中断机制既提高了 CPU 正常运行常规程序的效率,又提高了响应中断的速度,是大部分现代计算机配备的一种重要机制。

嵌入式系统是嵌入宿主对象中,帮助宿主对象完成特定任务的计算机系统,其主要工作就是和真实世界打交道。能够快速、高效地处理来自真实世界的异步事件成为嵌入式系统的重要标志,因此中断对于嵌入式系统而言显得尤其重要,是学习嵌入式系统的难点和重点。

在实际的应用系统中,嵌入式单片机 STM32 可能与各种各样的外部设备相连接。这些外设的结构形式、信号种类与大小、工作速度等差异很大,因此,需要有效的方法使单片机与外部设备协调工作。通常单片机与外设交换数据有 3 种方式:无条件传输方式、程序查询方式以及中断方式。

1. 无条件传输方式

单片机无须了解外部设备状态,当执行传输数据指令时直接向外部设备发送数据,因此适合快速设备或状态明确的外部设备。

2. 程序查询方式

控制器主动对外部设备的状态进行查询,依据查询状态传输数据。查询方式常常使单片机处于等待状态,同时也不能作出快速响应。因此,在单片机任务不太繁忙、对外部设备响应速度要求不高的情况下常采用这种方式。

3. 中断方式

外部设备主动向单片机发送请求,单片机接到请求后立即中断当前工作,处理外部设备的请求,处理完毕后继续处理未完成的工作。这种传输方式提高了 STM32 微处理器的利用率,并且对外部设备有较快的响应速度。因此,中断方式更加适应实时控制的需要。

6.1.1 中断

为了更好地描述中断,用日常生活中常见的例子作比喻。假如你有朋友下午要来拜访,可又不知道他具体什么时候到,为了提高效率,你就边看书边等。在看书的过程中,门铃响了,这时,你先在书签上记下当前阅读的页码,然后暂停阅读,放下手中的书,开门接待朋友。等接待完毕后,再从书签上找到阅读进度,从刚才暂停的页码处继续看书。这个例子很好地表现了日常生活中的中断及其处理过程:门铃声让你暂时中止当前的工作(看书),而去处理更为紧急的事情(朋友来访),把急需处理的事情(接待朋友)处理完毕之后,再回过头来继续做原来的事情(看书)。显然,这样的处理方式比你一个下午不做任何事情,一直站在门口傻等要高效多了。

类似地,在计算机执行程序的过程中,CPU 暂时中止其正在执行的程序,转去执行请求中断的那个外设或事件的服务程序,等处理完毕后再返回执行原来中止的程序,叫作中断。

6.1.2 中断的功能

1. 提高 CPU 工作效率

在早期的计算机系统中,CPU 工作速度快,外设工作速度慢,形成 CPU 等待,效率降低。设置中断后,CPU 不必花费大量的时间等待和查询外设工作。例如,计算机和打印机连接,计算机可以快速地传输一行字符给打印机(由于打印机存储容量有限,一次不能传输很多),打印机开始打印字符,CPU 可以不理会打印机,处理自己的工作,待打印机打印该行字符完毕,发给 CPU 一个信号,CPU 产生中断,中断正在处理的工作,转而再传输一行字符给打印机,这样在打印机打印字符期间(外设慢速工作),CPU 可以不必等待或查询,自行处理自己的工作,从而大大提高了 CPU 工作效率。

2. 具有实时处理功能

实时控制是微型计算机系统特别是单片机系统应用领域的一个重要任务。在实时控制系统中,现场各种参数和状态的变化是随机发生的,要求 CPU 能作出快速响应,及时处理。有了中断系统,这些参数和状态的变化可以作为中断信号,使 CPU 中断,在相应的中断服务程序中及时处理这些参数和状态的变化。

3. 具有故障处理功能

微控制器在实际运行中常会出现一些故障,如电源突然掉电、硬件自检出错、运算溢出等。利用中断就可执行处理故障的中断程序服务。例如,电源突然掉电,由于稳压电源输出端接有大电容,从电源掉电至大电容的电压下降到正常工作电压之下,一般有几毫秒到几百毫秒的时间。这段时间内若使 CPU 产生中断,在处理掉电的中断服务程序中将需要保存的数据和信息及时转移到具有备用电源的存储器中,待电源恢复正常时再将这些数据和信息送回到原存储单元之中,返回中断点继续执行原程序。

4. 实现分时操作

微控制器通常需要控制多个外设同时工作。例如,键盘、打印机、显示器、ADC、DAC等,这些设备的工作有些是随机的,有些是定时的,对于一些定时工作的外设,可以利用定时器,到一定时间产生中断,在中断服务程序中控制这些外设工作。例如,动态扫描显示,每隔一定时间会更换显示字位码和字段码。

此外,中断系统还能用于程序调试、多机连接等。因此,中断系统是计算机中重要的组成部分。可以说,有了中断系统后,计算机才能比原来无中断系统的早期计算机演绎出多姿多彩的功能。

6.1.3 中断源与中断屏蔽

1. 中断源

中断源是指能引发中断的事件。通常,中断源都与外设有关。在前面讲述的朋友来访的例子中,门铃声是一个中断源,它由门铃这个外设发出,告诉主人(CPU)有客来访(事件),并等待主人(CPU)响应和处理(开门接待客人)。计算机系统中,常见的中断源有按键、定时器溢出、串口收到数据等,与此相关的外设有键盘、定时器和串口等。

每个中断源都有它对应的中断标志位,一旦该中断发生,它的中断标志位就会被置位。如果中断标志位被清除,那么它所对应的中断便不会再被响应。所以,一般在中断服务程序最后要将对应的中断标志位清零,否则将始终响应该中断,不断执行该中断服务程序。

Cortex-M4 处理器支持 256 个中断(16 个内核中断+240 外部中断)和可编程 256 级中断优先级的设置,与其相关的中断控制和中断优先级控制寄存器(NVIC、SYSTICK 等)也都属于 Cortex-M4 内核的部分。Cortex-M4 是一个 32 位的核,在传统的单片机领域中,有一些不同于通用 32 位 CPU 应用的要求。例如,在工控领域,用户要求具有更快的中断速度,Cortex-M4 采用了 Tail-Chaining 中断技术,完全基于硬件进行中断处理,最多可减少 12个时钟周期数,在实际应用中可减少 70% 中断。

STM32F407ZGT6 没有使用 Cortex-M4 内核全部的东西(如内存保护单元等),因此它的嵌套向量中断控制器(NVIC)是 Cortex-M4 内核的 NVIC 的子集。中断事件的异常处理通常被称作中断服务程序(ISR),中断一般由片上外设或 I/O 口的外部输入产生。

当异常发生时,Cortex-M4 通过硬件自动将程序计数器(PC)、程序状态寄存器(PSR)、链接寄存器(LR)和 R0~R3、R12 等寄存器压进堆栈。在数据总线(Dbus)保存处理器状态的同时,处理器通过指令总线(Ibus)从一个可以重新定位的向量表中识别出异常向量,并获取 ISR 函数的地址,也就是保护现场与取异常向量是并行处理的。一旦压栈和取指令完成,中断服务程序或故障处理程序就开始执行。执行完 ISR,硬件进行出栈操作,中断前的程序恢复正常执行。

STM32F407ZGT6 支持的中断共有 82 个,共有 16 级可编程中断优先级的设置(仅使用中断优先级设置 8 位中的高 4 位)。它的嵌套向量中断控制器(NVIC)和处理器核的接口紧密相连,可以实现低延迟的中断处理和有效地处理晚到的中断。嵌套向量中断控制器管理者包括核异常等中断。

2. 中断屏蔽

中断屏蔽是中断系统一个十分重要的功能。在计算机系统中,程序设计人员可以通过设置相应的中断屏蔽位,禁止 CPU 响应某个中断,从而实现中断屏蔽。在微控制器的中断控制系统,对一个中断源能否响应,一般由"中断允许总控制位"和该中断自身的"中断允许控制位"共同决定。这两个中断控制位中的任何一个被关闭,该中断就无法响应。

中断屏蔽的目的是保证在执行一些关键程序时不响应中断,以免造成延迟而引起错误。例如,在系统启动执行初始化程序时屏蔽键盘中断,能够使初始化程序顺利进行,这时,按任何按键都不会响应。当然,对于一些重要的中断请求是不能屏蔽的,如系统重启、电源故障、内存出错等影响整个系统工作的中断请求。因此,根据中断是否可以被屏蔽划分,中断可分为可屏蔽中断和不可屏蔽中断两类。

值得注意的是,尽管某个中断源可以被屏蔽,但一旦该中断发生,不管该中断屏蔽与否,它的中断标志位都会被置位,而且只要该中断标志位不被软件清除,它就一直有效。等待该中断重新被使用时,它即允许被 CPU 响应。

6.1.4 中断处理过程

在中断系统中,通常将 CPU 处在正常情况下运行的程序称为主程序;把产生申请中断信号的事件称为中断源;由中断源向 CPU 所发出的申请中断信号称为中断请求信号;CPU 接收中断请求信号停止现行程序的运行而转向为中断服务称为中断响应;为中断服务的程序称为中断服务程序或中断处理程序。现行程序被打断的地方称为断点,执行完中断服务程序后返回断点处继续执行主程序称为中断返回。这个处理过程称为中断处理过程,中断处理过程如图 6-1 所示,大致可以分为 4 步:中断请求、中断响应、中断服务和中断返回。

在整个中断处理过程中,由于 CPU 执行完中断处理程序之后仍然要返回主程序,因此在执行中断处理程序之前,要将主程序中断处的地址,即断点处(主程序下一条指令地址,即图 6-1 中的 $k+1$ 点)保存起来,称为保护断点。又由于 CPU 在执行中断处理程序时,可能会使用和改变主程序使用过的寄存器、标志位,甚至内存单元,因此在执行中断服务程序前,还要把有关的数据保护起来,称为保护现场。在 CPU 执行完中断处理程序后,则要恢复原来的数据,并返回主程序的断点处继续执行,称为恢复现场和恢复断点。

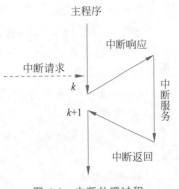

图 6-1　中断处理过程

1. 中断响应

当某个中断请求产生后,CPU 进行识别并根据中断屏蔽位判断该中断是否被屏蔽。若该中断请求已被屏蔽,仅将中断寄存器中该中断的标志位置位,CPU 不作任何响应,继续执行当前程序;若该中断请求未被屏蔽,不仅将中断寄存器中该中断的标志位置位,CPU 还执行以下步骤响应异常。

（1）保护现场。

保护现场是为了在中断处理完成后可以返回断点处继续执行下去而在中断处理前必须做的操作。在计算机系统中,保护现场通常是通过将 CPU 关键寄存器进栈实现的。

（2）找到该中断对应的中断服务程序的地址。

中断发生后,CPU 是如何准确地找到这个中断对应的处理程序的呢? 就像前面讲述的朋友来访的例子,当门铃响起,你会去开门(执行门铃对应的处理程序),而不是去接电话(执行电话铃对应的处理程序)。当然,对于具有正常思维能力的人,以上的判断和响应是逻辑常识。但是,对于不具备人类思考和推理能力的 CPU,这点又是如何保证的呢?

答案就是中断向量表。中断向量表是中断系统中非常重要的概念。它是一块存储区域,通常位于存储器的零地址处,在这块区域上按中断号从小到大依次存放着所有中断处理程序的入口地址。当某个中断产生且经判断其未被屏蔽后,CPU 会根据识别到的中断号到中断向量表中找到该中断号所在的表项,取出该中断对应的中断服务程序的入口地址,然后跳转到该地址执行。就像在前面讲述的朋友来访的例子中,假设主人是一个尚不具备逻辑常识但非常听家长话的小孩(CPU),家长(程序员)写了一本生活指南(中断服务程序文件)留给他。这本生活指南记录了家长离开期间所有可能发生事件的应对措施,并配有以这些事件号排序的目录(中断向量表)。当门铃声响起时,小孩先根据发生的事件(门铃响)在目录中找到该事件的应对措施在生活指南中的页码,然后打开生活指南翻到该页码处就能准确无误地找到该事件应对措施的具体内容了。与实际生活相比,这种目录查找方式更适用于计算机系统。在计算机系统中,中断向量表就相当于目录,CPU 在响应中断时使用这种类似查字典的方法通过中断向量表找到每个中断对应的处理方式。

2. 执行中断服务程序

每个中断都有自己对应的中断服务程序,用来处理中断。CPU 响应中断后,转而执行对应的中断服务程序。通常,中断服务程序又称为中断服务函数(Interrupt Service Routine),由用户根据具体的应用使用汇编语言或C语言编写,用来实现对该中断真正的处理操作。

中断服务程序具有以下特点。

(1) 中断服务程序是一种特殊的函数(Function),既没有参数,也没有返回值,更不由用户调用,而是当某个事件产生一个中断时由硬件自动调用。

(2) 在中断服务程序中修改在其他程序中访问的变量,其定义和声明时要在前面加上volatile修饰词。

(3) 中断服务程序要求尽量简短,这样才能够充分利用CPU的高速性能和满足实时操作的要求。

3. 中断返回

CPU执行中断服务程序完毕后,通过恢复现场(CPU关键寄存器出栈)实现中断返回,从断点处继续执行原程序。

6.1.5 中断优先级与中断嵌套

1. 中断优先级

计算机系统中的中断往往不止一个,那么,对于多个同时发生的中断或嵌套发生的中断,CPU又该如何处理?应该先响应哪个中断?为什么?答案就是设定中断优先级。

为了更形象地说明中断优先级的概念,还是从生活中的实例开始讲起。生活中的突发事件很多,为了便于快速处理,通常把这些事件按重要性或紧急程度从高到低依次排列。这种分级就称为优先级。如果多个事件同时发生,根据它们的优先级从高到低依次响应。例如,在前面讲述的朋友来访的例子中,如果门铃响的同时,电话铃也响了,那么你将在这两个中断请求中选择先响应哪个请求?这里就有一个优先的问题。如果开门比接电话更重要(即门铃响的优先级比电话响的优先级高),那么就应该先开门(处理门铃中断),然后再接电话(处理电话中断),接完电话后再回来继续看书(回到原程序)。

类似地,计算机系统中的中断源众多,它们也有轻重缓急之分,这种分级就被称为中断优先级。一般来说,各个中断源的优先级都有事先规定。通常,中断的优先级是根据中断的实时性、重要性和软件处理的方便性预先设定的。当同时有多个中断请求产生时,CPU会先响应优先级较高的中断请求。由此可见,优先级是中断响应的重要标准,也是区分中断的重要标志。

2. 中断嵌套

中断优先级除了用于并发中断,还用于嵌套中断。

还是回到前面讲述的朋友来访的例子,在你看书时电话铃响了,你去接电话,在通话的过程中门铃又响了。这时,门铃中断和电话中断形成了嵌套。由于门铃响的优先级比电话响的优先级高,你只能让通话的对方稍等,放下电话去开门。开门之后再回头继续接电话,通话完毕再回去继续看书。当然,如果门铃响的优先级比电话响的优先级低,那么在通话的过程中门铃响了也不予理睬,继续接听电话(处理电话中断),通话结束后再去开门迎客(即处理门铃中断)。

类似地,在计算机系统中,中断嵌套是指当系统正在执行一个中断服务程序时又有新的中断事件发生而产生了新的中断请求。此时,CPU如何处理取决于新旧两个中断的优先级。当新发生的中断的优先级高于正在处理的中断时,CPU将终止执行优先级较低的当前中断服务程序,转去处理新发生的优先级较高的中断,处理完毕才返回原来的中断服务程序继续执行。通俗地说,中断嵌套其实就是更高一级的中断"插队",当CPU正在处理中断时,又接收了更紧急的另一件"急件",转而处理更高一级的中断。

6.2 STM32F4 中断系统

了解了中断相关基础知识后,下面从嵌套向量中断控制器、中断优先级、中断向量表和中断服务程序4个方面分析STM32F4微控制器的中断系统,最后介绍设置和使用STM32F4中断系统的全过程。

6.2.1 STM32F4 嵌套向量中断控制器

嵌套向量中断控制器(Nested Vectored Interrupt Controller,NVIC)是Cortex-M4不可分离的一部分。NVIC与Cortex-M4内核相辅相成,共同完成对中断的响应。NVIC的寄存器以存储器映射的方式访问,除了包含控制寄存器和中断处理的控制逻辑之外,NVIC还包含了MPU、SysTick定时器及调试控制相关的寄存器。

Arm Cortex-M4内核共支持256个中断(其中16个内部中断、240个外部中断)和可编程的256级中断优先级的设置。STM32目前支持的中断共84个(16个内部中断、68个外部中断),以及16级可编程的中断优先级。

STM32支持68个中断通道,已经固定分配给相应的外部设备,每个中断通道都具备自己的中断优先级控制字节(8位,但是STM32中只使用4位,高4位有效),每4个通道的8位中断优先级控制字构成一个32位的优先级寄存器。68个通道的优先级控制字至少构成17个32位的优先级寄存器。

每个外部中断与NVIC中的以下寄存器有关。

(1) 使能与除能寄存器(除能也就是平常所说的屏蔽)。

(2) 挂起与解挂寄存器。

(3) 优先级寄存器。

(4) 活动状态寄存器。

另外,下列寄存器也对中断处理有重大影响。

(1) 异常屏蔽寄存器(PRIMASK、FAULTMASK和BASEPRI)。

(2) 向量表偏移量寄存器。

(3) 软件触发中断寄存器。

(4) 优先级分组段位。

传统的中断使能与除能是通过设置中断控制寄存器中的一个相应位为1或0实现的,

而 Cortex-M4 的中断使能与除能分别使用各自的寄存器控制。Cortex-M4 中有 240 对使能位/除能位(SETENA/CLRENA),每个中断拥有一对,它们分布在 8 对 32 位寄存器中(最后一对没有用完)。要使能一个中断,需要向对应 SETENA 位写 1;要除能一个中断,需要向对应的 CLRENA 位写 1。如果写 0,则不会有任何效果。写 0 无效是个很关键的设计理念,通过这种方式,使能/除能中断时只需向需要设置的位写 1,其他位可以全部为 0。再也不用像以前那样,害怕有些位被写 0 而破坏其对应的中断设置(反正现在写 0 没有效果了),从而实现每个中断都可以单独地设置,而互不影响——只需单一地写指令,不再需要"读—改—写"三部曲。

如果中断发生时,正在处理同级或高优先级异常,或者被屏蔽,则中断不能立即得到响应。此时中断被挂起。中断的挂起状态可以通过设置中断挂起寄存器(SETPEND)和中断挂起清除寄存器(CLRPEND)读取。还可以对它们写入值实现手工挂起中断或清除挂起,清除挂起简称为解挂。

6.2.2　STM32F4 中断优先级

中断优先级决定了一个中断是否能被屏蔽,以及在未屏蔽的情况下何时可以响应。优先级的数值越小,则优先级越高。

STM32(Cortex-M4)中有两个优先级的概念:抢占式优先级和响应优先级,也把响应优先级称作亚优先级或副优先级,每个中断源都需要被指定这两种优先级。

1. 抢占式优先级(Preemption Priority)
高抢占式优先级的中断事件会打断当前的主程序/中断程序运行,俗称中断嵌套。

2. 响应优先级(Subpriority)
在抢占式优先级相同的情况下,高响应优先级的中断优先被响应。

在抢占式优先级相同的情况下,如果有低响应优先级中断正在执行,高响应优先级的中断要等待已被响应的低响应优先级中断执行结束后才能得到响应(不能嵌套)。

3. 判断中断是否会被响应的依据
首先是抢占式优先级,其次是响应优先级。抢占式优先级决定是否会有中断嵌套。

4. 优先级冲突的处理
具有高抢占式优先级的中断可以在具有低抢占式优先级的中断处理过程中被响应,即中断的嵌套,或者说高抢占式优先级的中断可以嵌套低抢占式优先级的中断。

当两个中断源的抢占式优先级相同时,这两个中断将没有嵌套关系,当一个中断到来后,如果正在处理另一个中断,这个后到来的中断就要等到前一个中断处理完之后才能被处理。如果这两个中断同时到达,则中断控制器根据它们的响应优先级高低决定先处理哪一个;如果它们的抢占式优先级和响应优先级都相同,则根据它们在中断表中的排位顺序决定先处理哪一个。

5. STM32 对中断优先级的定义
STM32 指定中断优先级的寄存器位有 4 位,这 4 个寄存器位的分组方式如下。

第 0 组：所有 4 位用于指定响应优先级。

第 1 组：最高 1 位用于指定抢占式优先级，最低 3 位用于指定响应优先级。

第 2 组：最高 2 位用于指定抢占式优先级，最低 2 位用于指定响应优先级。

第 3 组：最高 3 位用于指定抢占式优先级，最低 1 位用于指定响应优先级。

第 4 组：所有 4 位用于指定抢占式优先级。

STM32F4 优先级位数和级数分配如图 6-2 所示。

优先级组别	抢占式优先级		响应优先级	
	位数	级数	位数	级数
4组	4	16	0	0
3组	3	8	1	2
2组	2	4	2	4
1组	1	2	3	8
0组	0	0	4	16

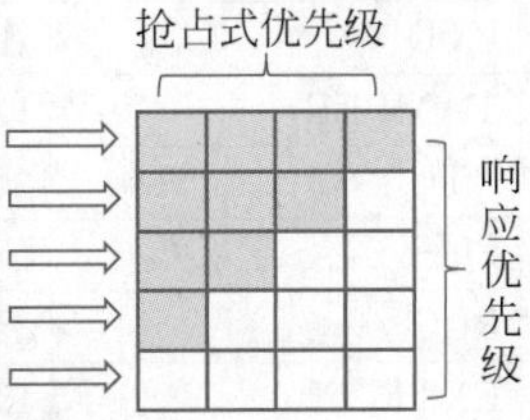

图 6-2 STM32F4 优先级位数和级数分配

6.2.3 STM32F4 中断向量表

中断向量表是中断系统中非常重要的概念。它是一块存储区域，通常位于存储器的地址处，在这块区域上按中断号从小到大依次存放着所有中断处理程序的入口地址。当某中断产生且经判断其未被屏蔽时，CPU 会根据识别到的中断号在中断向量表中找到该中断的所在表项，取出该中断对应的中断服务程序的入口地址，然后跳转到该地址执行。STM32F4 中断向量表(部分)如表 6-1 所示。

表 6-1 STM32F4 中断向量表(部分)

位置	优先级	优先级类型	名称	说明	地址
	—	—	—	保留	0x0000 0000
	−3	固定	Reset	复位	0x0000 0004
	−2	固定	NMI	不可屏蔽中断 RCC 时钟安全系统(CSS)连接到 NMI 向量	0x0000 0008
	−1	固定	硬件失效		0x0000 000C
	0	可设置	存储管理	存储器管理	0x0000 0010
	1	可设置	总线错误	预取指失败，存储器访问失败	0x0000 0014
	2	可设置	错误应用	未定义的指令或非法状态	0x0000 0018
	—	—	—	保留	0x0000 001C
	—	—	—	保留	0x0000 0020
	—	—	—	保留	0x0000 0024
	—	—	—	保留	0x0000 0028
	3	可设置	SVCall	通过 SWI 指令的系统服务调用	0x0000 002C
	4	可设置	调试监控(DebugMonitor)	调试监控器	0x0000 0030

续表

位置	优先级	优先级类型	名　称	说　明	地　址
—	—	—		保留	0x0000 0034
	5	可设置	PendSV	可挂起的系统服务	0x0000 0038
	6	可设置	SysTick	系统嘀嗒定时器	0x0000 003C
0	7	可设置	WWDG	窗口定时器中断	0x0000 0040
1	8	可设置	PVD	连到 EXTI 的电源电压检测(PVD)中断	0x0000 0044
2	9	可设置	TAMPER	侵入检测中断	0x0000 0048
3	10	可设置	RTC	实时时钟(RTC)全局中断	0x0000 004C
4	11	可设置	Flash	闪存全局中断	0x0000 0050
5	12	可设置	RCC	复位和时钟控制(RCC)中断	0x0000 0054
6	13	可设置	EXTI0	EXTI 线 0 中断	0x0000 0058
7	14	可设置	EXTI1	EXTI 线 1 中断	0x0000 005C
8	15	可设置	EXTI2	EXTI 线 2 中断	0x0000 0060
9	16	可设置	EXTI3	EXTI 线 3 中断	0x0000 0064
10	17	可设置	EXTI4	EXTI 线 4 中断	0x0000 0068
11	18	可设置	DMA1 通道 1	DMA1 通道 1 全局中断	0x0000 006C
12	19	可设置	DMA1 通道 2	DMA1 通道 2 全局中断	0x0000 0070
13	20	可设置	DMA1 通道 3	DMA1 通道 3 全局中断	0x0000 0074
14	21	可设置	DMA1 通道 4	DMA1 通道 4 全局中断	0x0000 0078
15	22	可设置	DMA1 通道 5	DMA1 通道 5 全局中断	0x0000 007C
16	23	可设置	DMA1 通道 6	DMA1 通道 6 全局中断	0x0000 0080
17	24	可设置	DMA1 通道 7	DMA1 通道 7 全局中断	0x0000 0084
18	25	可设置	ADC1_2	ADC1 和 ADC2 的全局中断	0x0000 0088
19	26	可设置	USB_HP_CAN_TX	USB 高优先级或 CAN 发送中断	0x0000 008C
20	27	可设置	USB_LP_CAN_RX0	USB 低优先级或 CAN 接收 0 中断	0x0000 0090
21	28	可设置	CAN_RX1	CAN 接收 1 中断	0x0000 0094
22	29	可设置	CAN_SCE	CAN SCE 中断	0x0000 0098
23	30	可设置	EXTI9_5	EXTI 线[9:5]中断	0x0000 009C
24	31	可设置	TIM1_BRK	TIM1 刹车中断	0x0000 00A0
25	32	可设置	TIM1_UP	TIM1 更新中断	0x0000 00A4
26	33	可设置	TIM1_TRG_COM	TIM1 触发和通信中断	0x0000 00A8
27	34	可设置	TIM1_CC	TIM1 捕获比较中断	0x0000 00AC
28	35	可设置	TIM2	TIM2 全局中断	0x0000 00B0
29	36	可设置	TIM3	TIM3 全局中断	0x0000 00B4
30	37	可设置	TIM4	TIM4 全局中断	0x0000 00B8
31	38	可设置	I2C1_EV	I2C1 事件中断	0x0000 00BC
32	39	可设置	I2C1_ER	I2C1 错误中断	0x0000 00C0
33	40	可设置	I2C2_EV	I2C2 事件中断	0x0000 00C4
34	41	可设置	I2C2_ER	I2C2 错误中断	0x0000 00C8

续表

位置	优先级	优先级类型	名　称	说　明	地　址
35	42	可设置	SPI1	SPI1 全局中断	0x0000 00CC
36	43	可设置	SPI2	SPI2 全局中断	0x0000 00D0
37	44	可设置	USART1	USART1 全局中断	0x0000 00D4
38	45	可设置	USART2	USART2 全局中断	0x0000 00D8
39	46	可设置	USART3	USART3 全局中断	0x0000 00DC
40	47	可设置	EXTI15_10	EXTI 线[15:10]中断	0x0000 00E0
41	48	可设置	RTCAlArm	连接 EXTI 的 RTC 闹钟中断	0x0000 00E4
42	49	可设置	USB 唤醒	连接 EXTI 的从 USB 待机唤醒中断	0x0000 00E8
43	50	可设置	TIM8_BRK	TIM8 刹车中断	0x0000 00EC
44	51	可设置	TIM8_UP	TIM8 更新中断	0x0000 00F0
45	52	可设置	TIM8_TRG_COM	TIM8 触发和通信中断	0x0000 00F4
46	53	可设置	TIM8_CC	TIM8 捕获比较中断	0x0000 00F8
47	54	可设置	ADC3	ADC3 全局中断	0x0000 00FC
48	55	可设置	FSMC	FSMC 全局中断	0x0000 0100
49	56	可设置	SDIO	SDIO 全局中断	0x0000 0104
50	57	可设置	TIM5	TIM5 全局中断	0x0000 0108
51	58	可设置	SPI3	SPI3 全局中断	0x0000 010C
52	59	可设置	UART4	UART4 全局中断	0x0000 0110
53	60	可设置	UART5	UART5 全局中断	0x0000 0114
54	61	可设置	TIM6	TIM6 全局中断	0x0000 0118
55	62	可设置	TIM7	TIM7 全局中断	0x0000 011C
56	63	可设置	DMA2 通道 1	DMA2 通道 1 全局中断	0x0000 0120
57	64	可设置	DMA2 通道 2	DMA2 通道 2 全局中断	0x0000 0124
58	65	可设置	DMA2 通道 3	DMA2 通道 3 全局中断	0x0000 0128
59	66	可设置	DMA2 通道 4_5	DMA2 通道 4 和 DMA2 通道 5 全局中断	0x0000 012C

STM32F4 系列微控制器不同产品支持可屏蔽中断的数量略有不同。

6.2.4　STM32F4 中断服务程序

中断服务程序在结构上与函数非常相似,但不同的是,函数一般有参数和返回值,并在应用程序中被人为显式地调用执行,而中断服务程序一般没有参数,也没有返回值,且只有中断发生时才会被自动隐式地调用执行。每个中断都有自己的中断服务程序,用来记录中断发生后要执行的真正意义上的处理操作。

STM32F407 所有中断服务程序在该微控制器所属产品系列的启动代码文件 startup_stm32f40x_xx.s 中都有预定义,通常以 PPP_IRQHandler 命名,其中 PPP 是对应的外设名。用户开发自己的 STM32F407 应用时可在 stm32f40x_it.c 文件中使用 C 语言编写函数重新定义之。程序在编译、链接生成可执行程序阶段,会使用用户自定义的同名中断服务程序替代启动代码中原来默认的中断服务程序。

尤其需要注意的是,在更新 STM32F407 中断服务程序时,必须确保 STM32F407 中断服务程序文件(stm32f40x_it.c)中的中断服务程序名和启动代码文件(startup_stm32f40x_xx.s)中的中断服务程序名相同,否则在生成可执行文件时无法使用用户自定义的中断服务程序替换原来默认的中断服务程序。

STM32F407 的中断服务程序具有以下特点。

(1) 预置弱定义属性。除了复位程序以外,STM32F407 其他所有中断服务程序都在启动代码中预设了弱定义(WEAK)属性。用户可以在其他文件中编写同名的中断服务程序替代在启动代码中默认的中断服务程序。

(2) 全 C 语言实现。STM32F407 中断服务程序可以全部使用 C 语言编程实现,无须像 Arm7 或 Arm9 处理器那样要在中断服务程序的首尾加上汇编语言"封皮"以保护和恢复现场(寄存器)。STM32F407 的中断处理过程中,保护和恢复现场的工作由硬件自动完成,无须用户操心,用户只集中精力编写中断服务程序即可。

6.3　STM32F4 外部中断/事件控制器

STM32F407 微控制器的外部中断/事件控制器(EXTI)由 23 个产生事件/中断请求边沿检测器组成,每根输入线可以独立地配置输入类型(脉冲或挂起)和对应的触发事件(上升沿、下降沿或双边沿触发)。每根输入线都可以独立地被屏蔽。挂起寄存器保持状态线的中断请求。

6.3.1　STM32F4 的 EXTI 内部结构

外部中断/事件控制器由中断屏蔽寄存器、请求挂起寄存器、软件中断/事件寄存器、上升沿触发选择寄存器、下降沿触发选择寄存器、事件屏蔽寄存器、边沿检测电路和脉冲发生器等部分构成。STM32F407 EXTI 内部结构如图 6-3 所示。其中,信号线上画有一条斜线,旁边标有 23 字样的注释,表示这样的线路共有 **23 套**。每个功能模块都通过外设接口和 APB 总线连接,进而和 Cortex-M4 内核(CPU)连接到一起,CPU 通过这样的接口访问各个功能模块。中断屏蔽寄存器和请求挂起寄存器的信号经过与门后送到 NVIC,由 NVIC 进行中断信号的处理。

EXTI 有两个功能:产生中断请求和触发事件。

请求信号通过图 6-3 中的①②③④⑤的路径向 NVIC 产生中断请求。边沿检测电路可以通过上升沿触发选择寄存器(EXTI_RTSR)和下降沿触发选择寄存器(EXTI_FTSR)选择输入信号检测的方式:上升沿触发、下降沿触发或上升沿和下降沿都能触发(双沿触发)。或门③的输入是边沿检测电路输出和软件中断事件寄存器(EXTI_SWIER),也就是说外部信号或人为的软件设置都能产生一个有效的请求。与门④的作用是一个控制开关,只有中断屏蔽寄存器(EXTI_IMR)相应位被置位,才能允许请求信号进入下一步。⑤在中断被允

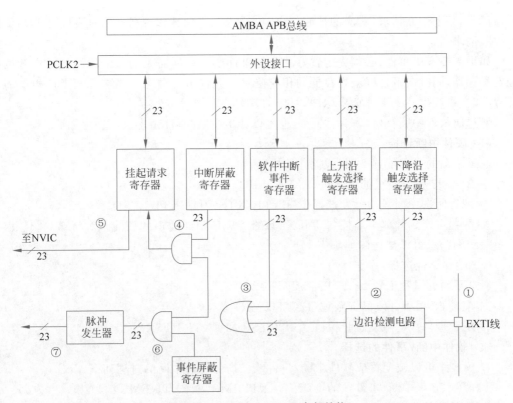

图 6-3　STM32F407 EXTI 内部结构

许的情况下,请求信号将挂起请求寄存器(EXTI_PR)相应位置位,表示有外部中断请求信号。之后,挂起请求寄存器相应位置位,在条件允许的情况下,将通知 NVIC 产生相应中断通道的激活标志。

　　请求信号通过图 6-3 中的①②③⑥⑦的路径产生触发事件。与门⑥是触发事件的控制开关,当事件屏蔽寄存器(EXTI_EMR)相应位被置位时,它将向脉冲发生器输出一个信号,使得脉冲发生器产生一个脉冲,触发某个事件。

　　例如,可以将 EXTI 线 11 和 EXTI 线 15 分别作为 ADC 的注入通道和规则通道的启动触发信号。

　　STM32 可以处理外部或内部事件唤醒内核(WFE)。唤醒事件可以通过以下配置产生。

　　(1) 在外设的控制寄存器使能一个中断,但不在 NVIC 中使能,同时在 Cortex-M4 的系统控制寄存器中使能 SEVONPEND 位。CPU 从 WFE 恢复后,需要清除相应外设的中断挂起位和外设 NVIC 中断通道挂起位(在 NVIC 中断清除挂起寄存器中)。

　　(2) 配置一根外部或内部 EXTI 线为事件模式,CPU 从 WFE 恢复后,因为对应事件线的挂起位没有被置位,不必清除相应外设的中断挂起位或 NVIC 中断通道挂起位。

　　要产生中断,必须先配置好并使能中断线。根据需要的边沿检测设置两个触发寄存器,同时向中断屏蔽寄存器的相应位写 1 允许中断请求。当外部中断线上产生了期待的边沿时,将产生一个中断请求,对应的挂起位也随之被置1。向挂起寄存器的对应位写1,将清除该中断请求。

如果需要产生事件,必须先配置好并使能事件线。根据需要的边沿检测通过设置两个触发寄存器,同时向事件屏蔽寄存器的相应位写1允许事件请求。当事件线上产生了需要的边沿时,将产生一个事件请求脉冲,对应的挂起位不被置1。

通过向软件中断/事件寄存器写1,也可以产生中断/事件请求。

(1) 硬件中断选择。

通过下面的过程配置23根线路作为中断源。

① 配置23根中断线的屏蔽位(EXTI_IMR)。

② 配置所选中断线的触发选择位(EXTI_RTSR 和 EXTI_FTSR)。

③ 配置对应到外部中断控制器(EXTI)的 NVIC 中断通道的使能位和屏蔽位,使得23根中断线的请求可以被正确地响应。

(2) 硬件事件选择。

通过下面的过程配置23根线路为事件源。

① 配置23根事件线的屏蔽位(EXTI_EMR)。

② 配置事件线的触发选择位(EXTI_RTSR 和 EXTI_FTSR)。

(3) 软件中断/事件的选择。

23根线路可以被配置成软件中断/事件线。产生软件中断的过程如下。

① 配置23根中断/事件线的屏蔽位(EXTI_IMR 和 EXTI_EMR)。

② 设置软件中断寄存器的请求位(EXTISWIER)。

1. 外部中断与事件输入

从图6-3可以看出,STM32F407外部中断/事件控制器 EXTI 内部信号线线路共有23套。与此对应,EXTI 的外部中断/事件输入线也有23根,分别是 EXTI0、EXTI1~EXTI22。

EXTI0~EXTI15 这16个外部中断以 GPIO 引脚作为输入线,如图6-4所示,每个 GPIO 引脚都可以作为某个 EXTI 的输入线。EXTI0 可以选择 PA0、PB0 至 PI0 中的某个引脚作为输入线。如果设置了 PA0 作为 EXTI0 的输入线,那么 PB0、PC0 等就不能再作为 EXTI0 的输入线。

以 GPIO 引脚作为输入线的 EXTI 可以用于检测外部输入事件。例如,按键连接的 GPIO 引脚,通过外部中断方式检测按键输入比查询方式更有效。

EXTI0~EXTI4 的每个中断有单独的 ISR,EXTI 线[9:5]中断共用一个中断号,也就共用 ISR,EXTI 线[15:10]中断也共用 ISR。若是共用的 ISR,需要在 ISR 里再判断具体是哪个 EXTI 线产生的中断,然后做相应的处理。

另外7根 EXTI 线连接的不是某个实际的 GPIO 引脚,而是其他外设产生的事件信号。这7根 EXTI 线的中断有单独的 ISR。

(1) EXTI 线16连接 PVD 输出。

(2) EXTI 线17连接 RTC 闹钟事件。

(3) EXTI 线18连接 USB OTG FS 唤醒事件。

（4）EXTI 线 19 连接以太网唤醒事件。

（5）EXTI 线 20 连接 USB OTG HS 唤醒事件。

（6）EXTI 线 21 连接 RTC 入侵和时间戳事件。

（7）EXTI 线 22 连接 RTC 唤醒事件。

另外，如果将 STM32F407 的 I/O 引脚映射为 EXTI 的外部中断/事件输入线，必须将该引脚设置为输入模式。

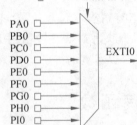

SYSCFG_EXTICR1寄存器中的EXTI0[3:0]位

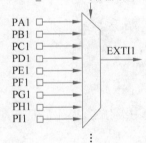

SYSCFG_EXTICR1寄存器中的EXTI1[3:0]位

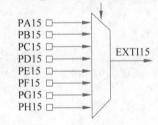

SYSCFG_EXTICR4寄存器中的EXTI15[3:0]位

图 6-4　STM32F407 外部中断/事件输入线映像

2. APB 外设接口

图 6-3 上部的 APB 外设接口是 STM32F407 微控制器每个功能模块都有的部分，CPU 通过这样的接口访问各个功能模块。

尤其需要注意的是，如果使用 STM32F407 引脚的外部中断/事件映射功能，必须打开 APB2 总线上该引脚对应端口的时钟以及 AFIO 功能时钟。

3. 边沿检测器

EXTI 中的边沿检测器共有 23 个，用来连接 23 根外部中断/事件输入线，它是 EXTI 的主体部分。每个边沿检测器由边沿检测电路、控制寄存器、门电路和脉冲发生器等部分组成。

6.3.2 STM32F4 的 EXTI 主要特性

STM32F407 微控制器的 EXTI 具有以下主要特性。

(1) 每根外部中断/事件输入线都可以独立地配置它的触发事件(上升沿、下降沿或双边沿),并能够单独地被屏蔽。

(2) 每个外部中断都有专用的标志位(请求挂起寄存器),保持着它的中断请求。

(3) 可以将多达 140 个通用 I/O 引脚映射到 16 根外部中断/事件输入线上。

(4) 可以检测脉冲宽度低于 APB2 时钟宽度的外部信号。

6.4 STM32F4 中断系统库函数

6.4.1 NVIC 相关的库函数

NVIC 相关的函数和宏被定义在以下文件中。

(1) 头文件: core_cm4. h、misc. h。

(2) 源文件: misc. c。

1. 中断优先级分组函数

中断优先级分组函数用于中断优先级分组,操作的是 SCB_AIRCR 的位段[10:8]。语法格式如下。

```
void NVIC_PriorityGroupConfig (uint32_t NVIC_PriorityGroup);
```

参数 uint32_t NVIC_PriorityGroup 为分组用的屏蔽字,在 misc. h 文件中定义如下。

```
# define NVIC_PriorityGroup_0    ((uint32_t)0x700)      //0 位抢占式优先级,4 位响应优先级
# define NVIC_PriorityGroup_1    ((uint32_t)0x600)      //1 位抢占式优先级,3 位响应优先级
# define NVIC_PriorityGroup_2    ((uint32_t)0x500)      //2 位抢占式优先级,2 位响应优先级
# define NVIC_PriorityGroup_3    ((uint32_t)0x400)      //3 位抢占式优先级,1 位响应优先级
# define NVIC_PriorityGroup_4    ((uint32_t)0x300)      //4 位抢占式优先级,0 位响应优先级
```

例如,中断优先级寄存器定义优先级的高 3 位,抢占式优先级占 1 位,响应优先级占 3 位。

```
NVIC_PriorityGroupConfig (NVIC_PriorityGroup_1);
```

这时,中断抢占式优先级可以是 0~1,中断响应优先级可以是 0~7。

2. 中断优先级设置和使能函数

中断优先级设置和使能函数用于配置异常/中断向量表中一个中断的抢占式优先级和响应优先级,以及是否使能中断。语法格式如下。

```
void NVIC_Init (NVIC_InitTypeDef *　NVIC_InitStruct);
```

参数 NVIC_InitTypeDef *　NVIC_InitStruct 是一个 NVIC 初始化结构体指针，
NVIC_InitTypeDef 是一个结构体类型，定义在 misc.h 文件中，定义如下。

```
typedef struct
{
    uint8_t   NVIC_IRQChannel;                      //中断通道号
    uint8_t   NVIC_IRQChannelPreemptionPriority;    //抢占式优先级
    uint8_t   NVIC_IRQChannelSubPriority;           //响应优先级
    FunctionalState   NVIC_IRQChannelCmd;           //使能或除能
}NVIC_InitTypeDef;
```

结构体成员 uint8_t　NVIC_IRQChannel 表示中断通道号，以枚举类型定义在
stm32f4xx.h 文件中。例如，EXTI0_IRQn＝6,6 就是 EXTI0 在异常/中断向量表中的
位置。

结构体成员 uint8_t　NVIC_IRQChannelPreemptionPriority 表示抢占式优先级，可直
接根据优先级分组和应用需求赋值。

结构体成员 uint8_t　NVIC_IRQChannelSubPriority 表示响应优先级，可直接根据优
先级分组和应用需求赋值。

结构体成员 FunctionalState　NVIC_IRQChannelCmd 表示使能或除能，可以是
ENABLE 或 DISABLE，定义在 stm32f4xx.h 文件中，定义如下。

```
typedef enum {DISABLE = 0, ENABLE = !DISABLE}FunctionalState;
```

NVIC_Init()函数配置的寄存器包括中断使能寄存器组、中断除能寄存器组、中断挂起
寄存器组、中断解挂寄存器组、中断激活标志位寄存器组、软件触发中断寄存器。它们以结
构体类型定义在 core_cm4.h 文件中，定义如下。

```
typedef struct
{
    __IO  uint32_t ISER[8];        //中断使能寄存器组
    uint32_t RESERVED0[24];
    __IO uint32_t ICER[8];         //中断除能寄存器组
    uint32_t RSERVED1[24];
    __IO  uint32_t ISPR[8];        //中断挂起寄存器组
    uint32_t RESERVED2[24];
    __IO  uint32_t ICPR[8];        //中断解挂寄存器组
    uint32_t RESERVED3[24];
    __IO  uint32_t IABR[8];        //中断激活标志位寄存器组
    uint32_t RESERVED4[56];
    __IO  uint8_t IP[240];         //中断优先级控制的寄存器组
    uint32_t RESERVED5[644];
    __IO  uint32_t STIR;           //软件触发中断寄存器
}NVIC_Type;
```

在实际使用中,一般只需要理解异常/中断向量表中的中断通道、中断优先级分组、抢占式优先级、响应优先级和优先级管理方法,使用 NVIC_PriorityGroupConfig()和 NVIC_Init()两个函数就可以实现大部分的应用需求。

需要注意的是,一个应用中断优先级组只需定义一次。使用 NVIC_Init()函数每次只能初始化一个中断通道的优先级和使能状态。因此,如果有多个中断通道需要初始化,则需要对每个中断通道使用 NVIC_Init()函数进行配置。

6.4.2 EXTI 相关的库函数

EXTI 相关的函数和宏被定义在以下文件中。

(1) 头文件: stm32f4xx_exti.h。

(2) 源文件: stm32f4xx_exti.c。

1. 设置 GPIO 引脚与 EXTI 线的映射函数

语法格式如下。

```
void SYSCFG_EXTILineConfig (uint8_t EXTI_PortSourceGPIOx, uint8_t EXTI_PinSourcex);
```

参数 uint8_t EXTI_PortSourceGPIOx 表示选择的 GPIO 端口,以宏定义形式定义在stm32f4xx_syscfg.h 文件中。例如:

```
# define EXTI_PortSourceGPIOA      ((uint8_t) 0x00)
# define EXTI_PortSourceGPIOB      ((uint8_t) 0x01)
# define EXTI_PortSourceGPIOC      ((uint8_t) 0x02)
…
# define EXTI_PortSourceGPIOK      ((uint8_t) 0x0A)
```

参数 uint8_t EXTI_PinSourcex 表示选择的引脚号,以宏定义形式定义在 stm32f4xx_syscfg.h 文件中。例如:

```
# define EXTI_PinSource0       ((uint8_t) 0x00)
# define EXTI_PinSource1       ((uint8_t) 0x01)
# define EXTI_PinSource2       ((uint8_t) 0x02)
…
# define EXTI_PinSource15      ((uint8_t) 0x0F)
```

例如,将 GPIOE 的 2 号引脚作为 EXTI 线 2 的信号输入引脚。

```
SYSCFG_EXTILineConfig (EXTI_PortSourceGPIOE, EXTI_PinSource2);
```

2. 初始化 EXTI 线(选择中断源、中断模式、触发方式、使能等)函数

语法格式如下。

```
void EXTI_Init (EXTI_InitTypeDef * EXTI_InitStruct);
```

参数 EXTI_InitTypeDef * EXTI_InitStruct 为 EXTI 初始化结构体指针,定义在

stm32f4xx_exti. h 文件中。例如：

```
typedef struct
{
    uint32_t EXTI_Line;                //指定要配置的 EXTI 线
    EXTIMode_TypeDef EXTI_Mode;        //中断模式：事件或中断
    EXTITrigger_TypeDef EXTI_Trigger;  //触发方式：上升沿/下降沿/双边沿触发
    FunctionalState EXTI_LineCmd;      //使能或除能
} EXTI_InitTypeDef:
```

成员 uint32_t EXTI_Line 指定要配置的 EXTI 线,以宏定义形式定义在 stm32f4xx_exti. h 文件中。例如：

```
# define EXTI_Line0      ((uint32_t) 0x00001)
# define EXTI_Line22     ((uint32_t) 0x00400000)
```

成员 EXTIMode_TypeDef EXTI_Mode 为模式(事件或中断)选择,以枚举形式定义在 stm32f4xx_exti. h 文件中。例如：

```
typedef enum
{
    EXTI_Mode_Interrupt = 0x00,
    EXTI_Mode_Event = 0x04
} EXTIMode_TypeDef;
```

成员 EXTITrigger_TypeDef EXTI_Trigger 选择触发方式,有 3 种方式：上升沿、下降沿和双边沿触发,以枚举形式定义在 stm32f4xx_exti. h 文件中。例如：

```
typedef enum
{
    EXTI_Trigger_Rising = 0x08,
    EXTI_Trigger_Falling = 0x0C,
    EXTI_Trigger_Rising_Falling = 0x10
} EXTITrigger_TypeDef;
```

成员 FunctionalState EXTI_LineCmd 使能(ENABLE)或除能(DISABLE)选择的 EXTI 线。例如,将 EXTI 线 2 设置为中断模式、上升沿触发、使能,程序代码如下。

```
EXTI_InitStructure.EXTI_Line = EXTI_Line2;
EXTI_InitStructure.EXTI_Mode = EXTI_Mode_Interrupt;
EXTI_InitStructure.EXTI_Trigger = EXTI_Trigger_Falling;
EXTI_InitStructure.EXTI_LineCmd = ENABLE;
EXTI_Init(&EXTI_InitStructure);
```

EXTI_Init()函数设置的是寄存器,有中断屏蔽寄存器、事件屏蔽寄存器、上升沿触发选择寄存器、下降沿触发选择寄存器。

3. 判断 EXTI 线的中断状态函数

语法格式如下。

```
ITStatus   EXTI_GetITStatus (uint32_t EXTI_Line);
```

参数 uint32_t EXTI_Line 表示需要检测的 EXTI 线,含义与 EXTI_InitTypeDef 结构体成员 EXTI_Line 相同。

该函数操作的是挂起请求寄存器。

共用中断通道的 EXTI 线 5～9 和 EXTI 线 10～15 分别共用一个中断服务程序(EXTI95_IRQHandler 和 EXT115_10_IRQHandler)。因此,在相应的中断服务程序中必须检测中断状态,以判断是哪根 EXTI 线触发了中断。

4. 清除 EXTI 线上的中断标志位函数

语法格式如下。

```
void EXTI_ClearlTPendingBit(uint32_t EXTI_Line);
```

参数 uint32_t EXTI_Line 表示需要清除挂起标志的 EXTI 线,含义与 EXTI_InitTypeDef 结构体成员 EXTI_Line 相同。

该函数操作的是挂起请求寄存器。

6.5　STM32F4 外部中断设计流程

以 GPIO 引脚输入外部中断为例,外部中断的应用,通常按照以下步骤进行。

(1) 使能用到的 GPIO 时钟和 SYSCFG 时钟。

① 根据用到的 GPIO 选择时钟使能函数。

② 使能 SYSCFG 时钟。

```
RCC_APB2PeriphClockCmd(RCC_APB2Periph_SYSCFG,ENABLE);
```

由系统控制器(SYSCFG)完成与 EXTI 中断源有关的 GPIO 配置。

(2) 初始化相应 GPIO 引脚为输入。

```
GPIO_Init();
```

(3) 设置 GPIO 引脚与 EXTI 线的映射关系。

```
SYSCFG_EXTILineConfig();
```

通过设置 SYSCFG_EXTICR1～SYSCFG_EXTICR4 的相应位段,将用到的 GPIO 引脚映射到对应的 EXTI 线。

(4) 初始化工作类型、设置触发条件、使能等。

```
EXTI_Init();
```

（5）配置中断分组（NVIC），并初始化相应中断通道的优先级及使能/除能。

```
NVIC_PriorityGroupConfig();
NVIC_Init();
```

在此需要注意，使用中断需要使能两个开关：EXTI线使能和中断通道使能。其中任何一个开关没有使能，中断请求信号都进入不了CPU。

（6）编写中断服务程序。

```
EXTIx_IRQHandler();
```

在中断服务程序中，一般要先判断中断源。

```
EXTI_GetITStatus();
```

确定中断源并清除相应的中断标志位。

```
EXTI_ClearlTPendingBit();
```

中断挂起标志位必须在退出中断服务程序前及时清除，否则会反复触发同一个中断。中断挂起标志位不能自动清除，需要通过向挂起请求寄存器相应位写1，或通过改变边沿检测触发方式实现清零。

（7）编写中断服务程序处理内容。

6.6　STM32F4外部中断设计实例

中断在嵌入式应用中占有非常重要的地位，几乎每个控制器都有中断功能。中断对保证在第一时间处理紧急事件是非常重要的。

本实例设计使用外接的按键作为触发源，使得控制器产生中断，并在中断服务程序中实现控制RGB彩灯的任务。

6.6.1　STM32F4外部中断的硬件设计

外部中断设计实例的硬件设计同按键的硬件设计，如图5-7所示。

由按键的原理可知，这些按键在没有被按下时，GPIO引脚的输入状态为低电平（按键所在的电路不通，引脚接地）；当按键按下时，GPIO引脚的输入状态为高电平（按键所在的电路导通，引脚接到电源）。轻触按键会使得引脚接通，通过电路设计可以使按键按下时产生电平变化。

在本实例中，根据图示的电路进行设计，通过按键控制LED，具体如下。

（1）按下KEY1，LED亮；弹开后再按下KEY1，LED灭。

（2）按下并弹开KEY2，LED亮；再按下并弹开KEY2，LED灭。

6.6.2 STM32F4 外部中断的软件设计

创建两个文件：bsp_exti.h 和 bsp_exti.c，用于存放 EXTI 驱动程序及相关宏定义。中断服务程序存放在 stm32f4xx_it.h 文件中。

1. bsp_exti.h 文件

```c
#ifndef __EXTI_H
#define __EXTI_H

#include "stm32f4xx.h"

//引脚定义
/********************************************************************/
#define KEY1_INT_GPIO_PORT              GPIOA
#define KEY1_INT_GPIO_CLK               RCC_AHB1Periph_GPIOA
#define KEY1_INT_GPIO_PIN               GPIO_Pin_0
#define KEY1_INT_EXTI_PORTSOURCE        EXTI_PortSourceGPIOA
#define KEY1_INT_EXTI_PINSOURCE         EXTI_PinSource0
#define KEY1_INT_EXTI_LINE              EXTI_Line0
#define KEY1_INT_EXTI_IRQ               EXTI0_IRQn

#define KEY1_IRQHandler                 EXTI0_IRQHandler

#define KEY2_INT_GPIO_PORT              GPIOC
#define KEY2_INT_GPIO_CLK               RCC_AHB1Periph_GPIOC
#define KEY2_INT_GPIO_PIN               GPIO_Pin_13
#define KEY2_INT_EXTI_PORTSOURCE        EXTI_PortSourceGPIOC
#define KEY2_INT_EXTI_PINSOURCE         EXTI_PinSource13
#define KEY2_INT_EXTI_LINE              EXTI_Line13
#define KEY2_INT_EXTI_IRQ               EXTI15_10_IRQn

#define KEY2_IRQHandler                 EXTI15_10_IRQHandler

/********************************************************************/

void EXTI_Key_Config(void);

#endif /* __EXTI_H */
```

2. bsp_exti.c 文件

```c
#include "./key/bsp_exti.h"

/*
 * @brief  配置NVIC
 * @param  无
 * @retval 无
 */
static void NVIC_Configuration(void)
```

```
{
    NVIC_InitTypeDef NVIC_InitStructure;

    /* 配置 NVIC 为优先级组 1 */
    /* 提示 NVIC_PriorityGroupConfig()函数在整个工程只需要调用一次配置优先级分组 */
    NVIC_PriorityGroupConfig(NVIC_PriorityGroup_1);

    /* 配置中断源：按键 1 */
    NVIC_InitStructure.NVIC_IRQChannel = KEY1_INT_EXTI_IRQ;
    /* 配置抢占式优先级：1 */
    NVIC_InitStructure.NVIC_IRQChannelPreemptionPriority = 1;
    /* 配置响应优先级：1 */
    NVIC_InitStructure.NVIC_IRQChannelSubPriority = 1;
    /* 使能中断通道 */
    NVIC_InitStructure.NVIC_IRQChannelCmd = ENABLE;
    NVIC_Init(&NVIC_InitStructure);

    /* 配置中断源：按键 2,其他使用上面相关配置 */
    NVIC_InitStructure.NVIC_IRQChannel = KEY2_INT_EXTI_IRQ;
    NVIC_Init(&NVIC_InitStructure);
}

/*
 * @brief   配置 PA0 为线中断口,并设置中断优先级
 * @param   无
 * @retval  无
 */
void EXTI_Key_Config(void)
{
    GPIO_InitTypeDef   GPIO_InitStructure;
    EXTI_InitTypeDef   EXTI_InitStructure;

    /* 开启按键 GPIO 的时钟 */
    RCC_AHB1PeriphClockCmd(KEY1_INT_GPIO_CLK|KEY2_INT_GPIO_CLK ,ENABLE);

    /* 使能 SYSCFG 时钟 ,使用 GPIO 外部中断时必须使能 SYSCFG 时钟 */
    RCC_APB2PeriphClockCmd(RCC_APB2Periph_SYSCFG, ENABLE);

    /* 配置 NVIC */
    NVIC_Configuration();

    /* 选择按键 1 的引脚 */
    GPIO_InitStructure.GPIO_Pin = KEY1_INT_GPIO_PIN;
    /* 设置引脚为输入模式 */
    GPIO_InitStructure.GPIO_Mode = GPIO_Mode_IN;
    /* 设置引脚不上拉也不下拉 */
    GPIO_InitStructure.GPIO_PuPd = GPIO_PuPd_NOPULL;
    /* 使用上面的结构体初始化按键 */
    GPIO_Init(KEY1_INT_GPIO_PORT, &GPIO_InitStructure);

    /* 连接 EXTI 中断源 到按键 1 引脚 */
```

```
        SYSCFG_EXTILineConfig(KEY1_INT_EXTI_PORTSOURCE,KEY1_INT_EXTI_PINSOURCE);

        /* 选择 EXTI 中断源 */
        EXTI_InitStructure.EXTI_Line = KEY1_INT_EXTI_LINE;
        /* 中断模式 */
        EXTI_InitStructure.EXTI_Mode = EXTI_Mode_Interrupt;
        /* 下降沿触发 */
        EXTI_InitStructure.EXTI_Trigger = EXTI_Trigger_Rising;
        /* 使能中断/事件线 */
        EXTI_InitStructure.EXTI_LineCmd = ENABLE;
        EXTI_Init(&EXTI_InitStructure);

        /* 选择按键 2 的引脚 */
        GPIO_InitStructure.GPIO_Pin = KEY2_INT_GPIO_PIN;
        /* 其他配置与上面相同 */
        GPIO_Init(KEY2_INT_GPIO_PORT, &GPIO_InitStructure);

        /* 连接 EXTI 中断源 到按键 2 引脚 */
        SYSCFG_EXTILineConfig(KEY2_INT_EXTI_PORTSOURCE,KEY2_INT_EXTI_PINSOURCE);

        /* 选择 EXTI 中断源 */
        EXTI_InitStructure.EXTI_Line = KEY2_INT_EXTI_LINE;
        EXTI_InitStructure.EXTI_Mode = EXTI_Mode_Interrupt;
        /* 上升沿触发 */
        EXTI_InitStructure.EXTI_Trigger = EXTI_Trigger_Falling;
        EXTI_InitStructure.EXTI_LineCmd = ENABLE;
        EXTI_Init(&EXTI_InitStructure);
}
```

使用 GPIO_InitTypeDef 和 EXTI_InitTypeDef 结构体定义两个用于 GPIO 和 EXTI 初始化配置的变量。

使用 GPIO 之前必须开启 GPIO 端口的时钟；用到 EXTI 必须开启 SYSCFG 时钟。调用 NVIC_Configuration() 函数完成对按键 1、按键 2 优先级配置并使能中断通道。作为中断/时间输入线，把 GPIO 配置为输入模式，这里不使用上拉或下拉，由外部电路完全决定引脚的状态。SYSCFG_EXTILineConfig() 函数用指定中断/事件线的输入源，它实际是设定 SYSCFG 外部中断配置寄存器的值，该函数接收两个参数，第 1 个参数指定 GPIO 端口源，第 2 个参数为选择对应 GPIO 引脚源编号。

我们的目的是产生中断，执行中断服务程序。EXTI 选择中断模式，按键 1 使用下降沿触发方式，并使能 EXTI 线；按键 2 基本上采用与按键 1 相同参数配置，只是改为上升沿触发方式。

3. EXTI 中断服务程序

```
void KEY1_IRQHandler(void)
{
    //判断是否产生了 EXTI 线中断
    if(EXTI_GetITStatus(KEY1_INT_EXTI_LINE) != RESET)
```

```
{
    // LED1 取反
    LED1_TOGGLE;
    //清除中断标志位
    EXTI_ClearITPendingBit(KEY1_INT_EXTI_LINE);
}
}

void KEY2_IRQHandler(void)
{
    //判断是否产生了 EXTI 线中断
    if(EXTI_GetITStatus(KEY2_INT_EXTI_LINE) != RESET)
    {
        // LED2 取反
        LED2_TOGGLE;
        //清除中断标志位
        EXTI_ClearITPendingBit(KEY2_INT_EXTI_LINE);
    }
}
```

当中断发生时,对应的中断服务程序就会被执行,可以在中断服务程序中实现一些控制。一般为确保中断确实发生,会在中断服务程序中调用中断标志位状态读取函数读取外设中断标志位,并判断标志位状态。

EXTI_GetITStatus()函数获取 EXTI 的中断标志位状态,如果 EXTI 线有中断发生,函数返回 SET,否则返回 RESET。实际上,EXTI_GetITStatus()函数是通过读取 EXTI_PR 寄存器值判断 EXTI 线状态的。按键 1 的中断服务程序让 LED1 翻转其状态,按键 2 的中断服务程序让 LED2 翻转其状态。执行任务后需要调用 EXTI_ClearITPendingBit()函数清除 EXTI 线的中断标志位。

4. main()函数

```
# include "stm32f4xx.h"
# include "./led/bsp_led.h"
# include "./key/bsp_exti.h"

void Delay(__IO u32 nCount);

/*
 * @brief   主函数
 * @param   无
 * @retval  无
 */
int main(void)
{
    /* LED 端口初始化 */
    LED_GPIO_Config();

    /* 初始化 EXTI 中断,按下按键会触发中断
```

```
     * 触发中断会进入 stm32f4xx_it.c 文件中的 KEY1_IRQHandler()和 KEY2_IRQHandler()函数
     * 处理中断,翻转 LED
     */
    EXTI_Key_Config();

    /* 等待中断,由于使用中断方式,CPU 不用轮询按键 */
    while(1)
    {
    }
}
```

主函数非常简单,只有两个任务函数。LED_GPIO_Config()函数定义在 bsp_led.c 文件中,完成 LED 的 GPIO 初始化配置;EXTI_Key_Config()函数完成两个按键的 GPIO 和 EXTI 配置。

保证开发板相关硬件连接正确,把编译好的程序下载到开发板。此时 LED 是灭的。如果按下开发板上的按键 1,LED 亮,弹开后再按下按键 1,LED 灭;如果按下开发板上的按键 2 并弹开,LED 亮,再按下开发板上的按键 2 并弹开,LED 灭。

第 7 章

STM32 定时器

本章讲述 STM32 定时器系统,包括 STM32 定时器概述、STM32 基本定时器、STM32 通用定时器、STM32 定时器库函数和 STM32 定时器应用实例。

7.1　STM32 定时器概述

从本质上讲,定时器就是"数字电路"课程中学过的计数器(Counter),它像"闹钟"一样忠实地为处理器完成定时或计数任务,几乎是现代微处理器必备的一种片上外设。很多读者在初次接触定时器时,都会提出这样一个问题:既然 Arm 内核每条指令的执行时间都是固定的,且大多数是相等的,那么可以用软件的方法实现定时吗?例如,在 168MHz 系统时钟下要实现 $1\mu s$ 的定时,完全可以通过执行 168 条不影响状态的"无关指令"实现。既然这样,STM32 中为什么还要有"定时/计数器"这样一个完成定时工作的硬件结构呢?其实,读者的看法一点也没有错。确实可以通过插入若干条不产生影响的"无关指令"实现固定时间的定时。但这会带来两个问题:其一,在这段时间内,STM32 不能做其他任何事情,否则定时将不再准确;其二,这些"无关指令"会占据大量程序空间。而当嵌入式处理器中集成了硬件的定时以后,它就可以在内核运行执行其他任务的同时完成精确的定时,并在定时结束后通过中断/事件等方法通知内核或相关外设。简单地说,定时器最重要的作用就是将 STM32 的 Arm 内核从简单、重复的延时工作中解放出来。

当然,定时器的核心电路结构是计数器。当它对 STM32 内部固定频率的信号进行计数时,只要指定计数器的计数值,也就相当于固定了从定时器启动到溢出之间的时间长度。这种对内部已知频率计数的工作方式称为"定时方式"。定时器还可以对外部引脚输入的未知频率信号进行计数,此时由于外部输入时钟频率可能改变,从定时器启动到溢出之间的时间长度是无法预测的,软件所能判断的仅仅是外部脉冲的个数。因此,这种计数时钟来自外部的工作方式只能称为"计数方式"。在这两种基本工作方式的基础上。STM32 的定时器又衍生出了输入捕获、输出比较、PWM、脉冲计数、编码器接口等多种工作模式。

定时与计数的应用十分广泛。在实际生产过程中,许多场合都需要定时或计数操作,如产生精确的时间、对流水线上的产品进行计数等。因此,定时/计数器在嵌入式单片机应用系统中十分重要。定时和计数可以通过以下方式实现。

1. 软件延时

单片机是在一定时钟下运行的,可以根据代码所需的时钟周期完成延时操作,软件延时会导致 CPU 利用率低。因此软件延时主要用于短时间延时,如高速 ADC。

软件延时实现起来非常简单,但具有以下缺点。

(1) 对于不同的微控制器,每条指令的执行时间不同,很难做到精确延时。例如,在前面讲到的 LED 闪烁实例中,如果要使 LED 亮和灭的时间精确到各为 500ms,对应软件实现的循环语句中决定延时时间的变量 nCount 的具体取值很难由计算准确得出。

(2) 延时过程中 CPU 始终被占用,CPU 利用率不高。

虽然纯软件定时/计数方式有以上缺点,但由于其简单方便、易于实现等优点,在当今的嵌入式应用中,尤其在短延时和不精确延时中,仍被频繁地使用。例如,高速 ADC 的转换时间可能只需要几个时钟周期,这种情况下,使用软件延时反而效率更高。

2. 可编程定时/计数器

微控制器中的可编程定时/计数器可以实现定时和计数操作,定时/计数器功能由程序灵活设置,重复利用。设置好后由硬件与 CPU 并行工作,不占用 CPU 时间,这样在软件的控制下,可以实现多个精密定时/计数。嵌入式处理器为了适应多种应用,通常集成多个高性能的定时/计数器。

微控制器中的定时器本质上是一个计数器,可以对内部脉冲或外部输入进行计数,不仅具有基本的延时/计数功能,还具有输入捕获、输出比较和 PWM 波形输出等高级功能。在嵌入式开发中,充分利用定时器的强大功能,可以显著提高外设驱动的编程效率和 CPU 利用率,增强系统的实时性。

STM32 内部集成了多个定时/计数器。根据型号不同,STM32 系列芯片最多包含 8 个定时/计数器。其中,TIM6 和 TIM7 为基本定时器,TIM2~TIM5 为通用定时器,TIM1 和 TIM8 为高级控制定时器,功能最强。3 种定时器的功能如表 7-1 所示。此外,在 STM32 中还有两个看门狗定时器和一个系统滴答定时器。

表 7-1　STM32 定时器的功能

主 要 功 能	高级控制定时器	通用定时器	基本定时器
内部时钟源(8MHz)	√	√	√
带 16 位分频的计数单元	√	√	√
更新中断和 DMA	√	√	√
计数方向	向上、向下、双向	向上、向下、双向	向上
外部事件计数	√	√	×
其他定时器触发或级联	√	√	×
4 个独立输入捕获、输出比较通道	√	√	×
单脉冲输出方式	√	√	×

续表

主 要 功 能	高级控制定时器	通用定时器	基本定时器
正交编码器输入	√	√	×
霍尔传感器输入	√	√	×
输出比较信号死区产生	√	×	×
制动信号输入	√	×	×

可编程定时/计数器(简称定时器)是当代微控制器标配的片上外设和功能模块,它不仅可以实现延时,而且还完成以下其他功能。

(1) 如果时钟源来自内部系统时钟,那么可编程定时/计数器可以实现精确的定时。此时的定时器工作于普通模式、比较输出或 PWM 输出模式,通常用于延时、输出指定波形、驱动电机等应用。

(2) 如果时钟源来自外部输入信号,那么可编程定时/计数器可以完成对外部信号的计数。此时的定时器工作于输入捕获模式,通常用于测量输入信号的频率和占空比、测量外部事件的发生次数和时间间隔等应用。

在嵌入式系统应用中,使用定时器可以完成以下功能。

(1) 在多任务的分时系统中用作中断实现任务的切换。

(2) 周期性执行某个任务,如每隔固定时间完成一次模数采集。

(3) 延时一定时间执行某个任务,如交通灯信号变化。

(4) 显示实时时间,如万年历。

(5) 产生不同频率的波形,如 MP3 播放器。

(6) 产生不同脉宽的波形,如驱动伺服电机。

(7) 测量脉冲的个数,如测量转速。

(8) 测量脉冲的宽度,如测量频率。

STM32F407 相比于传统的 51 单片机要完善和复杂得多,它是专为工业控制应用量身定做,定时器有很多用途,包括基本定时功能、生成输出波形(比较输出、PWM 和带死区插入的互补 PWM)和测量输入信号的脉冲宽度(输入捕获)等。

STM32F407 微控制器共有 17 个定时器,包括两个基本定时器(TIM6 和 TIM7)、10 个通用定时器(TIM2～TIM5 和 TIM9～TIM14)及两个高级定时器(TIM1 和 TIM8)、两个看门狗定时器和一个系统嘀嗒(SysTick)定时器。

7.2 STM32 基本定时器

7.2.1 基本定时器介绍

STM32F407 基本定时器 TIM6 和 TIM7 各包含一个 16 位自动重装载计数器,由各自的可编程预分频器驱动。它们可以作为通用定时器提供时间基准,特别是可以为数模转换器(DAC)提供时钟。实际上,它们在芯片内部在直接连接到 DAC 并通过触发输出直接驱动 DAC,这两个定时器是互相独立的,不共享任何资源。

TIM6 和 TIM7 定时器的主要功能如下。

(1) 16 位自动重装载累加计数器。

(2) 16 位可编程(可实时修改)预分频器,用于对输入的时钟按 1～65536 的任意系数分频。

(3) 触发 DAC 的同步电路。

(4) 在更新事件(计数器溢出)时产生中断/DMA 请求。

基本定时器内部结构如图 7-1 所示。

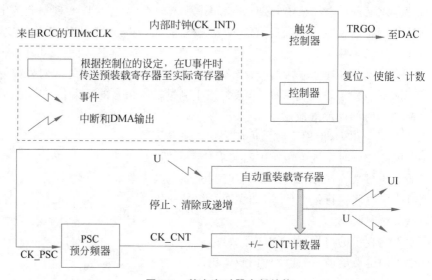

图 7-1　基本定时器内部结构

7.2.2　基本定时器的功能

1. 时基单元

可编程基本定时器的主要部分是一个 16 位计数器和与其相关的自动重装载寄存器。这个计数器可以向上计数、向下计数或向上/向下双向计数。此计数器时钟由预分频器分频得到。计数器、自动重装载寄存器和预分频器寄存器可以由软件读写,在计数器运行时仍可以读写。时基单元包含计数器寄存器(TIMx_CNT)、预分频器寄存器(TIMx_PSC)和自动重装载寄存器(TIMx_ARR)。

自动重装载寄存器是预先装载的,写或读自动重装载寄存器将访问预装载寄存器,根据在 TIMx_CR1 寄存器中的自动装载预装载使能位(ARPE)的设置,预装载寄存器的内容被立即或在每次的更新事件 UEV 时传输到影子寄存器,当计数器达到溢出条件(向下计数时的下溢条件)并当 TIMx_CR1 寄存器中的 UDIS 位为 0 时,产生更新事件。更新事件也可以由软件产生。

计数器由预分频器的时钟输出 CK_CNT 驱动,仅当设置了计数器 TIMx_CR1 寄存器中的计数器使能位(CEN)时,CK_CNT 才有效。真正的计数器使能信号 CNT_EN 是在 CEN 的一个时钟周期后被设置。

预分频器可以将计数器的时钟频率按 1~65536 的任意系数分频。它是基于一个(在 TIMx_PSC 寄存器中的)16 位寄存器控制的 16 位计数器。这个控制寄存器带有缓冲器,能够在工作时被改变。新的预分频器参数在下一次更新事件到来时被采用。

2. 时钟源

基本定时器 TIM6 和 TIM7 只有一个时钟源,即内部时钟 CK_INT。对于 STM32F407 所有定时器,内部时钟 CK_INT 都来自 RCC 的 TIMxCLK,但对于不同的定时器,TIMxCLK 的来源不同。基本定时器 TIM6 和 TIM7 的 TIMxCLK 来源于 APB1 预分频器的输出,系统默认情况下,APB1 的时钟频率为 72MHz。

3. 预分频器

预分频器可以以 1~65536 的任意系数对计数器时钟分频。它是通过一个 16 位寄存器 (TIMx_PSC)的计数实现分频。因为 TIMx_PSC 控制寄存器具有缓冲作用,可以在运行过程中改变它的数值,新的预分频系数将在下一个更新事件时起作用。

图 7-2 所示为在运行过程中改变预分频系数的例子,预分频系数从 1 变为 2。

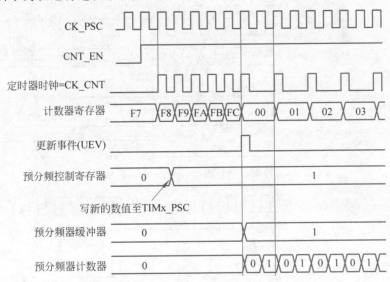

图 7-2 预分频系数从 1 变为 2 的计数器时序图

4. 计数模式

STM32F407 基本定时器只有向上计数工作模式,如图 7-3 所示,其中 ↑ 表示产生溢出事件。

基本定时器工作时,脉冲计数器 TIMx_CNT 从 0 累加计数到自动重装载数值(TIMx_ARR 寄存器),然后重新从 0 开始计数并产生一个计数器溢出事件。由此可见,如果使用基本定时器进行延时,延时时间可以计算为

$$延时时间 = (TIMx\_ARR + 1) \times (TIMx\_PSC + 1) / TIMxCLK$$

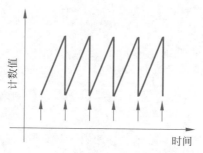

图 7-3　向上计数工作模式

当发生一次更新事件时,所有寄存器会被更新并设置更新标志:传输预装载值(TIMx_PSC 寄存器的内容)至预分频器的缓冲区,自动重装载影子寄存器被更新为预装载值(TIMx_ARR)。下面给出一些当 TIMx_ARR＝0x36 时不同时钟频率下计数器工作的示例,图 7-4 所示为内部时钟分频系数为 1,图 7-5 所示为内部时钟分频系数为 2。

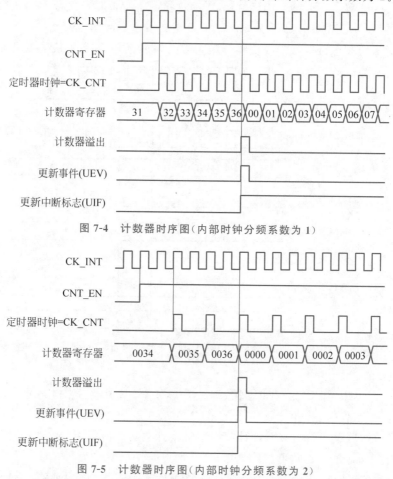

图 7-4　计数器时序图(内部时钟分频系数为 1)

图 7-5　计数器时序图(内部时钟分频系数为 2)

7.2.3　基本定时器的寄存器

下面介绍 STM32F407 基本定时器相关寄存器名称,可以用半字(16 位)或字(32 位)的方式操作这些外设寄存器,由于是采用库函数方式编程,故不作进一步探讨。

(1) TIM6 和 TIM7 控制寄存器 1(TIMx_CR1)。

(2) TIM6 和 TIM7 控制寄存器 2(TIMx_CR2)。

(3) TIM6 和 TIM7 DMA/中断使能寄存器(TIMx_DIER)。

(4) TIM6 和 TIM7 状态寄存器(TIMx_SR)。

(5) TIM6 和 TIM7 事件产生寄存器(TIMx_EGR)。

(6) TIM6 和 TIM7 计数器(TIMx_CNT)。

(7) TIM6 和 TIM7 预分频器(TIMx_PSC)。

(8) TIM6 和 TIM7 自动重装载寄存器(TIMx_ARR)。

7.3　STM32 通用定时器

7.3.1　通用定时器介绍

STM32 内置 10 个可同步运行的通用定时器(TIM2、TIM3、TIM4、TIM5、TIM9、TIM10、TIM11、TIM12、TIM13、TIM14),TIM2 和 TIM5 定时器的计数长度为 32 位,其余定时器的计数长度为 16 位,每个通道都可用于输入捕获、输出比较、PWM 和单脉冲模式输出。任意标准定时器都能用于产生 PWM 输出。每个定时器都有独立的 DMA 请求机制。通过定时器链接功能与高级控制定时器共同工作,提供同步或事件链接功能。

通用定时器特点如下。

(1) 16 位或 32 位向上、向下、向上/向下自动重装载计数器。

(2) 16 位或 32 位可编程(可以实时修改)预分频器,计数器时钟频率的分频系数为 1~65536。

(3) 4 个独立通道:输入捕获、输出比较、PWM 生成(边缘或中间对齐模式)、单脉冲模式输出。

(4) 使用外部信号控制定时器和定时器互连的同步电路。

(5) 以下事件发生时产生中断/DMA:

① 更新,计数器向上溢出/向下溢出,计数器初始化(通过软件或内部/外部触发);

② 触发事件(计数器启动、停止、初始化或由内部/外部触发计数);

③ 输入捕获;

④ 输出比较。

(6) 支持针对定位的增量(正交)编码器和霍尔传感器电路。

(7) 触发输入作为外部时钟或按周期的电流管理。

7.3.2 通用定时器的功能

通用定时器内部结构如图 7-6 所示,相比于基本定时器,其内部结构要复杂得多,其中最显著的地方就是增加了 4 个捕获/比较寄存器 TIMx_CCR,这也是通用定时器拥有许多强大功能的原因。

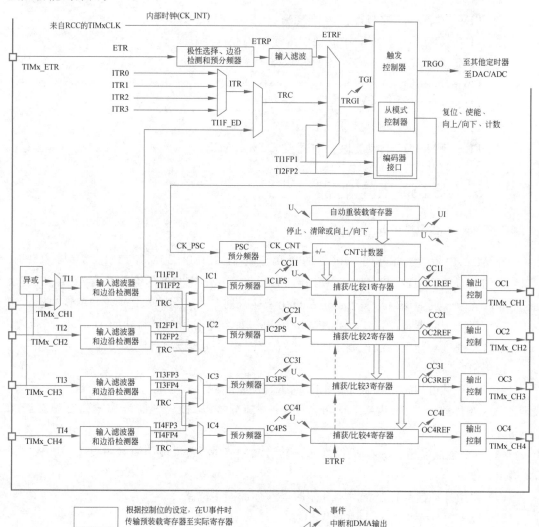

图 7-6 通用定时器内部结构

1. 时基单元

与 7.2.2 节基本定时器的时基单元相同。

2. 计数模式

通用定时器可以向上计数、向下计数或向上/向下双向计数。

1）向上计数模式

向上计数模式工作过程同基本定时器向上计数模式。在向上计数模式中,计数器在时钟 CK_CNT 的驱动下从 0 计数到自动重装载寄存器 TIMx_ARR 的预设值,然后重新从 0 开始计数,并产生一个计数器溢出事件,可触发中断或 DMA 请求。当发生一个更新事件时,所有寄存器都被更新,硬件同时设置更新标志位。

对于一个工作在向上计数模式的通用定时器,自动重装载寄存器 TIMx_ARR 的值为 0x36,内部预分频系数为 4（预分频寄存器 TIMx_PSC 的值为 3）的计数器时序图如图 7-7 所示。

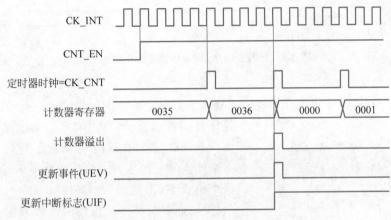

图 7-7　计数器时序图（内部预分频系数为 4）

2）向下计数模式

通用定时器向下计数模式如图 7-8 所示。在向下计数模式中,计数器在时钟 CK_CNT 的驱动下从自动重装载寄存器 TIMx_ARR 的预设值开始向下计数到 0,然后从自动重装载寄存器 TIMx_ARR 的预设值重新开始计数,并产生一个计数器溢出事件,可触发中断或 DMA 请求。当发生一个更新事件时,所有寄存器都被更新,硬件同时设置更新标志位。

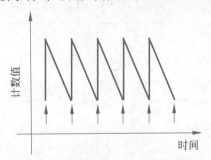

图 7-8　向下计数模式

对于一个工作在向下计数模式的通用定时器,自动重装载寄存器 TIMx_ARR 的值为 0x36,内部预分频系数为 2（预分频寄存器 TIMx_PSC 的值为 1）的计数器时序图如图 7-9 所示。

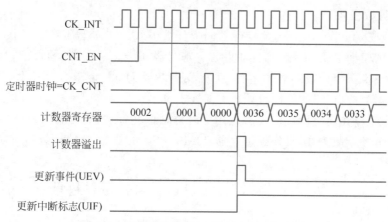

图 7-9　计数器时序图(内部预分频系数为 2)

3）向上/向下计数模式

向上/向下计数模式又称为中央对齐模式或双向计数模式,如图 7-10 所示。计数器从 0 开始计数到自动装载的值(TIMx_ARR 寄存器)－1,产生一个计数器溢出事件;然后向下计数到 1 并且产生一个计数器下溢事件;然后再从 0 开始重新计数。在这个模式下,不能写入 TIMx_CR1 中的 DIR 方向位,它由硬件更新并指示当前的计数方向。可以在每次计数上溢和每次计数下溢时产生更新事件,触发中断或 DMA 请求。

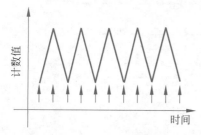

图 7-10　双向计数模式

对于一个工作在双向计数模式下的通用定时器,自动重装载寄存器 TIMx_ARR 的值为 0x06,内部预分频系数为 1(预分频寄存器 TIMx_PSC 的值为 0)的计数器时序图如图 7-11 所示。

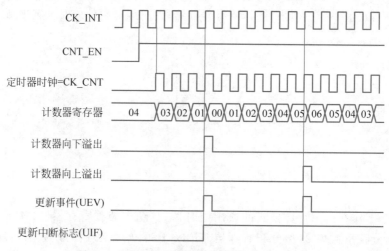

图 7-11　计数器时序图(内部预分频系数为 1)

3. 时钟选择

相比于基本定时器单一的内部时钟源,STM32F407 通用定时器的 16 位计数器的时钟源有多种选择,可由以下时钟源提供。

1）内部时钟 CK_INT

内部时钟 CK_INT 来自 RCC 的 TIMxCLK,根据 STM32F407 时钟树,通用定时器内部时钟 CK_INT 的来源 TIM_CLK 与基本定时器相同,都是来自 APB1 预分频器的输出,通常情况下,其时钟频率为 168MHz。

2）外部输入捕获引脚 TIx（外部时钟模式 1）

外部输入捕获引脚 TIx（外部时钟模式 1）来自外部输入捕获引脚上的边沿信号。计数器可以在选定的输入端（引脚 1：TI1FP1 或 TI1F_ED,引脚 2：TI2FP2）的每个上升沿或下降沿计数。

3）外部触发输入引脚 ETR（外部时钟模式 2）

外部触发输入引脚 ETR（外部时钟模式 2）来自外部引脚 ETR。计数器可以在外部触发输入 ETR 的每个上升沿或下降沿计数。

4）内部触发器输入 ITRx

内部触发器输入 ITRx 来自芯片内部其他定时器的触发输入,使用一个定时器作为另一个定时器的预分频器。例如,可以配置 TIM1 作为 TIM2 的预分频器。

4. 捕获/比较通道

每个捕获/比较通道都是围绕一个捕获/比较寄存器（包含影子寄存器）,包括捕获的输入部分（数字滤波、多路复用和预分频器）和输出部分（比较器和输出控制）。输入部分对相应的 TIx 输入信号采样,并产生一个滤波后的 TIxF 信号。然后,一个带极性选择的边缘检测器产生一个信号（TIxFPx）,它可以作为从模式控制器的输入触发或作为捕获控制。该信号通过预分频器进入捕获寄存器（ICxPS）。输出部分产生一个中间波形 OCxRef（高有效）作为基准,链的末端决定最终输出信号的极性。

7.3.3　通用定时器的工作模式

1. 输入捕获模式

在输入捕获模式下,检测到 ICx 信号上相应的边沿后,计数器的当前值被锁存到捕获/比较寄存器（TIMx_CCRx）中。当捕获事件发生时,相应的 CCxIF 标志位（TIMx_SR 寄存器）被置 1,如果使能了中断或 DMA 操作,则将产生中断或 DMA 操作。如果捕获事件发生时 CCxIF 标志位已经为 1,那么重复捕获标志位 CCxOF（TIMx_SR 寄存器）被置 1。写 CCxIF＝0 可清除 CCxIF,或读取存储在 TIMx_CCRx 寄存器中的捕获数据也可清除 CCxIF。写 CCxOF＝0 可清除 CCxOF。

2. PWM 输入模式

PWM 是 Pulse Width Modulation 的缩写,中文意思就是脉冲宽度调制,简称脉宽调制。它是利用微处理器的数字输出对模拟电路进行控制的一种非常有效的技术,其控制简单、灵活和动态响应好等优点而成为电力、电子技术最广泛应用的控制方式,其应用领域包括测量、通信、功率控制与变换、电动机控制、伺服控制、调光、开关电源,甚至某些音频放大器,因此研究基于PWM技术的正负脉宽数控调制信号发生器具有十分重要的现实意义。PWM是一种对模拟信号电平进行数字编码的方法,通过高分辨率计数器的使用,调制方波的占空比,对一个具体模拟信号的电平进行编码。PWM信号仍然是数字的,因为在给定的任何时刻,满幅值的直流供电要么完全有(ON),要么完全无(OFF),电压或电流源是以一种通(ON)或断(OFF)的重复脉冲序列被加载到模拟负载上的。通时即直流供电被加到负载上,断时即供电被断开。只要带宽足够,任何模拟值都可以使用PWM进行编码。

PWM输入模式是输入捕获模式的一个特例,除以下区别外,操作与输入捕获模式相同。

(1) 两个ICx信号被映射至同一个TIx输入。

(2) 两个ICx信号为边沿有效,但是极性相反。

(3) 其中一个TIxFP信号作为触发输入信号,而从模式控制器被配置成复位模式。例如,需要测量输入TI1的PWM信号的长度(TIMx_CCR1寄存器)和占空比(TIMx_CCR2寄存器),具体步骤如下(取决于CK_INT的频率和预分频器的值)。

① 选择TIMx_CCR1的有效输入:置TIMx_CCMR1寄存器的CC1S=01(选择TI1)。

② 选择TI1FP1的有效极性(用来捕获数据到TIMx_CCR1中和清除计数器):置CC1P=0(上升沿有效)。

③ 选择TIMx_CCR2的有效输入:置TIMx_CCMR1寄存器的CC2S=10(选择14478)。

④ 选择TI1FP2的有效极性(捕获数据到TIMx_CCR2):置CC2P=1(下降沿有效)。

⑤ 选择有效的触发输入信号:置TIMx_SMCR寄存器的TS=101(选择TI1FP1)。

⑥ 配置从模式控制器为复位模式:置TIMx_SMCR的SMS=100。

⑦ 使能捕获:置TIMx_CCER寄存器CC1E=1且CC2E=1。

3. 强置输出模式

在输出模式(TIMx_CCMRx寄存器CCxS=00)下,输出比较信号(OCxREF和相应的OCx)能够直接由软件强置为有效或无效状态,而不依赖于输出比较寄存器和计数器间的比较结果。置TIMx_CCMRx寄存器中相应的OCxM=101,即可强置输出比较信号(OCxREF/OCx)为有效状态。这样OCxREF被强置为高电平(OCxREF始终为高电平有效),同时OCx得到CCxP极性位相反的值。

例如,CCxP=0(OCx高电平有效),则OCx被强置为高电平。置TIMx_CCMRx寄存器的OCxM=100,可强置OCxREF信号为低电平。该模式下,TIMx_CCRx影子寄存器和计数器之间的比较仍然在进行,相应的标志位也会被修改,因此仍然会产生相应的中断和DMA请求。

4. 输出比较模式

该模式用来控制一个输出波形,或者指示一段给定的时间已经到时。当计数器与捕获/

比较寄存器的内容相同时,输出比较功能进行如下操作。

(1) 将输出比较模式(TIMx_CCMRx 寄存器中的 OCxM 位)和输出极性(TIMx_CCER 寄存器中的 CCxP 位)定义的值输出到对应的引脚上。在比较匹配时,输出引脚可以保持它的电平(OCxM=000)、被设置成有效电平(OCxM=001)、被设置成无效电平 OCxM=010)或进行翻转(OCxM=011)。

(2) 设置中断状态寄存器中的标志位(TIMx_SR 寄存器的 CCxIF 位)。

(3) 若设置了相应的中断屏蔽(TIMx_DIER 寄存器的 CCxIE 位),则产生一个中断。

(4) 若设置了相应的使能位(TIMx_DIER 寄存器的 CCxDE 位,TIMx_CR2 寄存器的 CCDS 位选择 DMA 请求功能),则产生一个 DMA 请求。

输出比较模式的配置步骤如下。

(1) 选择计数器时钟(内部、外部、预分频器)。

(2) 将相应的数据写入 TIMx_ARR 和 TIMx_CCRx 寄存器中。

(3) 如果要产生一个中断请求和/或一个 DMA 请求,设置 CCxIE 位和/或 CCxDE 位。

(4) 选择输出模式。例如,当计数器 CNT 与 CCRx 匹配时,翻转 OCx 的输出引脚,CCRx 预装载未用,开启 OCx 输出且高电平有效,则必须设置 OCxM=011,OCxPE=0,CCxP=0 和 CCxE=1。

(5) 设置 TIMx_CR1 寄存器的 CEN 位启动计数器。

TIMx_CCRx 寄存器能够在任何时候通过软件进行更新以控制输出波形,条件是未使用预装载寄存器(OCxPE=0,否则 TIMx_CCRx 影子寄存器只能在发生下一次更新事件时被更新)。

5. PWM 输出模式

PWM 输出模式是一种特殊的输出模式,在电力、电子和电机控制领域得到广泛应用。

目前,在运动控制系统或电动机控制系统中实现 PWM 的方法主要有传统的数字电路、微控制器普通 I/O 模拟和微控制器的 PWM 直接输出等。

(1) 传统的数字电路方式:用传统的数字电路实现 PWM(如 555 定时器),电路设计较复杂,体积大,抗干扰能力差,系统的研发周期较长。

(2) 微控制器普通 I/O 模拟方式:对于微控制器中无 PWM 输出功能的情况(如 51 单片机),可以通过 CPU 操作普通 I/O 实现 PWM 输出。但这将消耗大量的时间,大大降低 CPU 的效率,而且得到的 PWM 信号精度不太高。

(3) 微控制器的 PWM 直接输出方式:对于具有 PWM 输出功能的微控制器,在进行简单的配置后即可在微控制器的指定引脚上输出 PWM 脉冲。这也是目前使用最多的 PWM 实现方式。

STM32F407 就是这样一款具有 PWM 输出功能的微控制器,除了基本定时器 TIM6 和 TIM7。其他定时器都可以用来产生 PWM 输出。其中高级定时器 TIM1 和 TIM8 可以同时产生多达 7 路的 PWM 输出;而通用定时器也能同时产生多达 4 路的 PWM 输出。STM32 最多可以同时产生 30 路 PWM 输出。

STM32F407 微控制器 PWM 输出模式可以产生一个由 TIMx_ARR 寄存器确定频率、由 TIMx_CCRx 寄存器确定占空比的信号,其产生原理如图 7-12 所示。

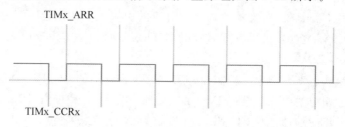

图 7-12　STM32F407 微控制器 PWM 产生原理

通用定时器 PWM 输出模式的工作过程如下。

(1) 若配置脉冲计数器 TIMx_CNT 为向上计数模式,自动重装载寄存器 TIMx_ARR 的预设为 N,则脉冲计数器 TIMx_CNT 的当前计数值 X 在时钟 CK_CNT(通常由 TIMACLK 经 TIMx_PSC 分频而得)的驱动下从 0 开始不断累加计数。

(2) 在脉冲计数器 TIMx_CNT 随着时钟 CK_CNT 触发进行累加计数的同时,脉冲计数 M_CNT 的当前计数值 X 与捕获/比较寄存器 TIMx_CCR 的预设值 A 进行比较。如果 $X < A$,输出高电平(或低电平); 如果 $X \geqslant A$,输出低电平(或高电平)。

(3) 当脉冲计数器 TIMx_CNT 的计数值 X 大于自动重装载寄存器 TIMx_ARR 的预设值 N 时,脉冲计数器 TIMx_CNT 的计数值清零并重新开始计数。如此循环往复,得到的 PWM 输出信号周期为 $(N+1) \times$ TCK_CNT,其中 TCK_CNT 为时钟 CK_CNT 的周期。PWM 输出信号脉冲宽度为 $A \times$ TCK_CNT。PWM 输出信号的占空比为 $A/(N+1)$。

下面举例具体说明,当通用定时器被设置为向上计数模式,自动重装载寄存器 TIMx_ARR 的预设值为 8,4 个捕获/比较寄存器 TIMx_CCRx 分别设为 0、4、8 和大于 8 时,通过用定时器的 4 个 PWM 通道的输出时序 OCxREF 和触发中断时序 CCxIF 如图 7-13 所示。例如,在 TIMx_CCR = 4 情况下,当 TIMx_CNT < 4 时,OCxREF 输出高电平;当 TIMx_CNT ≥ 4 时,OCxREF 输出低电平,并在比较结果改变时触发 CCxIF 中断标志。占空比为 $4/(8+1)$。

需要注意的是,在 PWM 输出模式下,脉冲计数器 TIMx_CNT 的计数模式有向上计数、向下计数和双向计数 3 种。以上仅介绍其中的向上计数模式,读者在掌握了通用定时器向上计数模式的 PWM 输出原理后,由此及彼,其他两种计数模式的 PWM 输出也就容易推出了。

7.3.4　通用定时器的寄存器

下面介绍 STM32F407 通用定时器相关寄存器名称,可以用半字(16 位)或字(32 位)的方式操作这些外设寄存器,由于是采用库函数方式编程,故不作进一步探讨。

(1) 控制寄存器 1(TIMx_CR1)。

(2) 控制寄存器 2(TIMx_CR2)。

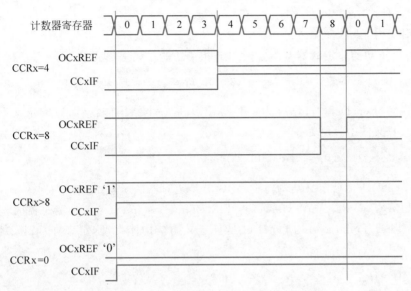

图 7-13　向上计数模式 PWM 输出时序图

（3）从模式控制寄存器（TIMx_SMCR）。

（4）DMA/中断使能寄存器（TIMx_DIER）。

（5）状态寄存器（TIMx_SR）。

（6）事件产生寄存器（TIMx_EGR）。

（7）捕获/比较模式寄存器 1（TIMx_CCMR1）。

（8）捕获/比较模式寄存器 2（TIMx_CCMR2）。

（9）捕获/比较使能寄存器（TIMx_CCER）。

（10）计数器（TIMx_CNT）。

（11）预分频器（TIMx_PSC）。

（12）自动重装载寄存器（TIMx_ARR）。

（13）捕获/比较寄存器 1（TIMx_CCR1）。

（14）捕获/比较寄存器 2（TIMx_CCR2）。

（15）捕获/比较寄存器 3（TIMx_CCR3）。

（16）捕获/比较寄存器 4（TIMx_CCR4）。

（17）DMA 控制寄存器（TIMx_DCR）。

（18）连续模式的 DMA 地址（TIMx_DMAR）。

7.4　STM32 定时器库函数

定时器相关的函数和宏被定义在以下文件中。

（1）头文件：stm32f4xx_tim.h。

（2）源文件：stm32f4xx_tim.c。

1. 定时器时基初始化函数

该函数用于初始化定时器基本定时单元相关功能。语法格式如下。

```
void TIM_TimeBaseInit(TIM_TypeDef * TIMx,TIM_TimeBaseInitTypeDef * TIM_TimeBaseInitStruct);
```

参数 TIM_TypeDef * TIMx 为定时器对象，是一个结构体指针，以宏定义形式定义在 stm32f4xx_.h 文件中。例如：

```
#define TIM1   ((TIM_TypeDef * )TIM1_BASE)
```

TIM_TypeDef 是自定义结构体类型，成员是定时器的所有寄存器。

参数 TIM_TimeBaseInitTypeDef * TIM_TimeBaseInitStruct 为定时器时基初始化结构体指针。TIM_TimeBaseInitTypeDef 是自定义的结构体类型，定义在 stm32f4xx_tim.h 文件中。

```
typedef struct
{
    uint16_t TIM_Prescaler;            //预分频系数
    uint16_t TIM_CounterMode;          //计数模式
    uint16_t TIM_Period;               //计数周期
    uint16_t TIM_ClockDivision;        //与死区长度及捕抓采样频率相关
    uint8_t TIM_RepetitionCounter;     //重复计数次数
}TIM_TimeBaseInitTypeDef;
```

成员 uint16_t TIM_Prescaler 为预分频系数，用于初始化 TIMx_PSC，初始化值一般是实际分频值−1。

成员 uint16_t TIM_CounterMode 为计数模式，包括向上计数模式、向下计数模式及双向计数模式，定义如下。

```
#define TIM_CounterMode_Up              ((uint16_t)0x0000)       //向上计数模式
#define TIM_CounterMode_Down            ((uint16_t)0x0010)       //向下计数模式
#define TIM_CounterMode_CenterAligned1  ((uint16_t)0x0020)       //双向计数模式 1
#define TIM_CounterMode_CenterAligned2  ((uint16_t)0x0040)       //双向计数模式 2
#define TIM_CounterMode_CenterAligned3  ((uint16_t)0x0060)       //双向计数模式 3
```

不同的双向计数模式，定义了在使能比较输出功能时，比较中断标志位置位的位置。

成员 uint16_t TIM_Period 为计数周期，用于初始化 TIMx_ARR，定义的是一次溢出计数的次数。在向上和向下计数模式下，初始化值一般是实际溢出值−1；双向计数模式溢出值与设定值一致。

成员 uint16_t TIM_ClockDivision 与死区长度及捕抓采样频率相关，定义的是定时器内部时钟源 CK_INT 的预分频系数。

```
#define TIM_CKD_DIV1    ((uint16_t)0x0000)       //不分频
#define TIM_CKD_DIV2    ((uint16_t)0x0100)       //2 分频
#define TIM_CKD_DIV4    ((uint16_t)0x0200)       //4 分频
```

成员 uint8_t TIM_RepetitionCounter 为重复计数次数,对高级定时器 TIMI 和 TIM8 有效。

例如,设置计数次数为 10000 次,预分频系数为 9000,向上计数模式。

```
TIM_TimeBaseStructure, TIM_Period = 10000 - 1;
TIM_TimeBaseStructure, TIM_Prescaler = 9000 - 1;
TIM_TimeBaseStructure, TIM_ClockDivision = TIM_CKD_DIV1;
TIM_TimeBaseStructure, TIM_CounterMode = TIM_CounterMode_Up;
TIM_TimeBaseStructure, TIM_RepetitionCounter
TIM_TimeBaseInit (TIM3, &TIM_TimeBaseStructure);
```

如果使用定时器内部时钟,频率为 90MHz,则定时器的计数脉冲频率 CK_CNT = 90MHz/(8999 + 1) = 10kHz,一次计数溢出计数为 9999 + 1 次,即 10000 次,持续时间为 10000/10kHz = 1s。

2. 定时器使能函数

该函数用于启动定时器计数。语法格式如下。

```
void TIM_Cmd (TIM_TypeDef * TIMx, FunctionalState NewState);
```

参数 TIM_TypeDef * TIMx 为定时器对象。

参数 FunctionalState NewState 表示状态,可设为使能(ENABLE)或除能(DISABLE)。

3. 定时器中断事件使能函数

语法格式如下。

```
void TIM_ITConfig (TIM_TypeDef * TIMx, uint16_t TIM_IT, FunctionalState  NewState);
```

参数 uint16_t TIM_IT 表示中断事件,宏定义形式如下。

```
# define TIM_IT_Update          ((uint16_t)0x0001)        //更新事件
# define TIM_IT_CC1              ((uint16_t)0x0002)        //比较输出通道 1 比较事件
# define TIM_IT_CC2              ((uint16_t)0x0004)        //比较输出通道 2 比较事件
# define TIM_IT_CC3              ((uint16_t)0x0008)        //比较输出通道 3 比较事件
# define TIM_IT_CC4              ((uint16_1)0x0010)        //比较输出通道 4 比较事件
# define TIM_IT_COM              ((uint16_t)0x0020)        //比较输出通知事件
# define TIM_IT_Trigger          ((uint16_t)0x0040)        //触发事件
# define TIM_IT_Break            ((uint16_t)0x0080)        //刹车事件
```

例如,使能定时器 TIM4 计数更新中断事件。

```
TIM_ITConfig (TIM4, TIM_IT_Update, ENABLE);
```

4. 获取定时器中断事件函数

该函数可获取需要的定时器状态标志位,一般用于判断对应事件中断标志位是否被置位。语法格式如下。

```
ITStatus  TIM_GetITStatus (TIM_TypeDef * TIMx, uint16_t TIM_IT);
```

该函数返回置位(SET)或复位(RESET)。

例如,获取定时器 TIM3 的更新事件标志位置位情况。

```
TIM_GetITStatus (TIM3, TIM_IT_Update);
```

获取 TIM3 的更新事件标志位置位情况,一般用于中断服务程序中。由于大部分定时器中断事件共用一个中断通道,因此在中断服务程序中必须检测是哪个事件触发了中断服务。

5. 清除定时器中断事件函数

退出中断服务程序前,必须软件清除中断事件标志位,防止反复触发中断。语法格式如下。

```
void TIM_ClearITPendingBit(TIM_TypeDef * TIMx,uint16_t TIM_IT);
```

给出一段示例代码:

```
if(TIM_GetITStatus(TIM3,TIM_IT_Update)!= RESET)
{
    //清除 TIM3 更新中断标志
    TIM_ClearITPendingBit(TIM3,TIM_IT_Update);
    //一些应用代码
}
```

使用 TIM_GetITStatus()函数获取中断事件标志位,判断是否被置位。如果判断成功,则说明中断服务程序是这一事件触发的,然后清除 TIM3 的更新事件标志位,并执行一些必要的应用代码。

6. 定时器比较输出通道初始化函数

初始化定时器的比较输出通道,每个通道对应一个独立的初始化函数。

```
void TIM_OC1Init(TIM_TypeDef * TIMx,TIM_OCInitTypeDef * TIM_OCInitStruct);
void TIM_OC2Init(TIM_TypeDef * TIMx,TIM_OCInitTypeDef * TIM_OCInitStruct);
void TIM_OC3Init(TIM_TypeDef * TIMx,TIM_OCInitTypeDef * TIM_OCInitStruct);
void TIM_OC4Init(TIM_TypeDef * TIMx,TIM_OCInitTypeDef * TIM_OCInitStruct);
```

参数 TIM_OCInitTypeDef *　TIM_OCInitStruct 为比较输出通道初始化结构体指针。TIM_OCInitTypeDef 是自定义的结构体类型,定义在 stm32f4xx_tim.h 文件中。

```
typedef struct
{
    uint16_t TIM_OCMode;           //输出模式
    uint16_t TIM_OutputState;      //通道输出使能
    uint16_t TIM_OutputNState;     //互补通道输出使能,只对高级定时器有效
    uint32_t TIM_Pulse;            //输出比较值
    uint16_t TIM_OCPolarity;       //输出有效态电平
    uint16_t TIM_OCNPolarity;      //互补输出有效态电平,只对高级定时器有效
    uint16_t TIM_OCIdleState;      //输出空闲态电平,只对高级定时器有效
    uint16_t TIM_OCNIdleState;     //互补输出空闲态电平,只对高级定时器有效
}TIM_OCInitTypeDef;
```

成员 uint16_t TIM_OCMode 为输出模式,定义如下。

```
#defineTIM_OCMode_Timing          ((uint16_t)0x0000)      //普通定时功能
#define TIM_OCMode_Active          ((uint16_t)0x0010)      //强置匹配输出高电平
#define TIM_OCMode_Inactive        ((uint16_t)0x0020)      //强置匹配输出低电平
#define TIM_OCMode_Toggle          ((uint16_t)0x0030)      //匹配反转输出电平
#define TIM_OCMode_PWM1            ((uint16_t)0x0060)      //PWM 模式 1
#define TIM_OCMode_PWM2            ((uint16_t)0x0070)      //PWM 模式 2
```

成员 uint16_t TIM_OutputState 为通道输出使能,定义如下。

```
#define TIM_OutputState_Disable    ((uint16_t)0x0000)      //禁止输出
#define TIM_OutputState_Enable     ((uint16_t)0x0001)      //使能输出
```

成员 uint16_t TIM_OutputNState 为互补通道输出使能,定义如下。

```
#define TIM_OutputNState_Disable   ((uint16_t)0x0000)      //禁止输出
#define TIM_OutputNState_Enable    ((uint16_t)0x0001)      //使能输出
```

成员 uint32_t TIM_Pulse 为输出比较值。计数器与这个值进行比较,匹配后,根据设定的模式,产生对应的输出。

成员 uint16_t TIM_OCPolarity 为输出有效态电平,定义如下。

```
#define TIM_OCPolarity_High        ((uint16_t)0x0000)
#define TIM_OCPolarity_Low         ((uint16_t)0x0002)
```

成员 uint16_t TIM_OCNPolarity 为互补输出有效态电平,定义如下。

```
#define TIM_OCNPolarity_High       ((uint16_t)0x0000)
#define TIM_OCNPolarity_Low        ((uint16_t)0x0002)
```

成员 uint16_t TIM_OCIdleState 为输出空闲态电平,定义如下。

```
#define TIM_OCNIdleState_Set       ((uint16_t)0x0100)
#define TIM_OCIdleState_Reset      ((uint16_t)0x0000)
```

成员 uint16_t TIM_OCNIdleState 为互补输出空闲态电平,定义如下。

```
#define TIM_OCNIdleState_Set       ((uint16_t)0x0200)
#define TIM_OCIdleState_Reset      ((uint16_t)0x0000)
```

例如,将 TIM3 输出模式设置为 PWM 模式 1,有效电平为高电平(占空比＝高电平持续时间/周期),输出比较值为 40,使能输出。

```
TIM_OCInitTypeDef    TIM_OCInitStructure;
TIM_OCInitStructure. TIM_OCMode = TIM_OCMode_PWM1;               //PWM1 模式
TIM_OCInitStructure. TIM_OutputState = TIM_OutputState_Enable;  //使能输出
TIM_OCInitStructure. TIM_Pulse = 40;         //输出比较值,也就是 PWM 的有效电平计数值
TIM_OCInitStructure. TIM_OCPolarity = TIM_OCPolarity_High;       //输出有效电平为高电平
TIM_OC3Init(TIM3,&TIM_OCInitStructure);                          //初始化 TIM3 比较输出通道
```

如果是高级定时器的话,则还需要定义互补输出通道相关参数。

7. 定时器输入捕获通道初始化函数

初始化定时器的输入捕获通道,每个通道对应一个独立的初始化函数。

```
void TIM_ICInit(TIM_TypeDef * TIMx,TIM_ICInitTypeDef * TIM_ICInitStruct);
```

参数 TIM_ICInitTypeDef * TIM_ICInitStruct 为输入捕获通道初始化结构体指针。TIM_ICInitTypeDef 是自定义的结构体类型,定义如下。

```
typedef struct
{
    uint16_t TIM_Channel;          //输入捕获通道号
    uint16_t TIM_ICPolarity;       //输入信号触发边沿形式
    uint16_t TIM_ICSelection;      //输入捕获选择
    uint16_t TIM_ICPrescaler;      //捕获信号预分频系数
    uint16_t TIM_ICFilter;         //输入信号滤波设置
}TIM_ICInitTypeDef;
```

成员 uint16_t TIM_Channel 为输入捕获通道号,定义如下。

```
#define TIM_Channel_1    ((uint16_t)0x0000)
#define TIM_Channel_2    ((uint16_t)0x0004)
#define TIM_Channel_3    ((uint16_t)0x0008)
#define TIM_Channel_4    ((uint16_t)0x000C)
```

成员 uint16_t TIM_ICPolarity 为输入信号触发边沿形式,定义如下。

```
#define  TIM_ICPolarity_Rising     ((uint16_t)0x0000)       //上升沿触发
#define  TIM_ICPolarity_Falling    ((uint16_t)0x0002)       //下降沿触发
#define  TIM_ICPolarity_BothEdge   ((uint16_t)0x000A)       //双边沿触发
```

成员 uint16_t TIM_ICSelection 为输入捕获选择,定义如下。

```
#define TIM_ICSelection_DirectTI     ((uint16_t)0x0001)     //捕获本通道输入信号
#define TIM_ICSelection_IndirectTI   ((uint16_t)0x0002)     //捕获相邻通道输入信号
#define TIM_ICSelection_TRC          ((uint16_t)0x0003)     //捕获 TRC 信号
```

成员 uint16_t TIM_ICPrescaler 为捕获信号预分频系数,定义如下。

```
#define TIM_ICPSC_DIV1     ((uint16_t)0x0000)               //不分频
#define TIM_ICPSC_DIV2     ((uint16_t)0x0004)               //2 分频
#define TIM_ICPSC_DIV4     ((uint16_t)0x0008)               //4 分频
#define TIM_ICPSC_DIV8     ((uint16_t)0x000C)               //8 分频
```

成员 uint16_tTIM_ICFilter 为输入信号滤波设置。

例如,初始化 TIM3 的输入捕获通道 1,对输入信号进行滤波,采样频率 $f_{\text{SAMPLING}} = f_{\text{DTS}}/16, N=5$,也就是以 $f_{\text{DTS}}/16$ 进行采样,在连续采样到 5 个新电平时,确定有边沿跳变。捕获本通道输入信号的下降沿,每两个下降沿锁定一次 TIM3 的计数值到 TIM3 捕获/

比较寄存器(TIM3_CCR1)。

```
TIM_ICInitTypeDef    TIM_ICInitStructure;
TIM_ICInitStructure. TIM_Channel = TIM_Channel_1;
TIM_ICInitStructure. TIM_ICPolarity = TIM_ICPolarity_Falling;
TIM_ICInitStructure. TIM_ICSelection = TIM1_ICSelection_DirectTI;
TIM_ICInitStructure. TIM_ICPrescaler = TIM_ICPSC_DIV2;
TIM_ICInitStructure. TIM_ICFilter = 10;    //滤波器配置值,去输入信号边沿抖动
TIM_ICInit(TIM3,&TIM_ICInitStructure);    //初始化 TIM3 输入捕获通道 1
```

8. 定时器编码器接口初始化函数

语法格式如下。

```
void TIM_EncoderInterfaceConfig (TIM_TypeDef * TIMx, uint16_t TIM_EncoderMode, uint16_t TIM_
IC1Polarity, uint16_t TIM_IC2Polarity);
```

参数 uint16_t TIM_EncoderMode 为编码器接口模式,定义如下。

```
# define TIM_EncoderMode_TI1     ((uint16_t)0x0001)    //仅在 TI1 边沿处计数
# define TIM_EncoderMode_TI2     ((uint16_t)0x0002)    //仅在 TI2 边沿处计数
# define TIM_EncoderMode_TI12    ((uint16_t)0x0003)    //在 TI1 和 TI2 边沿处均计数
```

参数 uint16_t TIM_IC1Polarity 和 uint16_t TIM_IC2Polarity 分别为输入捕获通道 1 和输入捕获通道 2 的边沿触发模式。

例如,将 TIM3 设置为编码器模式 3,输入捕获通道 TI1FP1 和 TI2FP1 下降沿触发。

```
TIM_EncoderInterfaceConfig (TIM3, TIM_EncoderMode_TI12, TIM_ICPolarity_Falling, TIM_
ICPolarity_Falling);
```

7.5　STM32定时器应用实例

7.5.1　STM32定时器配置流程

基本定时功能是定时器最常用的功能,在选择的计数时钟下定义计数次数,完成特定时间的定时。在定时时间到后,可以产生溢出事件,设置更新中断标志位。如果允许更新事件中断,则会触发相应的中断服务程序。

配置定时器基本定时功能的步骤如下。

1. 使能定时器时钟

定时器挂载在 APB1 和 APB2 总线上,使用以下函数。

```
RCC_APB1PeriphClockCmd();
RCC_APB2PeriphClockCmd();
```

2. 初始化定时器定时参数

基本定时参数包括计数时钟预分频系数(TIMx_PSC+1)、计数次数(TIMx_PSC+1)

和计数方式。如果是 TIM1 和 TIM8,则还要定义重复计数次数(TIMx_RCR+1)。使用以下函数。

```
TIM_TimeBaseInit();
```

3. 开启定时器中断

定时器的多个事件会共用一个中断通道,因此在使用中断时,定时器中断事件和中断通道都需要定义和使能。

(1) 开启定时器中断需要使能定时器事件中断,使用以下函数。

```
void TIM_ITConfig(TIM_TypeDef * TIMx,uint16_t TIM_IT,FunctionalState NewState);
```

这里使能的是定时器更新事件中断。

(2) 配置定时器中断通道的优先级和使能状态,使用以下函数。

```
NVIC_Init();
```

4. 使能定时器

开始定时器的计数,使用以下函数。

```
TIM_Cmd();
```

5. 编写中断服务函数

如果使能了中断,则需要编写中断服务程序,相应中断服务程序的函数名已经在启动文件中定义好。例如,TIM2 的中断服务程序为

```
void TIM2_IRQHandler(void);
```

在中断服务程序中,需要做以下几件事。

(1) 需要检测触发中断的事件源是否是程序预定义好的事件,使用以下函数。

```
ITStatus TIM_GetITStatus(TIM_TypeDef * TIMx,uint16_t TIM_IT);
```

(2) 如果中断事件源检测条件成立,则需要程序清除对应事件的中断标志位,使用以下函数。

```
void TIM_ClearITPendingBit(TIM_TypeDef * TIMx,uint16_t TIM_IT);
```

(3) 编写中断服务程序需要执行的功能。

7.5.2 STM32 定时器应用硬件设计

本实例利用基本定时器 TIM6/7 定时 0.5s,0.5s 时间一到则 LED 翻转一次。基本定时器是单片机内部的资源,没有外部 I/O,不需要接外部电路,只需要一个 LED 即可。

7.5.3 STM32 定时器应用软件设计

创建两个文件 bsp_basic_tim.h 和 bsp_basic_tim.c,用来存放基本定时器驱动程序及相关宏定义,中断服务程序存放在 stm32f4xx_it.h 文件中。

1. bsp_basic_tim.h 文件

```c
#ifndef __BASIC_TIM_H
#define __BASIC_TIM_H

#include "stm32f4xx.h"

#define BASIC_TIM                TIM6
#define BASIC_TIM_CLK            RCC_APB1Periph_TIM6

#define BASIC_TIM_IRQn           TIM6_DAC_IRQn
#define BASIC_TIM_IRQHandler     TIM6_DAC_IRQHandler

void TIMx_Configuration(void);

#endif /* __BASIC_TIM_H */
```

2. bsp_basic_tim.c 文件

```c
#include "./tim/bsp_basic_tim.h"

/*
 * @brief   基本定时器 TIMx 中断优先级配置
 * @param   无
 * @retval 无
 */
static void TIMx_NVIC_Configuration(void)
{
    NVIC_InitTypeDef NVIC_InitStructure;
    // 设置中断组为 0
    NVIC_PriorityGroupConfig(NVIC_PriorityGroup_0);
    // 设置中断来源
    NVIC_InitStructure.NVIC_IRQChannel = BASIC_TIM_IRQn;
    // 设置抢占式优先级
    NVIC_InitStructure.NVIC_IRQChannelPreemptionPriority = 0;
    // 设置响应优先级
    NVIC_InitStructure.NVIC_IRQChannelSubPriority = 3;
    NVIC_InitStructure.NVIC_IRQChannelCmd = ENABLE;
    NVIC_Init(&NVIC_InitStructure);
}

/*
 * 注意: TIM_TimeBaseInitTypeDef 结构体中有 5 个成员,TIM6 和 TIM7 寄存器中只有
 * TIM_Prescaler 和 TIM_Period,所以使用 TIM6 和 TIM7 时只需初始化这两个成员即可
 * 另外 3 个成员是通用定时器和高级定时器才有
 * --------------------------------------------------------------------
```

```
 *  TIM_Prescaler              都有
 *  TIM_CounterMode            TIMx,x[6,7]没有,其他都有(基本定时器)
 *  TIM_Period                 都有
 *  TIM_ClockDivision          TIMx,x[6,7]没有,其他都有(基本定时器)
 *  TIM_RepetitionCounter      TIMx,x[1,8]才有(高级定时器)
 *  --------------------------------------------------------------------------
 * /
static void TIM_Mode_Config(void)
{
    TIM_TimeBaseInitTypeDef   TIM_TimeBaseStructure;

    // 开启 TIMx_CLK,x[6,7]
    RCC_APB1PeriphClockCmd(BASIC_TIM_CLK, ENABLE);

    /* 累计 TIM_Period 个后产生一个更新或中断 */
    //定时器从 0 计数到 4999,即 5000 次,为一个定时周期
    TIM_TimeBaseStructure.TIM_Period = 5000 - 1;

    //定时器时钟源 TIMxCLK = 2 * PCLK1
    //PCLK1 = HCLK / 4
    // => TIMxCLK = HCLK/2 = SystemCoreClock/2 = 84MHz
    // 设定定时器频率 = TIMxCLK/(TIM_Prescaler + 1) = 10000Hz
    TIM_TimeBaseStructure.TIM_Prescaler = 8400 - 1;

    // 初始化定时器
    TIM_TimeBaseInit(BASIC_TIM, &TIM_TimeBaseStructure);

    // 清除定时器更新中断标志位
    TIM_ClearFlag(BASIC_TIM, TIM_FLAG_Update);

    // 开启定时器更新中断
    TIM_ITConfig(BASIC_TIM,TIM_IT_Update,ENABLE);

    // 使能定时器
    TIM_Cmd(BASIC_TIM, ENABLE);
}

/*
 * @brief   初始化基本定时器定时
 * @param   无
 * @retval  无
 * /
void TIMx_Configuration(void)
{
    TIMx_NVIC_Configuration();

    TIM_Mode_Config();
}
```

使用定时器之前都必须开启定时器时钟,基本定时器属于 APB1 总线外设。接下来设置定时器周期数为 4999,即计数 5000 次生成事件。设置定时器预分频器为 8400-1,基本定时器使能内部时钟,频率为 84MHz,经过预分频器后得到 10kHz 的频率。然后就是调用 TIM_

TimeBaseInit()函数完成定时器配置。TIM_ClearFlag()函数用来在配置中断之前清除定时器更新中断标志位,实际是将 TIMx_SR 寄存器的 UIF 位清零。使用 TIM_ITConfig()函数配置使能定时器更新中断,即在发生上溢时产生中断。最后使用 TIM_Cmd()函数开启定时器。

3. 定时器中断服务程序

```
void  BASIC_TIM_IRQHandler (void)
{
    if ( TIM_GetITStatus( BASIC_TIM, TIM_IT_Update) != RESET )
    {
        LED1_TOGGLE;
        TIM_ClearITPendingBit(BASIC_TIM , TIM_IT_Update);
    }
}
```

在 TIM_Mode_Config()函数启动了定时器更新中断,当发生中断时,中断服务程序就得到执行。在中断服务程序内先调用定时器中断标志读取函数 TIM_GetITStatus()获取当前定时器中断标志位状态,确定产生中断后才执行 LED 翻转动作,并使用定时器标志位清除函数 TIM_ClearITPendingBit()清除中断标志位。

4. main.c 程序

```
# include "stm32f4xx.h"
# include "./tim/bsp_basic_tim.h"
# include "./led/bsp_led.h"

/**
 * @brief  主函数
 * @param  无
 * @retval 无
 */
int main(void)
{
    LED_GPIO_Config();

    /* 初始化基本定时器定时,每 0.5s 产生一次中断 */
    TIMx_Configuration();
    while(1)
    {
    }
}
```

实例用到 LED,需要对其初始化配置。LED_GPIO_Config()函数是定义在 bsp_led.c 文件的完成 LED GPIO 初始化配置的程序。

TIMx_Configuration()函数是定义在 bsp_basic_tim.c 文件内的一个函数,它只是简单地先后调用 TIMx_NVIC_Configuration()和 TIM_Mode_Config()两个函数完成 NVIC 配置和基本定时器模式配置。

保证开发板相关硬件连接正确,把编译好的程序下载到开发板。运行程序,可看到 LED 亮灭状态每 0.5s 改变一次实现闪烁。

第 8 章

STM32 通用同步/异步收发器

本章讲述 STM32 通用同步/异步收发器,包括串行通信基础、STM32 的 USART 工作原理、STM32 的 USART 库函数和 STM32 USART 串行通信应用实例。

8.1 串行通信基础

在串行通信中,参与通信的两台或多台设备通常共享一条物理通路。发送者依次逐位发送一串数据信号,按一定的约定规则被接收者接收。由于串行端口通常只是规定了物理层的接口规范,所以为确保每次传输的数据报文能准确到达目的地,使每个接收者能够接收到所有发向它的数据,必须在通信连接上采取相应的措施。

由于借助串行端口所连接的设备在功能、型号上往往互不相同,其中大多数设备除了等待接收数据之外还会有其他任务。例如,一个数据采集单元需要周期性地收集和存储数据;一个控制器需要负责控制计算或向其他设备发送报文;一台设备可能会在接收方正在进行其他任务时向它发送信息。必须有能应对多种不同工作状态的一系列规则保证通信的有效性。这里所讲的保证串行通信有效性的方法包括:使用轮询或者中断检测、接收信息;设置通信帧的起始、停止位;建立连接握手;实行对接收数据的确认、数据缓存以及错误检查等。

8.1.1 串行异步通信数据格式

无论是 RS-232 还是 RS-485,均可采用通用异步收发数据格式。

在串行端口的异步传输中,接收方一般事先并不知道数据会在什么时候到达,在它检测到数据并作出响应之前,第 1 个数据位就已经过去了。因此,每次异步传输都应该在发送的数据之前设置至少一个起始位,以通知接收方有数据到达,给接收方一个准备接收数据、缓存数据和作出其他响应所需要的时间。而在传输过程结束时,则应有一个停止位通知接收方本次传输过程已终止,以便接收方正常终止本次通信而转入其他工作程序。

通用异步收发器(Universal Asynchronous Receiver/Transmitter,UART)通信的数据格式如图 8-1 所示。

图 8-1　通用异步收发器（UART）通信的数据格式

若通信线上无数据发送,该线路应处于逻辑 1 状态(高电平)。当计算机向外发送一个字符数据时,应先送出起始位(逻辑 0,低电平),随后紧跟着数据位,这些数据构成要发送的字符信息。有效数据位的个数可以规定为 5、6、7 或 8。奇偶校验位视需要设定,紧跟其后的是停止位(逻辑 1,高电平),其位数可在 1、1.5、2 中选择其一。

8.1.2　串行同步通信数据格式

串行同步通信是由 1～2 个同步字符和多字节数据位组成,同步字符作为起始位以触发同步时钟开始发送或接收数据;多字节数据之间不允许有空隙,每位占用的时间相等;空闲位需发送同步字符。

由于串行同步通信传输的多字节数据中间没有空隙,因此传输速度较快,但要求有准确的时钟实现收发双方的严格同步,对硬件要求较高,适用于成批数据传输。串行同步收发通信的数据格式如图 8-2 所示。

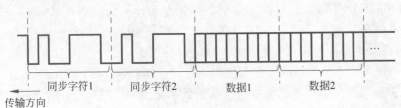

图 8-2　串行同步收发通信的数据格式

8.2　STM32 的 USART 工作原理

通信是嵌入式系统的重要功能之一。嵌入式系统中使用的通信接口有很多,如UART、SPI、I2C、USB 和 CAN 等。其中,UART 是最常见、最方便、使用最频繁的通信接口。在嵌入式系统中,很多微控制器或者外设模块都带有 UART 接口,如 STM32F407 系列微控制器、6 轴运动处理组件 MPU6050(包括 3 轴陀螺仪和 3 轴加速器)、超声波测距模块 US-100、GPS 模块 UBLOX、13.56MHz 非接触式 IC 卡读卡模块 RC522 等。它们彼此通过 UART 相互通信交换数据,但由于 UART 通信距离较短,一般仅能支持板级通信,因此,通常在 UART 的基础上,经过简单扩展或变换,就可以得到实际生活中常用的各种适于较长距离的串行数据通信接口,如 R-S232、RS-485 和 IrDA 等。

出于成本和功能两方面的考虑,目前大多数半导体厂商选择在微控制器内部集成

UART 模块。ST 公司的 STM32F407 系列微控制器也不例外，在它内部配备了强大的 UART 模块——通用同步/异步收发器（Universal Synchronous/Asynchronous Receiver/Transmitter,USART）。STM32F407 的 USART 模块不仅具备 UART 接口的基本功能，而且还支持同步单向通信、局部互联网（Local Interconnect Network,LIN）协议、智能卡协议、IrDA SIR 编码/解码规范、调制解调器操作。

8.2.1　USART 介绍

USART 可以说是嵌入式系统中除了 GPIO 外最常用的一种外设。USART 常用的原因不在于其性能超强，而是因为其简单、通用。自 Intel 公司 20 世纪 70 年代发明 USART 以来，上至服务器、PC 之类的高性能计算机，下到 4 位或 8 位的单片机几乎都配置了 USART 接口。通过 USART，嵌入式系统可以和绝大多数计算机系统进行简单的数据交换。USART 接口的物理连接也很简单，只要 2～3 根线即可实现通信。

与 PC 软件开发不同，很多嵌入式系统没有完备的显示系统，开发者在软硬件开发和调试过程中很难实时地了解系统的运行状态。一般开发者会选择用 USART 作为调试手段：开发者首先完成 USART 的调试，在后续功能的调试中就通过 USART 向 PC 发送嵌入式系统运行状态的提示信息，以便定位软硬件错误，加快调试进度。

USART 通信的另一个优势是可以适应不同的物理层。例如，使用 RS-232 或 RS-485 可以明显提升 USART 通信的距离，无线频移键控（Frequency Shift Keying,FSK）调制可以降低布线施工的难度。所以，USART 接口在工控领域也有着广泛的应用，是串行接口的工业标准（Industry Standard）。

USART 提供了一种灵活的方法与使用工业标准非归零（Non-Return to Zero,NRZ）码异步串行数据格式的外部设备之间进行全双工数据交换。USART 利用分数波特率发生器提供宽范围的波特率选择。它支持同步单向通信和半双工单线通信，还允许多处理器通信。使用多缓冲器配置的 DMA 方式，可以实现高速数据通信。

SM32F407 微控制器的小容量产品有两个 USART，中等容量产品有 3 个 USART，大容量产品有 3 个 USART 和两个 UART。

8.2.2　USART 的主要特性

USART 主要特性如下。

（1）全双工，异步通信。

（2）NRZ 标准格式。

（3）分数波特率发生器系统。发送和接收共用的可编程波特率最高达 10.5Mb/s。

（4）可编程数据字长度（8 位或 9 位）。

（5）可配置的停止位（支持 1 或 2 个停止位）。

（6）LIN 主发送同步断开符的能力以及 LIN 从检测断开符的能力。当 USART 硬件配置成 LIN 时，生成 13 位断开符；检测 10/11 位断开符。

（7）发送方为同步传输提供时钟。

（8）IrDA SIR 编码器/解码器。在正常模式下支持 3/16 位的持续时间。

（9）智能卡模拟功能。智能卡接口支持 ISO 7816-3 标准中定义的异步智能卡协议；智能卡用到 0.5 和 1.5 个停止位。

（10）单线半双工通信。

（11）可配置的使用 DMA 的多缓冲器通信。在 SRAM 中利用集中式 DMA 缓冲接收/发送字节。

（12）单独的发送器和接收器使能位。

（13）检测标志：接收缓冲器满、发送缓冲器空、传输结束标志。

（14）校验控制：发送校验位、对接收数据进行校验。

（15）4 个错误检测标志：溢出错误、噪声错误、帧错误、校验错误。

（16）10 个带标志的中断源：CTS 改变、LIN 断开符检测、发送数据寄存器空、发送完成、接收数据寄存器满、检测到总线为空闲、溢出错误、帧错误、噪声错误、校验错误。

（17）多处理器通信：如果地址不匹配，则进入静默模式。

（18）从静默模式中唤醒：通过空闲总线检测或地址标志检测。

（19）两种唤醒接收器的方式：地址位（MSB，第 9 位）、总线空闲。

8.2.3　USART 的功能

STM32F407 微控制器 USART 接口通过 3 个引脚与其他设备连接在一起，其内部结构如图 8-3 所示。

任何 USART 双向通信至少需要两个引脚：接收数据串行输入（RX）和发送数据串行输出（TX）。RX 通过过采样技术区别数据和噪声，从而恢复数据。

当发送器被禁止时，TX 输出引脚恢复到它的 I/O 端口配置。当发送器被激活，并且不发送数据时，TX 引脚处于高电平。在单线和智能卡模式下，此 I/O 被同时用于数据的发送和接收。

在同步模式下需要 CK 引脚，即发送器时钟输出。此引脚输出用于同步传输的时钟。这可以用来控制带有移位寄存器的外部设备（如 LCD 驱动器）。时钟相位和极性都是软件可编程的。在智能卡模式下，CK 引脚可以为智能卡提供时钟。

在 IrDA 模式下需要以下引脚。

（1）IrDA_RDI：IrDA 模式下的数据输入。

（2）IrDA_TDO：IrDA 模式下的数据输出。

在硬件流控模式下需要以下引脚。

（1）nCTS：清除发送，若是高电平，在当前数据传输结束时阻断下一次的数据发送。

（2）nRTS：发送请求，若是低电平，表明 USART 准备好接收数据。

1. 波特率控制

波特率控制即图 8-3 下部虚线框的部分。通过对 USART 时钟的控制，可以控制

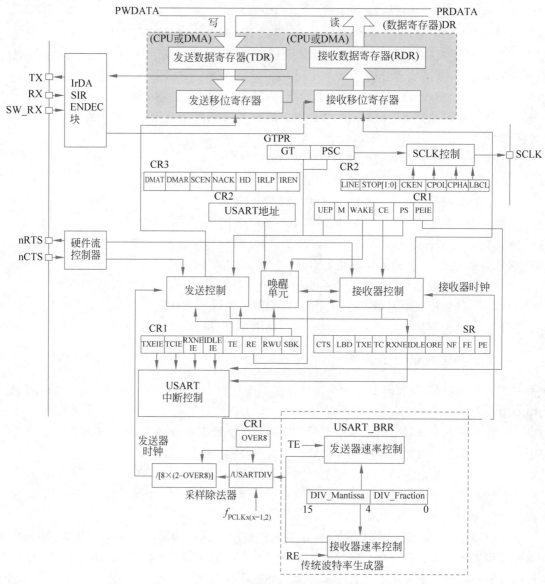

图 8-3　USART 内部结构

USART 的数据传输速度。

　　USART 外设时钟源根据 USART 编号的不同而不同：对于挂载在 APB2 总线上的 USART1，它的时钟源是 f_{PCLK2}；对于挂载在 APB1 总线上的其他 USART（如 USART2 和 USART3 等），它们的时钟源是 f_{PCLK1}。以上 USART 外设时钟源经各自 USART 的分频系数 USARTDIV 分频后，分别输出作为发送器时钟和接收器时钟，控制发送和接收的时序。

　　通过改变 USART 外设时钟源的分频系数 USARTDIV，可以设置 USART 的波特率。

波特率决定了 USART 数据通信的速率,通过设置波特率寄存器(USART_BRR)配置波特率。

标准 USART 的波特率计算公式为

$$波特率 = f_{PCLK}/[8(2-OVER8) \times USARTDIV]$$

其中,f_{PCLK} 为 USART 总线时钟;OVER8 为过采样设置;USARTDIV 为需要存储在 USART_BRR 寄存器中的数据。

USART_BRR 寄存器由两部分组成:整数部分为 USART_BRR 的位 15:4,即 DIV_Mantissa[11:0];小数部分为 USART_BRR 的位 3:0,即 DIV_Fraction[3:0]。

一般根据需要的波特率计算 USARTDIV,然后换算成存储到 USART_BRR 寄存器的数据。

接收器采用过采样技术(除了同步模式)检测接收到的数据,这可以从噪声中提取有效数据。可通过编程 USART_CR1 寄存器中的 OVER8 位选择采样方法,且采样时钟可以是波特率时钟的 16 倍或 8 倍。

8 倍过采样(OVER8=1)以 8 倍于波特率的采样频率对输入信号进行采样,每个采样数据位被采样 8 次。此时可以获得最高的波特率($f_{PCLK}/8$)。根据采样中间的 3 次采样(第 4、5、6 次)判断当前采样数据位的状态。

16 倍过采样(OVER8=0)以 16 倍于波特率的采样频率对输入信号进行采样,每个采样数据位被采样 16 次。此时可以获得最高的波特率($f_{PCLK}/16$)。根据采样中间的 3 次采样(第 8、9、10 次)判断当前采样数据位的状态。

2. 收发控制

收发控制即图 8-3 的中间部分。该部分由若干个控制寄存器组成,如 USART 控制寄存器(Control Register)CR1、CR2、CR3 和 USART 状态寄存器(Status Register)SR 等。通过向控制寄存器写入各种参数,控制 USART 数据的发送和接收。同时,通过读取状态寄存器,可以查询 USART 当前的状态。USART 状态的查询和控制可以通过库函数实现,因此,无须深入了解这些寄存器的具体细节(如各个位代表的意义),学会使用 USART 相关的库函数即可。

3. 数据存储转移

数据存储转移即图 8-3 上部灰色的部分。它的核心是两个移位寄存器:发送移位寄存器和接收移位寄存器。这两个移位寄存器负责收发数据并进行并/串转换。

1) USART 数据发送过程

当 USART 发送数据时,内核指令或 DMA 外设先将数据从内存(变量)写入发送数据寄存器(TDR)。然后,发送控制器适时地自动把数据从 TDR 加载到发送移位寄存器,将数据一位一位地通过 TX 引脚发送出去。

当数据完成从 TDR 到发送移位寄存器的转移后,会产生发送数据寄存器已空的事件 TXE。当数据从发送移位寄存器全部发送到 TX 引脚后,会产生数据发送完成事件 TC。这些事件都可以在状态寄存器中查询到。

2）USART 数据接收过程

USART 数据接收是 USART 数据发送的逆过程。

当 USART 接收数据时，数据从 RX 引脚一位一位地输入接收移位寄存器。然后，接收控制器自动将接收移位寄存器的数据转移到接收数据寄存器（RDR）中。最后，内核指令或 DMA 将接收数据寄存器的数据读入内存（变量）中。

当接收移位寄存器的数据转移到 RDR 后，会产生接收数据寄存器非空/已满事件 RXNE。

8.2.4 USART 的通信时序

可以通过编程 USART_CR1 寄存器中的 M 位选择 8 位或 9 位字长，如图 8-4 所示。

9位字长（设置了M位），1个停止位

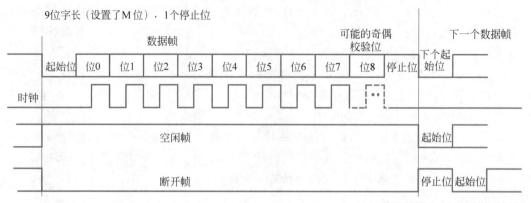

8位字长（未设置M位），1个停止位

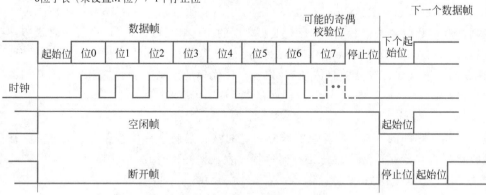

图 8-4　USART 的通信时序

在起始位期间，TX 引脚处于低电平；在停止位期间，TX 引脚处于高电平。空闲符号被视为完全由 1 组成的一个完整的数据帧，后面跟着包含了数据的下一帧的开始位。断开符号被视为在一个帧周期内全部收到 0。在断开帧结束时，发送器再插入 1 或 2 个停止位 1 应答起始位。发送和接收由一个共用的波特率发生器驱动，当发送器和接收器的使能位分别置位时,分别为其产生时钟。

图 8-4 中的 LBCL(Last Bit Clock Pulse,最后一位时钟脉冲)为控制寄存器 2(USART_CR2)的第 8 位。在同步模式下,该位用于控制是否在 CK 引脚上输出最后发送的那个数据位(最高位)对应的时钟脉冲。0 表示最后一位数据的时钟脉冲不从 CK 引脚输出;1 表示最后一位数据的时钟脉冲会从 CK 引脚输出。

注意:①最后一个数据位就是第 8 个或第 9 个发送的位(根据 USART_CR1 寄存器中的 M 位所定义的 8 位或 9 位数据帧格式);②UART4 和 UART5 上不存在这一位。

8.2.5　USART 的中断

STM32F407 系列微控制器的 USART 主要有以下各种中断事件。

(1) 发送期间的中断事件包括发送完成(TC)、清除发送(CTS)、发送数据寄存器空(TXE)。

(2) 接收期间的中断事件包括空闲总线检测(IDLE)、溢出错误(ORE)、接收数据寄存器非空(RXNE)、校验错误(PE)、LIN 断开检测(LBD)、噪声错误(NE,仅在多缓冲器通信)和帧错误(FE,仅在多缓冲器通信)。

如果设置了对应的使能控制位,这些事件就可以产生各自的中断,如表 8-1 所示。

表 8-1　STM32F407 系列微控制器 USART 的中断事件及其使能标志位

中 断 事 件	事 件 标 志	使 能 位
发送数据寄存器空	TXE	TXEIE
清除发送(CTS)标志	CTS	CTSIE
发送完成	TC	TCIE
接收数据就绪可读	RXNE	RXNEIE
检测到数据溢出	ORE	OREIE
检测到空闲线路	IDLE	IDLEIE
奇偶校验错误	PE	PEIE
断开标志	LBD	LBDIE
噪声错误、溢出错误和帧错误	NE、OE 或 FE	EIE

8.2.6　USART 的相关寄存器

下面介绍 STM32F407 的 USART 相关寄存器名称,可以用半字(16 位)或字(32 位)的方式操作这些外设寄存器,由于采用库函数方式编程,故在此不作进一步探讨。

(1) 状态寄存器(USART_SR)。

(2) 数据寄存器(USART_DR)。

(3) 波特率寄存器(USART_BRR)。

(4) 控制寄存器 1(USART_CR1)。

(5) 控制寄存器 2(USART_CR2)。

（6）控制寄存器 3(USART_CR3)。

（7）保护时间和预分频寄存器(USART_GTPR)。

8.3 STM32 的 USART 库函数

USART 相关的函数和宏被定义在以下文件中。

（1）头文件：stm32f4xx_usart. h。

（2）源文件：stm32f4xx_usart. c。

1. USART 初始化函数

语法格式如下。

```
void USART_Init (USART_TypeDef * USARTx, USART_InitTypeDef * USART_InitStruct);
```

参数 USART_TypeDef * USARTx 为 USART 对象，是一个结构体指针，表示形式是 USART1、USART2、USART3、USART6、UART4、UART5、UART7 和 UART8，以宏定义形式定义在 stm32f4xx_.h 文件中。例如：

```
#define USART1   ((USART_TypeDef * )USART1_BASE)
```

USART_TypeDef 是自定义结构体类型，成员是 DMA 数据流的所有寄存器。

参数 USART_InitTypeDef * USART_InitStruct 为 USART 初始化结构体指针。USART_InitTypeDef 是自定义的结构体类型，定义在 stm32f4xx_dma. h 文件中。

```
typedef struct
{
    uint32_t USART_BaudRate;                    //波特率
    uint16_t USART_WordLength;                  //有效数据位
    uint16_t USART_StopBits;                    //停止位
    uint16_t USART_Parity;                      //校验方式
    uint16_t USART_Mode;                        //串口模式
    uint16_t USART_HardwareFlowControl;         //硬件流控
} USART_InitTypeDef;
```

成员 uint32_t USART_BaudRate 表示波特率，用户自定义即可。

成员 uint16_t USART_WordLength 表示有效数据位，可选 8 位和 9 位，定义如下。

```
#define USART_WordLength_8b   ((uint16_t)0x0000)   //8 位有效数据位
#define USART_WordLength_9b   ((uint16_t)0x1000)   //9 位有效数据位,常用 8 位有效数据位
```

成员 uint16_t USART_StopBits 表示停止位，可选 0.5 位、1 位、1.5 位和 2 位，定义如下。

```
#define USART_StopBits_1     ((uint16_t)0x0000)   //1 位停止位
#define USART_StopBits_0_5   ((uint16_t)0x1000)   //0.5 位停止位
#define USART_StopBits_2     ((uint16_t)0x2000)   //2 位停止位
#define USART_StopBits_1_5   ((uint16_t)0x3000)   //1.5 位停止位,常用 1 位停止位
```

成员 uint16_t USART_Parity 表示校验方式,可选奇校验、偶校验和不使用校验,定义如下。

```
#define USART_Parity_No          ((uint16_t)0x0000)        //不使用校验
#define USART_Parity_Even        ((uint16_t)0x0400)        //偶校验
#define USART_Parity_Odd         ((uint16_t)0x0600)        //奇校验,一般不使用校验位
```

成员 uint16_t USART_Mode 表示串口模式,可选发送模式、接收模式和收发模式,定义如下。

```
#define USART_Mode_Rx            ((uint16_t)0x0004)        //接收模式
#define USART_Mode_Tx            ((uint16_t)0x0008)        //发送模式
```

因为发送通道和接收通道是独立的,因此可以同时使能。此时,只需要将接收模式定义和发送模式定义使用或操作符并在一起,即 USART_Mode_Rx | USART_Mode_Tx。

成员 USART_HardwareFlowControl 表示硬件流控,有 4 种方式,定义如下。

```
#define USART_HardwareFlowControl_None      ((uint16_t)0x0000)      //不使用硬件流控
#define USART_HardwareFlowControl_RTS       ((uint16_t)0x0100)      //仅使用 RTS 流控
#define USART_HardwareFlowControl_CTS       ((uint16_t)0x0200)      //仅使用 CTS 流控
#define USART_HardwareFlowControl_RTS_CTS   ((uint16_t)0x0300)      //使用 RTS 和 CTS 流控
```

2. USART 使能函数

该函数用于使能或禁止串口功能,语法格式如下。

```
void USART_Cmd(USART_TypeDef * USARTx,FunctionalState NewState);
```

参数 FunctionalState NewState 表示使能或禁止,可选 ENABLE 或 DISABLE:

```
typedef enum {DISABLE = 0, ENABLE = ! DISABLE} FunctionalState;
```

3. USART 中断使能函数

语法格式如下。

```
void USART_ITConfig (USART_TypeDef * USARTx, uint16(USART_IT, FunctionalState NewState);
```

参数 uint16_t USART_IT 为中断事件标志,宏定义形式如下。

```
#define USART_IT_PE              ((uint16_t)0x0028)        //奇偶校验错误标志
#define USART_IT_TXE             ((uint16_t)0x0727)        //发送数据寄存器为空标志
#define USART_IT_TC              ((uint16_t)0x0626)        //发送完成标志
#define USART_IT_RXNE            ((uint16_t)0x0525)        //读取数据寄存器不为空标志
#define USART_IT_ORE_RX          ((uint16_t)0x0325)        //使能 RXNEIE 时的上溢标志
#define USART_IT_IDLE            ((uint16_t)0x0424)        //检测到空闲线路标志
#define USART_IT_LBD             ((uint16_t)0x0846)        //LIN 断路检测标志
#define USART_IT_CTS             ((uint16_t)0x096A)        //CTS 标志
#define USART_IT_ERR             ((uint16_t)0x0060)        //错误中断
```

```
#define USART_IT_ORE_ER          ((uint16_t)0x0360)          //使能 EIE 时的上溢标志
#define USART_IT_NE              ((uint16_t)0x0260)          //检测到噪声标志
#define USART_IT_FE              ((uint16_t)0x0160)          //帧错误标志
```

例如,使能 USART1 接收完成中断。

```
USART_ITConfig (USART1, USART_IT_RXNE, ENABLE);
```

4. 获取 USART 事件标志函数

该函数可获取需要的 USART 状态标志位,一般用于判断对应事件标志位是否被置位。语法格式如下。

```
FlagStatus USART_GetFlagStatus (USART_TypeDef * USARTx, uint16_t USART_FLAG);
```

参数 uint16_t USART_FLAG 为事件标志,宏定义形式如下。

```
#define USART_FLAG_CTS           ((uint16_t)0x0200)          //CTS 标志
#define USART_FLAG_LBD           ((uint16_t)0x0100)          //LIN 断路检测标志
#define USART_FLAG_TXE           ((uint16_t)0x0080)          //发送数据寄存器为空标志
#define USART_FLAG_TC            ((uint16_t)0x0040)          //发送完成标志
#define USART_FLAG_RXNE          ((uint16_t)0x0020)          //读取数据寄存器不为空标志
#define USART_FLAG_IDLE          ((uint16_t)0x0010)          //检测到空闲线路标志
#define USART_FLAG_ORE           ((uint16_t)0x0008)          //上溢错误标志
#define USART_FLAG_NE            ((uint16_t)0x0004)          //检测到噪声标志
#define USART_FLAG_FE            ((uint16_t)0x0002)          //帧错误标志
#define USART_FLAG_PE            ((uint16_t)0x0001)          //奇偶校验错误标志
```

该函数返回置位(SET)或复位(RESET)。

例如,判断 USART1 的 TXE 标志位是否置位。

```
if (USART_GetFlagStatus (USART1, USART_FLAG_TXE)! = RESET)
```

TXE 标志位被置位,表示发送数据寄存器的内容已传输到移位寄存器。

5. 获取 USART 中断事件标志函数

该函数可获取需要的 USART 中断状态标志位,一般用于判断对应事件中断标志位是否被置位。语法格式如下。

```
ITStatus USART_GetlTStatus (USART_TypeDef * USARTx, uint16_t USART_IT);
```

各参数含义在前面已介绍过,这里不再赘述。

例如,判断 USART1 的 RXNEIE 使能位和 RXNE 标志位是否置位。

```
if(USART_GetITStatus(USART1,USART_IT_RXNE)! = RESET)
```

获取中断事件标志位时,会同时检测相应的中断使能位,只有两者都被置位的情况下,才能返回 SET(置位);反之,返回 RESET(复位)。

6. 清除 USART 中断事件函数

退出中断服务程序前，必须软件清除中断事件标志位，防止反复触发中断。语法格式如下。

```
void USART_ClearITPendingBit(USART_TypeDef * USARTx,uint16_tUSART_IT);
```

各参数含义在前面已介绍过，这里不再赘述。

例如，获取 USART1 的 RXNE 标志位状态，确认后，清除这一标志位。

```
if(USART_GetITStatus(USART1,USART_IT_RXNE)!= RESET)
{
  /*清除 USART1 的 RXNE 中断标志位*/
  USART_ClearITPendingBit (USART1, USART_IT_RXNE);
  //一些应用代码
}
```

通过对 USART_DR 寄存器执行写操作可将 TXE 标志位清零。

通过对 USART_DR 寄存器执行读操作可将 RXNE 标志位清零。

7. 发送数据函数

使能串口功能时，向 USART_DR 寄存器写一个数据（一般是 1 字节），启动一次发送过程。语法格式如下。

```
void USART_SendData(USART_TypeDef * USARTx,uint16_t Data);
```

参数 uint16_t Data 表示将要发送的数据。

8. 接收数据函数

使能串口功能时，从 USART_DR 寄存器读一个数据，一般是 1 字节。语法格式如下。

```
void USART_SendData (USART_TypeDef * USARTx, uint16_t Data);
```

该函数返回读取 USART_DR 寄存器得到的数据。

8.4　STM32 USART 串行通信应用实例

STM32 通常具有 3 个以上的串行通信口（USART），可根据需要选择其中一个。

在串行通信应用的实现中，难点在于正确配置、设置相应的 USART。与 51 单片机不同的是，除了要设置串行通信口的波特率、数据位数、停止位和奇偶校验等参数外，还要正确配置 USART 涉及的 GPIO 和 USART 本身的时钟，即使能相应的时钟，否则无法正常通信。

串行通信通常有查询法和中断法两种。如果采用中断法，还必须正确配置中断向量、中断优先级，使能相应的中断，并设计具体的中断函数；如果采用查询法，则只要判断发送、接收的标志，即可进行数据的发送和接收。

USART 只需两根信号线即可完成双向通信,对硬件要求低,使得很多模块都预留 USART 接口实现与其他模块或控制器的数据传输,如 GSM 模块、Wi-Fi 模块、蓝牙模块 等。在硬件设计时,注意还需要一根"共地线"。

经常使用 USART 实现控制器与计算机之间的数据传输,这使得调试程序非常方便。例如,可以把一些变量的值、函数的返回值、寄存器标志位等通过 USART 发送到串口调试助手,这样可以非常清楚程序的运行状态,在正式发布程序时再把这些调试信息删除即可。这样不仅可以将数据发送到串口调试助手,还可以从串口调试助手发送数据给控制器,控制器程序根据接收到的数据进行下一步工作。

首先,编写一个程序实现开发板与计算机通信,在开发板上电时通过 USART 发送一串字符串给计算机,然后开发板进入中断接收等待状态。如果计算机发送数据过来,开发板就会产生中断,通过中断服务函数接收数据,并把数据返回给计算机。

8.4.1　STM32 USART 基本配置流程

1. 串口初始化

串口初始化主要涉及时钟配置、GPIO 配置及串口功能设置。

2. 串口应用

串口应用主要处理数据的接收和发送。

发送:使用常用软件查询法实现,也可以使用中断和 DMA 方法实现。

接收:使用常用中断法实现,也可以使用 DMA 方法实现。

3. 应用步骤

1) 时钟使能

串口时钟使能:

```
void RCC_APBIPeriphCloekCmd(uint32_tRCC_APBIPeriph,FunetionalState NewState);
void RCC_APB2PeriphCloekCmd(uint32_LRCC_APB2Periph,FunctionalState NewState);
```

复用到串口功能的 GPIO 时钟使能:

```
void RCC_AHB1PeriphClockCmd(uint32_LRCC_AHBIPeriph,EunctionalState NewState);
```

2) 配置串口相关复用引脚

引脚复用映射:

```
void GPIO_PinAFConfig(GPIO_TypeDef * GPIOx,uint16_tGPIO_PinSouree,uint8_t GPIO_AF);
```

GPIO 端口模式设置:

```
void GPIO_Init(GPIO_TypeDef * GPIOx, GPIO_InitTypeDef * GPIO_InitStruet);
```

3) 串口参数初始化

```
void USART_Init(USART_TypeDef * USARTx,USART_InitTypeDef * USART_InitStruet);
```

这个函数是串口功能设置的核心函数。

4）开启中断并且初始化 NVIC（只有需要开启中断时才需要这个步骤）

NVIC 配置：

```
void NVIC_Init(NVIC_InitTypeDef * NVIC_InitStruet);
```

USART 中断事件使能：

```
void USART_ITConfig(USART_TypeDef * USARTx,uint16_t USART_IT,FunctionalState NewState);
```

5）使能串口

```
void USART_Cmd(USART_TypeDef * USARTx,FunctionalState NewState);
```

6）编写中断处理函数

```
void USARTx_IRQHandler(void);
```

8.4.2 USART 串行通信应用的硬件设计

为利用 USART 实现开发板与计算机通信，需要用到一个 USB 转 USART 的集成电路，选择 CH340G 芯片实现这个功能。CH340G 是一个 USB 总线的转接芯片，实现 USB 转 USART、USB 转 IrDA 或 USB 转打印机接口。本实例使用其 USB 转 USART 功能，具体电路设计如图 8-5 所示。

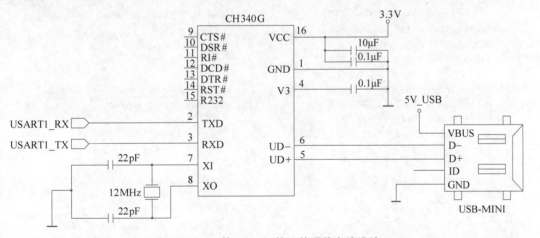

图 8-5 USB 转 USART 接口的硬件电路设计

将 CH340G 的 TXD 引脚与 USART1_RX 引脚连接，将 CH340G 的 RXD 引脚与 USART1_TX 引脚连接。CH340G 芯片集成在开发板上，其地线（GND）已与控制器的 GND 相连。

在本实例中，编写一个程序实现开发板与计算机串口调试助手通信，在开发板上电时通过 USART1 发送一串字符串给计算机,然后开发板进入中断接收等待状态,如果计算机发送数据过来,开发板就会产生中断,在中断服务程序中接收数据,并马上把数据返回发送给计算机。

8.4.3 USART 串行通信应用的软件设计

STM32F407ZGT6 有 4 个 USART 和 2 个 UART,其中 USART1 和 USART6 的时钟源于 APB2 总线时钟,其最大频率为 84MHz,其他 4 个时钟源于 APB1 总线时钟,其最大频率为 42MHz。创建两个文件:bsp_debug_usart.h 和 bsp_debug_usart.c,用于存放 USART 驱动程序及相关宏定义。

1. bsp_debug_usart.h 文件

```
# ifndef __DEBUG_USART_H
# define __DEBUG_USART_H

# include "stm32f4xx.h"
# include < stdio.h >

//引脚定义
/ ********************************************************* /
# define DEBUG_USART                          USART1
# define DEBUG_USART_CLK                      RCC_APB2Periph_USART1
# define DEBUG_USART_BAUDRATE                 115200   //串口波特率

# define DEBUG_USART_RX_GPIO_PORT             GPIOA
# define DEBUG_USART_RX_GPIO_CLK              RCC_AHB1Periph_GPIOA
# define DEBUG_USART_RX_PIN                   GPIO_Pin_10
# define DEBUG_USART_RX_AF                    GPIO_AF_USART1
# define DEBUG_USART_RX_SOURCE                GPIO_PinSource10

# define DEBUG_USART_TX_GPIO_PORT             GPIOA
# define DEBUG_USART_TX_GPIO_CLK              RCC_AHB1Periph_GPIOA
# define DEBUG_USART_TX_PIN                   GPIO_Pin_9
# define DEBUG_USART_TX_AF                    GPIO_AF_USART1
# define DEBUG_USART_TX_SOURCE                GPIO_PinSource9

# define DEBUG_USART_IRQHandler               USART1_IRQHandler
# define DEBUG_USART_IRQ                      USART1_IRQn
/ ********************************************************* /

void Debug_USART_Config(void);
void Usart_SendByte( USART_TypeDef * pUSARTx, uint8_t ch);
void Usart_SendString( USART_TypeDef * pUSARTx, char * str);

void Usart_SendHalfWord( USART_TypeDef * pUSARTx, uint16_t ch);

# endif / * __USART1_H * /
```

2. bsp_debug_usart.c 文件

```c
#include "./usart/bsp_debug_usart.h"

/*
 * @brief   配置嵌套向量中断控制器
 * @param   无
 * @retval  无
 */
static void NVIC_Configuration(void)
{
    NVIC_InitTypeDef NVIC_InitStructure;

    /* 嵌套向量中断控制器组选择 */
    NVIC_PriorityGroupConfig(NVIC_PriorityGroup_2);

    /* 配置 USART 为中断源 */
    NVIC_InitStructure.NVIC_IRQChannel = DEBUG_USART_IRQ;
    /* 抢占式优先级为 1 */
    NVIC_InitStructure.NVIC_IRQChannelPreemptionPriority = 1;
    /* 响应优先级为 1 */
    NVIC_InitStructure.NVIC_IRQChannelSubPriority = 1;
    /* 使能中断 */
    NVIC_InitStructure.NVIC_IRQChannelCmd = ENABLE;
    /* 初始化配置 NVIC */
    NVIC_Init(&NVIC_InitStructure);
}

/*
 * @brief   DEBUG_USART GPIO 配置,工作模式配置
 * 115200b/s,8 位数据位,无校验位,1 位停止位,中断接收模式
 * @param   无
 * @retval  无
 */
void Debug_USART_Config(void)
{
    GPIO_InitTypeDef   GPIO_InitStructure;
    USART_InitTypeDef  USART_InitStructure;
    RCC_AHB1PeriphClockCmd(DEBUG_USART_RX_GPIO_CLK|DEBUG_USART_TX_GPIO_CLK,ENABLE);

    /* 使能 USART 时钟 */
    RCC_APB2PeriphClockCmd(DEBUG_USART_CLK, ENABLE);

    /* GPIO 初始化 */
    GPIO_InitStructure.GPIO_OType = GPIO_OType_PP;
    GPIO_InitStructure.GPIO_PuPd = GPIO_PuPd_UP;
    GPIO_InitStructure.GPIO_Speed = GPIO_Speed_50MHz;

    /* 配置 TX 引脚为复用功能 */
    GPIO_InitStructure.GPIO_Mode = GPIO_Mode_AF;
    GPIO_InitStructure.GPIO_Pin = DEBUG_USART_TX_PIN;
```

```
        GPIO_Init(DEBUG_USART_TX_GPIO_PORT, &GPIO_InitStructure);

        /* 配置 RX 引脚为复用功能 */
        GPIO_InitStructure.GPIO_Mode = GPIO_Mode_AF;
        GPIO_InitStructure.GPIO_Pin = DEBUG_USART_RX_PIN;
        GPIO_Init(DEBUG_USART_RX_GPIO_PORT, &GPIO_InitStructure);

        /* 连接 PXx 到 USARTx_TX */
        GPIO_PinAFConfig(DEBUG_USART_RX_GPIO_PORT, DEBUG_USART_RX_SOURCE, DEBUG_USART_RX_AF);

        /* 连接 PXx 到 USARTx_RX */
        GPIO_PinAFConfig(DEBUG_USART_TX_GPIO_PORT, DEBUG_USART_TX_SOURCE, DEBUG_USART_TX_AF);

        /* 配置 DEBUG_USART 模式 */
        /* 波特率设置: DEBUG_USART_BAUDRATE */
        USART_InitStructure.USART_BaudRate = DEBUG_USART_BAUDRATE;
        /* 字长(数据位 + 校验位): 8 */
        USART_InitStructure.USART_WordLength = USART_WordLength_8b;
        /* 停止位: 1 个停止位 */
        USART_InitStructure.USART_StopBits = USART_StopBits_1;
        /* 校验位选择: 不使用校验 */
        USART_InitStructure.USART_Parity = USART_Parity_No;
        /* 硬件流控制: 不使用硬件流 */
        USART_InitStructure.USART_HardwareFlowControl = USART_HardwareFlowControl_None;
        /* USART 模式控制: 同时使能接收和发送 */
        USART_InitStructure.USART_Mode = USART_Mode_Rx | USART_Mode_Tx;
        /* 完成 USART 初始化配置 */
        USART_Init(DEBUG_USART, &USART_InitStructure);

        /* 嵌套向量中断控制器配置 */
        NVIC_Configuration();

        /* 使能串口接收中断 */
        USART_ITConfig(DEBUG_USART, USART_IT_RXNE, ENABLE);

        /* 使能串口 */
        USART_Cmd(DEBUG_USART, ENABLE);
}

/***************** 发送一个字符 ********************/
void Usart_SendByte( USART_TypeDef * pUSARTx, uint8_t ch)
{
    /* 发送 1 字节数据到 USART */
    USART_SendData(pUSARTx,ch);

    /* 等待发送数据寄存器为空 */
    while (USART_GetFlagStatus(pUSARTx, USART_FLAG_TXE) == RESET);
}
```

```
/***************** 发送字符串 *********************/
void Usart_SendString( USART_TypeDef * pUSARTx, char * str)
{
    unsigned int k = 0;
    do
    {
        Usart_SendByte( pUSARTx, * (str + k) );
        k++;
    } while( * (str + k)!= '\0');

    /* 等待发送完成 */
    while(USART_GetFlagStatus(pUSARTx, USART_FLAG_TC) == RESET)
    {}
}

/***************** 发送一个16位数 *********************/
void Usart_SendHalfWord( USART_TypeDef * pUSARTx, uint16_t ch)
{
    uint8_t temp_h, temp_l;

    /* 取出高8位 */
    temp_h = (ch&0XFF00)>> 8;
    /* 取出低8位 */
    temp_l = ch&0XFF;

    /* 发送高8位 */
    USART_SendData(pUSARTx,temp_h);
    while (USART_GetFlagStatus(pUSARTx, USART_FLAG_TXE) == RESET);

    /* 发送低8位 */
    USART_SendData(pUSARTx,temp_l);
    while (USART_GetFlagStatus(pUSARTx, USART_FLAG_TXE) == RESET);
}

///重定向C库函数printf()到串口,重定向后可使用printf()函数
int fputc(int ch, FILE * f)
{
    /* 发送1字节数据到串口 */
    USART_SendData(DEBUG_USART, (uint8_t) ch);

    /* 等待发送完毕 */
    while (USART_GetFlagStatus(DEBUG_USART, USART_FLAG_TXE) == RESET);

    return (ch);
}

///重定向C库函数scanf()到串口,重写向后可使用scanf()、getchar()等函数
int fgetc(FILE * f)
```

```
{
    /* 等待串口输入数据 */
    while (USART_GetFlagStatus(DEBUG_USART, USART_FLAG_RXNE) == RESET);

    return (int)USART_ReceiveData(DEBUG_USART);
}
```

用 GPIO_InitTypeDef 和 USART_InitTypeDef 结构体定义一个 GPIO 初始化变量以及一个 USART 初始化变量。

调用 RCC_AHB1PeriphClockCmd( )函数开启 GPIO 端口时钟,使用 GPIO 之前必须开启对应端口的时钟。使用 RCC_APB2PeriphClockCmd( )函数开启 USART 时钟。使用 USART 之前都需要初始化配置它,并且还要添加特殊设置,因为使用它作为外设的引脚,一般都有特殊功能。在初始化时需要把它的模式设置为复用功能。

每个 GPIO 都可以作为多个外设的特殊功能引脚,如 PA10 引脚不仅可以作为普通的输入/输出引脚,还可以作为 USART1 的 RX 引脚(USART1_RX)、定时器 1 通道 3 引脚(TIM1_CH3)、全速 OTG 的 ID 引脚(OTG_FS_ID)以及 DCMI 的数据 1 引脚(DCMI_D1),这 4 个外设的功能引脚只能从中选择一个使用,这时就通过 GPIO 引脚复用功能配置函数 GPIO_PinAFConfig( )实现复用功能引脚的连接。

GPIO_PinAFConfig( )函数接收 3 个参数,第 1 个参数为 GPIO 端口,如 GPIOA;第 2 个参数是指定要复用的引脚号,如 GPIO_PinSource10;第 3 个参数是选择复用外设,如 GPIO_AF_USART1。该函数最终操作的是 GPIO 复用功能寄存器 GPIO_AFRH 和 GPIO_AFRL。

接下来,配置 USART1 通信参数并调用 USART 初始化函数完成配置。程序用到 USART 接收中断,需要配置 NVIC,这里调用 NVIC_Configuration( )函数完成配置。配置 NVIC 后就可以调用 USART_ITConfig( )函数使能 USART 接收中断。

最后调用 USART_Cmd( )函数使能 USART。

Usart_SendByte( )函数用来在指定 USART 发送一个 ASCII 码字符,它有两个形参,第 1 个为 USART,第 2 个为待发送的字符。它是通过调用库函数 USART_SendData( )实现的,并且增加了等待发送完成功能。通过使用 USART_GetFlagStatus( )函数获取 USART 事件标志位实现发送完成功能等待,它接收两个参数,一个是 USART,另一个是事件标志。这里循环检测发送数据寄存器为空这个标志,当跳出 while 循环时说明发送数据寄存器为空。

3. 串口中断服务程序

```
void DEBUG_USART_IRQHandler(void)
{
    uint8_t ucTemp;
    if(USART_GetITStatus(DEBUG_USART,USART_IT_RXNE)!= RESET)
```

```
    {
        ucTemp = USART_ReceiveData( DEBUG_USART );
        USART_SendData(DEBUG_USART,ucTemp);
    }
}
```

使能了 USART 接收中断后，当 USART 接收到数据时就会执行 DEBUG_USART_ IRQHandler() 函数。USART_GetITStatus() 函数与 USART_GetFlagStatus() 函数类似，用于获取标志位状态，但 USART_GetITStatus() 函数是专门用来获取中断事件标志位的，并返回该标志位状态。使用 if 语句判断是否真地产生 USART 数据接收这个中断事件，如果是，就使用 USART 数据读取函数 USART_ReceiveData() 读取数据到指定存储区。然后再调用 USART 数据发送函数 USART_SendData() 把数据发送给源设备。

4. main.c 程序

```
# include "stm32f4xx.h"
# include "./usart/bsp_debug_usart.h"

/*
 * @brief   主函数
 * @param   无
 * @retval  无
 */
int main(void)
{
    /* 初始化 USART 配置
    Debug_USART_Config();

    /* 发送一个字符串 */
    Usart_SendString( DEBUG_USART,"这是一个串口中断接收回显实验\n");
    printf("这是一个串口中断接收回显实验\n");

    while(1)
    {

    }
}
```

首先需要调用 Debug_USART_Config() 函数完成 USART 初始化配置，包括 GPIO 配置、USART 配置、接收中断使用等信息。接下来就可以调用字符发送函数把数据发送给串口调试助手了。最后，主函数什么都不做，只是静静地等待 USART 接收中断的产生，并在中断服务程序中把数据回传。

保证开发板相关硬件连接正确，用 USB 线连接开发板 USB 转 USART 接口与计算机，在计算机端打开串口调试助手，把编译好的程序下载到开发板，此时串口调试助手即可收到开发板发过来的数据。在串口调试助手发送区域输入任意字符，单击"发送数据"按钮，马上在串口调试助手接收区即可看到相同的字符，如图 8-6 所示。

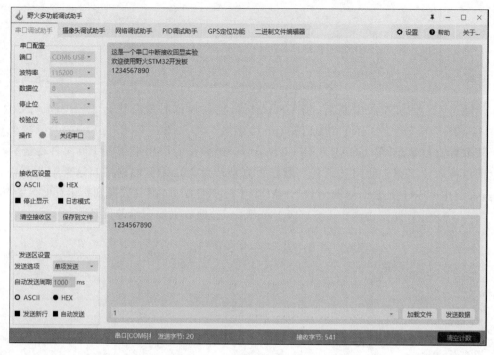

图 8-6　串口调试助手发送区和接收区显示界面

第 9 章

STM32 SPI 串行总线

本章讲述 STM32 SPI 串行总线,包括 STM32 的 SPI 通信原理、STM32F407 SPI 串行总线的工作原理、STM32 的 SPI 库函数和 STM32 的 SPI 应用实例。

9.1　STM32 的 SPI 通信原理

实际生产生活当中,有些系统的功能无法完全通过 STM32 的片上外设实现,如 16 位及以上的 ADC、温/湿度传感器、大容量 EEPROM 或 Flash、大功率电机驱动芯片、无线通信控制芯片等。此时,只能通过扩展特定功能的芯片实现这些功能。另外,有的系统需要两个或两个以上的主控器(STM32 或 FPGA),而这些主控器之间也需要通过适当的芯片间通信方式实现通信。

常见的系统内通信方式有并行和串行两种。并行方式指同一个时刻,在嵌入式处理器和外围芯片之间传递数据有多位;串行方式则是指每个时刻传递的数据只有一位,需要通过多次传递才能完成 1 字节的传输。并行方式具有传输速度快的优点,但连线较多,且传输距离较近;串行方式虽然较慢,但连线数量少,且传输距离较远。早期的 MCS-51 单片机只集成了并行接口,但在实际应用中人们发现,对于可靠性、体积和功耗要求较高的嵌入式系统,串行通信更加实用。

串行通信可以分为同步串行通信和异步串行通信两种。它们的不同点在于判断一个数据位结束、另一个数据位开始的方法。同步串行端口通过另一个时钟信号判断数据位的起始时刻。在同步通信中,这个时钟信号称为同步时钟,如果失去了同步时钟,同步通信将无法完成。异步通信则通过时间判断数据位的起始,即通信双方约定一个相同的时间长度作为每个数据位的时间长度,这个时间长度的倒数称为波特率。当某位的时间到达后,发送方就开始发送下一位数据,而接收方也把下一个时刻的数据存放到下一个数据位的位置。在使用当中,同步串行端口虽然比异步串行端口多一根时钟信号线,但由于无需计时操作,同步串行接口硬件结构比较简单,且通信速度比异步串行接口快得多。

9.1.1 SPI 串行总线概述

串行外设接口(Serial Peripheral Interface,SPI)是由美国摩托罗拉(Motorola)公司提出的一种高速全双工串行同步通信接口,首先出现在 M68HC 系列处理器中,由于其简单方便、成本低廉、传输速度快,因此被其他半导体厂商广泛使用,从而成为事实上的标准。

SPI 与 USART 相比,其数据传输速度要快得多,因此它被广泛地应用于微控制器与 ADC、LCD 等设备的通信,尤其是高速通信的场合。微控制器还可以通过 SPI 组成一个小型同步网络进行高速数据交换,完成较复杂的工作。

作为全双工同步串行通信接口,SPI 采用主/从模式(Master/Slave),支持一个或多个从设备,能够实现主设备和从设备之间的高速数据通信。

SPI 具有硬件简单、成本低廉、易于使用、传输数据速度快等优点,适用于成本敏感或高速通信的场合。但同时,SPI 也存在无法检查纠错、不具备寻址能力和接收方没有应答信号等缺点,不适合复杂或可靠性要求较高的场合。

SPI 是同步全双工串行通信接口。由于同步,SPI 有一根公共的时钟线;由于全双工,SPI 至少有两根数据线实现数据的双向同时传输;由于串行,SPI 收发数据只能一位一位地在各自的数据线上传输,因此最多只有两根数据线:一根发送数据线和一根接收数据线。由此可见,SPI 在物理层体现为 4 根信号线,分别是 SCK、MOSI、MISO 和 SS。

(1) **SCK**(Serial Clock)即时钟线,由主设备产生。不同的设备支持的时钟频率不同。但每个时钟周期可以传输一位数据,经过 8 个时钟周期,一个完整的字节数据就传输完成了。

(2) **MOSI**(Master Output Slave Input)即主设备数据输出/从设备数据输入线。这根信号线上的方向是由主设备到从设备,即主设备从这根信号线发送数据,从设备从这根信号线上接收数据。有的半导体厂商(如 Microchip 公司)站在从设备的角度,将其命名为 SDI。

(3) **MISO**(Master Input Slave Output)即主设备数据输入/从设备数据输出线。这根信号线上的方向是由从设备到主设备,即从设备从这根信号线发送数据,主设备从这根信号线上接收数据。有的半导体厂商(如 Microchip 公司)站在从设备的角度,将其命名为 SDO。

(4) **SS**(Slave Select),有时候也叫 CS(Chip Select),即 SPI 从设备选择信号线。当有多个 SPI 从设备与 SPI 主设备相连(即一主多从)时,SS 用来选择激活指定的从设备,由 SPI 主设备(通常是微控制器)驱动,低电平有效。当只有一个 SPI 从设备与 SPI 主设备相连(即一主一从)时,SS 并不是必需的。因此,SPI 也被称为三线同步通信接口。

除了 SCK、MOSI、MISO 和 SS 这 4 根信号线外,SPI 还包含一个串行移位寄存器,如图 9-1 所示。

SPI 主设备向它的 SPI 串行移位寄存器写入 1 字节发起一次传输,该寄存器通过 MOSI 数据线一位一位地将字节传输给 SPI 从设备;与此同时,SPI 从设备也将自己的 SPI 串行移位寄存器中的内容通过 MISO 数据线返回给主设备。这样,SPI 主设备和 SPI 从设备的两个串行移位寄存器中的内容相互交换。需要注意的是,对从设备的写操作和读操作是同步完成的。

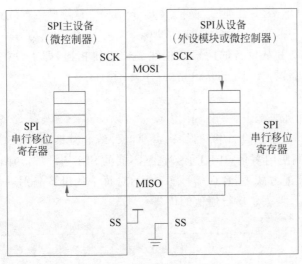

图 9-1　SPI 组成

如果只进行 SPI 从设备写操作(即 SPI 主设备向 SPI 从设备发送 1 字节数据),忽略收到字节即可。反之,如果要进行 SPI 从设备读操作(即 SPI 主设备要读取 SPI 从设备发送的 1 字节数据),则 SPI 主设备发送一个空字节触发从设备的数据传输。

9.1.2　SPI 串行总线互连方式

SPI 串行总线主要有一主一从和一主多从两种互连方式。

1. 一主一从

在一主一从的互连方式下,只有一个 SPI 主设备和一个 SPI 从设备进行通信。这种情况下,只要分别将主设备的 SCK、MOSI、MISO 和从设备的 SCK、MOSI、MISO 直接相连,并将主设备的 SS 置为高电平,从设备的 SS 接地(置为低电平,片选有效,选中该从设备)即可,如图 9-2 所示。

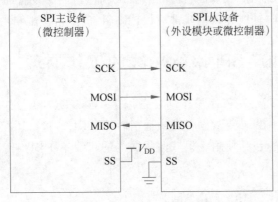

图 9-2　一主一从互连方式

值得注意的是,USART 互连时,通信双方 USART 的两根数据线必须交叉连接,即一端的 TxD 必须与另一端的 RxD 相连;对应地,一端的 RxD 必须与另一端的 TxD 相连。而当 SPI 互连时,主设备和从设备的两根数据线必须直接相连,即主设备的 MISO 与从设备的 MISO 相连,主设备的 MOSI 与从设备的 MOSI 相连。

2. 一主多从

在一主多从的互连方式下,一个 SPI 主设备可以和多个 SPI 从设备相互通信。这种情况下,所有 SPI 设备(包括主设备和从设备)共享时钟线和数据线,即 SCK、MOSI、MISO 这3 根线,并在主设备端使用多个 GPIO 引脚选择不同的 SPI 从设备,如图 9-3 所示。显然,在多个从设备的 SPI 互连方式下,片选信号 SS 必须对每个从设备分别进行选通,增加了连接的难度和连接的数量,失去了串行通信的优势。

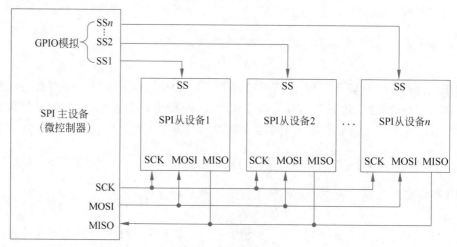

图 9-3　一主多从互连方式

特别要注意的是,在多个从设备的 SPI 系统中,由于时钟线和数据线为所有 SPI 设备共享,因此,在同一时刻只能有一个从设备参与通信。而且,当主设备与其中一个从设备进行通信时,其他从设备的时钟线和数据线都应保持高阻态,以避免影响当前数据的传输。

9.2　STM32F407 SPI 串行总线的工作原理

串行外设接口(SPI)允许芯片与外部设备以半/全双工、同步、串行方式通信。此接口可以被配置成主模式,并为外部从设备提供通信时钟(SCK),接口还能以多主的配置方式工作。它可用于多种用途,包括使用一根双向数据线的双线单工同步传输,还可使用 CRC 校验的可靠通信。

9.2.1　SPI 串行总线的特征

STM32F407 微控制器的小容量产品有一个 SPI,中等容量产品有两个 SPI,大容量产品则有 3 个 SPI。

STM32F407 微控制器 SPI 主要具有以下特征。

（1）3 线全双工同步传输。

（2）带或不带第 3 根双向数据线的双线单工同步传输。

（3）8 或 16 位传输帧格式选择。

（4）主或从操作。

（5）支持多主模式。

（6）8 个主模式波特率预分频系数（最大为 $f_{\text{PCLK}/2}$）。

（7）从模式频率（最大为 $f_{\text{PCLK}/2}$）。

（8）主模式和从模式的快速通信。

（9）主模式和从模式下均可以由软件或硬件进行 NSS 管理：主/从操作模式的动态改变。

（10）可编程的时钟极性和相位。

（11）可编程的数据顺序，MSB 在前或 LSB 在前。

（12）可触发中断的专用发送和接收标志。

（13）SPI 总线忙状态标志。

（14）支持可靠通信的硬件 CRC。在发送模式下，CRC 值可以被作为最后一字节发送；在全双工模式下，对接收到的最后一字节自动进行 CRC 校验。

（15）可触发中断的主模式故障、过载以及 CRC 错误标志。

（16）支持 DMA 功能的一字节发送和接收缓冲器，产生发送和接收请求。

9.2.2 SPI 串行总线的内部结构

STM32F407 微控制器 SPI 主要由波特率发生器、收发控制和数据存储转移 3 部分组成，内部结构如图 9-4 所示。波特率发生器用来产生 SPI 的 SCK 时钟信号，收发控制主要由控制寄存器组成，数据存储转移主要由移位寄存器、接收缓冲区和发送缓冲区等构成。

通常 SPI 通过 4 个引脚与外部器件相连。

（1）MISO：主设备输入/从设备输出引脚。该引脚在从模式下发送数据，在主模式下接收数据。

（2）MOSI：主设备输出/从设备输入引脚。该引脚在主模式下发送数据，在从模式下接收数据。

（3）SCK：串口时钟，作为主设备的输出，从设备的输入。

（4）NSS：从设备选择。这是一个可选的引脚，用来选择主/从设备。它的功能是作为片选引脚，让主设备可以单独地与特定从设备通信，避免数据线上的冲突。

1. 波特率控制

波特率发生器可产生 SPI 的 SCK 时钟信号。波特率预分频系数为 2、4、8、16、32、64、128 或 256。通过设置波特率控制位（BR）可以控制 SCK 的输出频率，从而控制 SPI 的传输速率。

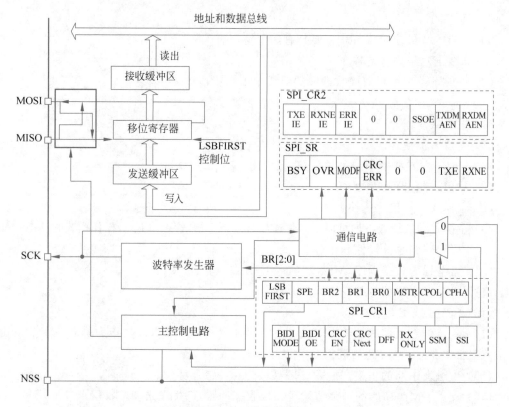

图 9-4　STM32F407 微控制器 SPI 内部结构

2. 收发控制

收发控制由若干个控制寄存器组成,如 SPI 控制寄存器 SPI_CR1、SPI_CR2 和 SPI 状态寄存器 SPI_SR 等。

SPI_CR1 寄存器主控收发电路,用于设置 SPI 的协议,如时钟极性、相位和数据格式等。

SPI_CR2 寄存器用于设置各种 SPI 中断使能,如使能 TXE 的 TXEIE 和 RXNE 的 RXNEIE 等。通过 SPI_SR 寄存器中的各个标志位可以查询 SPI 当前的状态。

SPI 的控制和状态查询可以通过库函数实现。

3. 数据存储转移

数据存储转移主要由移位寄存器、接收缓冲区和发送缓冲区等构成。

移位寄存器与 SPI 的数据引脚 MISO 和 MOSI 连接,一方面,将从 MISO 收到的数据位根据数据格式及顺序经串/并转换后转发到接收缓冲区;另一方面,将从发送缓冲区收到的数据根据数据格式及顺序经并/串转换后逐位从 MOSI 上发送出去。

9.2.3　SPI 串行总线时钟信号的相位和极性

SPI_CR 寄存器的 CPOL 和 CPHA 位能够组合成 4 种可能的时序关系。CPOL(时钟极性)位控制在没有数据传输时时钟的空闲状态电平,此位对主模式和从模式下的设备都有效。如果 CPOL 位被清零,SCK 引脚在空闲状态保持低电平;如果 CPOL 位被置 1,SCK 引脚在空闲状态保持高电平。

如图 9-5 所示,如果 CPHA(时钟相位)位被清零,数据在 SCK 的第奇数(1,3,5,…)个跳变沿(CPOL 位为 0 时就是上升沿,CPOL 位为 1 时就是下降沿)进行数据位的存取,数据在 SCK 的第偶数(2,4,6,…)个跳变沿(CPOL 位为 0 时就是下降沿,CPOL 位为 1 时就是上升沿)准备就绪。

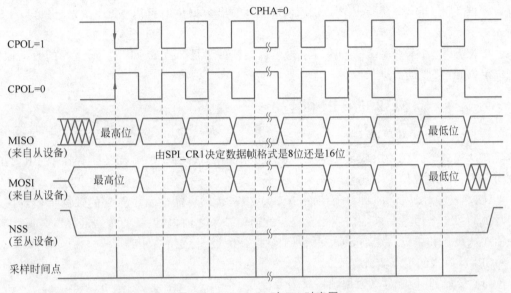

图 9-5　CPHA=0 时 SPI 时序图

如图 9-6 所示,如果 CPHA(时钟相位)位被置 1,数据在 SCK 的第偶数(2,4,6,…)个跳

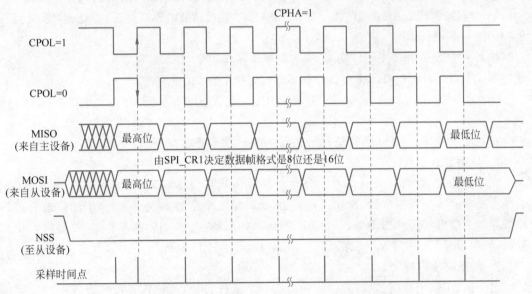

图 9-6　CPHA=1 时 SPI 时序图

变沿(CPOL 位为 0 时就是下降沿,CPOL 位为 1 时就是上升沿)进行数据位的存取,数据在 SCK 的第奇数(1,3,5,…)个跳变沿(CPOL 位为 0 时就是上升沿,CPOL 位为 1 时就是下降沿)准备就绪。

CPOL 时钟极性和 CPHA 时钟相位的组合选择数据捕捉的时钟边沿。图 9-5 和 图 9-6 显示了 SPI 传输的 4 种 CPHA 和 CPOL 位组合。它们可以解释为主设备和从设备的 SCK、MISO、MOSI 引脚直接连接的主或从时序图。

根据 SPI_CR1 寄存器中的 LSBFIRST 位,输出数据位时可以 MSB 在先,也可以 LSB 在先。

根据 SPI_CR1 寄存器的 DFF 位,每个数据帧可以是 8 位或 16 位。所选择的数据帧格式决定发送/接收的数据长度。

9.2.4 STM32 的 SPI 配置

1. 配置 SPI 为从模式

在从模式下,SCK 引脚用于接收从主设备来的串行时钟。SPI_CR1 寄存器中 BR[2:0] 位的设置不影响数据传输速率。

建议在主设备发送时钟之前使能 SPI 从设备,否则可能会发生意外的数据传输。在通信时钟的第 1 个边沿到来之前或正在进行的通信结束之前,从设备的数据寄存器必须就绪。在使能从设备和主设备之前,通信时钟的极性必须处于稳定的数值。

SPI 从模式的配置步骤如下。

(1) 设置 DFF 位定义数据帧格式为 8 位或 16 位。

(2) 设置 CPOL 和 CPHA 位定义数据传输和串行时钟之间的相位关系。为保证正确的数据传输,从设备和主设备的 CPOL 和 CPHA 位必须配置成相同的方式。

(3) 帧格式(SPI_CR1 寄存器中的 LSBFIRST 位定义的"最高位在前"还是"最低位在前")必须与主设备相同。

(4) 在 NSS 引脚管理硬件模式下,数据帧传输过程中 NSS 引脚必须为低电平。在 NSS 软件模式下,设置 SPI_CR1 寄存器中的 SSM 位并清除 SSI 位。

(5) 在 SPI_CR1 寄存器中,清除 MSTR 位,设置 SPE 位,使相应引脚工作于 SPI 模式下。

在这个配置中,MOSI 引脚是数据输入,MISO 引脚是数据输出。

1) 数据发送过程

在写操作中,数据被并行地写入发送缓冲器。当从设备收到时钟信号,并且在 MOSI 引脚上出现第 1 个数据位时,发送过程开始,此时第 1 个位被发送出去,余下的位被装进移位寄存器。当发送缓冲器中的数据传输到移位寄存器时,SPI_SR 寄存器的 TXE 标志位被置位,如果设置了 SPI_CR2 寄存器的 TXEIE 位,将会产生中断。

2) 数据接收过程

对于接收器,当数据接收完成时,在最后一个采样时钟边沿后,移位寄存器中的数据传输到接收缓冲器,SPI_SR寄存器中的RXNE标志位被置位。如果设置了SPI_CR2寄存器中的RXNEIE位,则产生中断。当读SPI_DR寄存器时,SPI设备返回接收缓冲器的数值,同时清除RXNE位。

2. 配置SPI为主模式

在主模式下,MOSI引脚是数据输出,MISO引脚是数据输入,在SCK引脚产生串行时钟。SPI主模式的配置步骤如下。

(1) 通过SPI_CR1寄存器的BR[2:0]位定义串行时钟波特率。

(2) 设置CPOL和CPHA位,定义数据传输和串行时钟间的相位关系。

(3) 设置DFF位,定义8位或16位数据帧格式。

(4) 配置SPI_CR1寄存器的LSBFIRST位定义帧格式。

(5) 如果需要NSS引脚工作在输入模式,在硬件模式下,在整个数据帧传输期间应把NSS引脚连接到高电平;在软件模式下,设置SPI_CR1寄存器的SSM位和SSI位。如果NSS引脚工作在输出模式,则只需设置SSOE位。

(6) 必须设置MSTR位和SPE位(只当NSS引脚连接高电平时这些位才能保持置位)。

1) 数据发送过程

当写入数据到发送缓冲器时,发送过程开始。在发送第1个数据位时,数据通过内部总线被并行地传入移位寄存器,然后串行地移出到MOSI引脚上,先输出最高位还是最低位取决于SPL_CR1寄存器中的LSBFIRST位的设置。数据从发送缓冲器传到移位寄存器时TXE标志位将被置位。如果设置了SPI_CR1寄存器中的TXEIE位,将产生中断。

2) 数据接收过程

对于接收器,当数据传输完成时,在最后的采样时钟沿,移位寄存器中接收到的数据被传输到接收缓冲器,并且RXNE标志位被置位。如果设置了SPI_CR2寄存器中的RXNEIE位,则产生中断。读SPI_DR寄存器时,SPI设备返回接收缓冲器中的数据,同时清除RXNE标志位。

一旦传输开始,如果下一个将发送的数据被放进了发送缓冲器,就可以维持一个连续的传输流。在试图写发送缓冲器之前,需要确认TXE标志位应该为1。

在NSS硬件模式下,从设备的NSS输入由NSS引脚控制或由另一个软件驱动的GPIO引脚控制。

3. 配置SPI为单工通信

SPI模块能够以两种配置工作于单工方式:一根时钟线和一根双向数据线;一根时钟线和一根单向数据线(只接收或只发送)。

1) 一根时钟线和一根双向单向数据线(BIDIMODE=1)

通过设置SPI_CR1寄存器中的BIDIMODE位启用此模式。在这个模式下,SCK引脚作为时钟,主设备使用MOSI引脚而从设备使用MISO引脚作为数据通信。传输的方向由SPI_CR1寄存器的BIDIOE位控制,当BIDIMOE=1时数据线是输出,否则是输入。

2）一根时钟和一根单向数据线（BIDIMODE=0）

在这个模式下，SPI 模块可以或者作为只发送，或者作为只接收。

（1）只发送模式类似于全双工模式（BIDIMODE=0，RXONLY=0）。数据在发送引脚（主模式时是 MOSI，从模式时是 MISO）上传输，而接收引脚（主模式时是 MISO，从模式时是 MOSI）可以作为通用 I/O 使用。此时，软件不必理会接收缓冲器中的数据（数据寄存器不包含任何接收数据）。

（2）在只接收模式下，可以通过设置 SPI_CR2 寄存器的 RXONLY 位而关闭 SPI 的输出功能。此时，发送引脚（主模式时是 MOSI，从模式时是 MISO）被释放，可以作为其他功能使用。

配置并使能 SPI 模块为只接收模式的方法如下。

① 在主模式时，一旦使能 SPI，通信立即启动，当清除 SPE 位时立即停止当前的接收。在此模式下，不必读取 BSY 标志位，在 SPI 通信期间这个标志位始终为 1。

② 在从模式时，只要 NSS 被拉低（或在 NSS 软件模式时 SSI 位为 0）同时 SCK 有时钟脉冲，SPI 就一直在接收。

9.2.5　STM32 的 SPI 数据发送与接收过程

1. 接收与发送缓冲器

接收时，接收到的数据被存放在接收缓冲器中；发送时，在数据被发送之前，首先被存放在发送缓冲器中。

读 SPI_DR 寄存器将返回接收缓冲器的内容；写入 SPI_DR 寄存器的数据将被写入发送缓冲器中。

2. 主模式下的数据传输

1）全双工模式（BIDIMODE=0 且 RXONLY=0）

（1）当写入数据到 SPI_DR 寄存器（发送缓冲器）时，传输开始。

（2）在传输第 1 位数据的同时，数据被并行地从发送缓冲器传输到 8 位移位寄存器中，然后按顺序被串行地移位送到 MOSI 引脚。

（3）与此同时，从 MISO 引脚接收到的数据，按顺序被串行地移位送入 8 位移位寄存器，然后被并行地传输到 SPI_DR 寄存器（接收缓冲器）中。

2）单向的只接收模式（BIDIMODE=0 且 RXONLY=1）

（1）当 SPE=1 时，传输开始。

（2）只有接收器被激活，从 MISO 引脚接收到的数据按顺序被串行地移位送入 8 位移位寄存器，然后被并行地传输到 SPI_DR 寄存器（接收缓冲器）中。

3）双向模式，发送时（BIDIMODE=1 且 BIDIOE=1）

（1）当写入数据到 SPI_DR 寄存器（发送缓冲器）时，传输开始。

（2）在传输第 1 位数据的同时，数据被并行地从发送缓冲器传输到 8 位移位寄存器中，然后按顺序被串行地移位送到 MOSI 引脚。

（3）不接收数据。

4）双向模式，接收时（BIDIMODE＝1且BIDIOE＝0）

（1）当SPE＝1且BIDIOE＝0时，传输开始。

（2）从MOSI引脚接收到的数据按顺序被串行地移位送入8位移位寄存器，然后被并行地传输到SPI_DR寄存器（接收缓冲器）中。

（3）不激活发送缓冲器，没有数据被串行地送到MOSI引脚。

3. 从模式下的数据传输

1）全双工模式（BIDIMODE＝0且RXONLY＝0）

（1）当从设备接收到时钟信号并且第1个数据位出现在MOSI引脚时，数据传输开始，随后的数据位依次移动进入移位寄存器。

（2）与此同时，发送缓冲器中的数据被并行地传输到8位移位寄存器，随后被串行地发送到MISO引脚。必须保证SPI主设备开始数据传输之前在发送缓冲器中写入要发送的数据。

2）单向的只接收模式（BIDIMODE＝0且RXONLY＝1）

（1）当从设备接收到时钟信号并且第1个数据位出现在MOSI引脚时，数据传输开始，随后的数据位依次移动进入移位寄存器。

（2）不启动发送缓冲器，没有数据被串行地传输到MISO引脚上。

3）双向模式，发送时（BIDIMODE＝1且BIDIOE＝1）

（1）当从设备接收到时钟信号并且发送缓冲器中的第1个数据位被传输到MISO引脚时，数据传输开始。

（2）在第1个数据位被传输到MISO引脚上的同时，发送缓冲器中要发送的数据被并行地传输到8位移位寄存器中，随后被串行地发送到MISO引脚上。软件必须保证在SPI主设备开始数据传输之前在发送缓冲器中写入要发送的数据。

（3）不接收数据。

4）双向模式，接收时（BIDIMODE＝1且BIDIOE＝0）

（1）当从设备接收到时钟信号并且第1个数据位出现在MOSI引脚时，数据传输开始。

（2）从MISO引脚接收到的数据被串行地传输到8位移位寄存器中，然后被并行地传输到SPI_DR寄存器（接收缓冲器）。

（3）不启动发送器，没有数据被串行地传输到MISO引脚上。

4. 处理数据的发送与接收

当数据从发送缓冲器传送到移位寄存器时，TXE标志位被置位（发送缓冲器空），表示发送缓冲器可以接收下一个数据；如果在SPI_CR2寄存器中设置了TXEIE位，则此时会产生中断；写入数据到SPI_DR寄存器即可清除TXE位。

在写入发送缓冲器之前，软件必须确认TXE标志位为1，否则新的数据会覆盖已经在发送缓冲器中的数据。

在采样时钟的最后一个边沿，当数据被从移位寄存器传输到接收缓冲器时，设置

RXNE 标志位(接收缓冲器非空),表示数据已经就绪,可以从 SPI_DR 寄存器读出;如果在 SPI_CR2 寄存器中设置了 RXNEIE 位,则此时会产生一个中断;读 SPI_DR 寄存器即可清除 RXNE 标志位。

9.3 STM32 的 SPI 库函数

SPI 相关的函数和宏被定义在以下文件中。

(1) 头文件: stm32f4xx_spi.h。

(2) 源文件: stm32f4xx_spi.c。

1. SPI 初始化函数

语法格式如下。

```
void   void SPI_Init (SPI_TypeDef *  SPIx, SPI_InitTypeDef *  SPI_InitStruct);
```

参数 SPI_TypeDef * SPIx 表示 SPI 应用对象,为一个结构体指针,表示形式是 SPI1~SPI5,以宏定义形式定义在 stm32f4xx_.h 文件中。例如:

```
#define SPI1          ((SPI_TypeDef * ) SPI1_BASE)
#define SPI2          ((SPI_TypeDef * ) SPI2_BASE)
#define SPI3          ((SPI_TypeDef * ) SPI3_BASE)
#define SPI4          ((SPI_TypeDef * ) SPI4_BASE)
#define SPI5          ((SPI_TypeDef * ) SPI5_BASE)
#define SPI6          ((SPI_TypeDef * ) SPI6_BASE)
```

参数 SPI_InitTypeDef * SPI_InitStruct 是 SPI 应用对象初始化结构体指针,以自定义的结构体定义在 stm32f4xx_spi.h 文件中。

```
typedef struct
{
    uint16_t  SPI_Direction;          //SPI 是单向还是双向传输
    uint16_t  SPI_Mode;               //SPI 的主/从模式
    uint16_t  SPI_DataSize;           //SPI 传输数据宽度
    uint16_t  SPI_CPOL;               //SPI 的 CPOL 极性,定义当 SPI 空闲时时钟的极性
    uint16_t  SPI_CPHA;               //SPI 的 CPHA 相位,定义 SPI 采样位置
    uint16_t  SPI_NSS;                //NSS 引脚管理方式
    uint16_t  SPI_BaudRatePrescaler;  //时钟频率
    uint16_t  SPI_FirstBit;           //最先输出的数据位
    uint16_t  SPI_CRCPolynomial;      //CRC 多项式
} SPI_InitTypeDef,
```

成员 uint16_t SPI_Direction 表示 SPI 是单向还是双向传输,定义如下。

```
#define   SPI_Direction_2Lines_FullDuplex   ((uint16_t)0x0000)   //双线全双工
#define   SPI_Direction_2Lines_RxOnly       ((uint16_t)0x0400)   //双线接收
#define   SPI_Direction_1Line_Rx            ((uint16_t)0x8000)   //单线接收
#define   SPI_Direction_1Line_Tx            ((uint16_t)0xC000)   //单线发送
```

成员 uint16_t　SPI_Mode 表示 SPI 的主/从模式,定义如下。

```
#define    SPI_Mode_Master       ((uint16_t)0x0104)        //主机模式
#define    SPI_Mode_Slave        ((uint16_t)0x0000)        //从机模式
```

成员 uint16_t　SPI_DataSize 表示 SPI 传输数据宽度,定义如下。

```
#define    SPI_DataSize_16b      ((uint16_t)0x0800)        //16 位宽度
#define    SPI_DataSize_8b       ((uint16_t)0x0000)        //8 位宽度
```

成员 uint16_t　SPI_CPOL 表示 SPI 的 CPOL 极性,定义当 SPI 空闲时时钟的极性,定义如下。

```
#define    SPI_CPOL_Low          ((uint16_t)0x0000)        //当 SPI 空闲时,时钟为低电平
#define    SPI_CPOL_High         ((uint16_t)0x0002)        //当 SPI 空闲时,时钟为高电平
```

成员 uint16_t　SPI_CPHA 表示 SPI 的 CPHA 相位,定义 SPI 采样位置,定义如下。

```
#define    SPI_CPHA_1Edge        ((uint16_t)0x0000)        //时钟第 1 个边沿采样
#define    SPI_CPHA_2Edge        ((uint16_t)0x0001)        //时钟第 2 个边沿采样
```

成员 uint16_t　SPI_NSS 表示 NSS 引脚管理方式,定义如下。

```
#define    SPI_NSS_Soft          ((uint16_t)0x0200)        //软件方式
#define    SPI_NSS_Hard          ((uint16_t)0x0000)        //硬件方式
```

成员 uint16_t　SPI_BaudRatePrescaler 表示时钟频率,可以是总线时钟的 2、4、8、16、32、64、128 和 256 分频,定义如下。

```
#define    SPI_BaudRatePrescaler_2      ((uint16_t)0x0000)     //总线时钟的 2 分频
#define    SPI_BaudRatePrescaler_4      ((uint16_t)0x0008)     //总线时钟的 4 分频
…
#define    SPI_BaudRatePrescaler_256    ((uint16_t)0x0038)     //总线时钟的 256 分频
```

成员 uint16_t　SPI_FirstBit 表示最先输出的数据位,定义如下。

```
#define    SPI_FirstBit_MSB      ((uint16_t)0x0000)        //数据最高位先输出
#define    SPI_FirstBit_LSB      ((uint16_t)0x0080)        //数据最低位先输出
```

成员 uint16_t　SPI_CRCPolynomial 表示 CRC 多项式,根据需求自定义,复位值为 0x07。

2. SPI 使能函数

语法格式如下。

```
void  SPI_Cmd (SPI_TypeDef *  SPIx, FunctionalState  NewState);
```

参数 FunctionalState　NewState 表示使能或禁止 SPI 控制器。取值为 ENABLE(使能 SPI 控制器)或 DISABLE(禁止 SPI 控制器)。

例如,使能 SPI5 控制器。

```
SPI_Cmd (SPI5, ENABLE);
```

3. SPI 发送数据函数

语法格式如下。

```
void SPI_I2S_SendData (SPI_TypeDDef * SPIx, uint16_t Data);
```

参数 uint16_t Data 为需要写的数据。

例如,写 SPI1 数据寄存器,并启动发送。

```
SPI_I2S_SendData (SPI1,0xAA);
```

4. SPI 接收数据函数

语法格式如下。

```
uint16_t  SPI_I2S_ReceiveData (SPI_TypeDef *  SPIx);
```

该函数返回接收到的数据。

例如,从 SPI5 控制器读一个接收到的数据,赋值给变量 A。

```
A = SPI_I2S_ReceiveData (SPI5);
```

5. SPI 检测状态标志函数

语法格式如下。

```
Flag Status  SPI_I2S_GetFlagStatus (SPI_TypeDef *  SPIx, uint16_t  SPI_I2S_FLAG);
```

参数 uint16_t   SPI_I2S_FLAG 表示 SPI 状态标志,定义如下。

```
# define   SPI_I2S_FLAG_RXNE      ((uint16_t)0x0001)    //接收缓冲区为非空标志
# define   SPI_I2S_FLAG_TXE       ((uint16_t)0x0002)    //发送缓冲区为空标志
# define   SPI_FLAG_CRCERR        ((uint16_t)0x0010)    //CRC 错误标志
# define   SPI_FLAG_MODF          ((uint16_t)0x0020)    //主模式故障标志
# define   SPI_I2S_FLAG_OVR       ((uint16_t)0x0040)    //溢出错误标志
# define   SPI_I2S_FLAG_BSY       ((uint16_t)0x0080)    //忙标志
# define   SPI_I2S_FLAG_TIFRFE    ((uint16_t)0x0100)    //帧格式错误标志
```

该函数返回接收到的数据。

例如,检测 SPI1 控制器是否接收到新数据,如果成功检测到 RXNE＝1,则从 SPI5 控制器读一个接收到的数据,赋值给变量 A。

```
while (SPI_I2S_GetFlagStatus (SPI1, SPI_I2S_FLAG_TXE) = RESET);
A = SPI_I2S_ReceiveData (SPI1);
```

9.4 STM32 的 SPI 应用实例

Flash 存储器又称为闪存,它与 EEPROM 都是掉电后数据不丢失的存储器,但 Flash 容量普遍大于 EEPROM,现在基本取代了它的地位。生活中常用的 U 盘、SD 卡、SSD 固态硬盘以及 STM32 芯片内部用于存储程序的设备，都是 Flash 类型的存储器。

本节以一种使用 SPI 通信的串行 Flash 存储芯片 W25Q128 的读写为例，讲述 STM32 的 SPI 使用方法。实例中 STM32 的 SPI 外设采用主模式，通过查询事件的方式确保正常通信。

9.4.1　STM32 的 SPI 配置流程

以工作在全双工主模式下的 SPI1 控制器为例，使用 PG6、PB3、PB4 和 PB5 分别作为 SPI1 控制器的 NSS、SCLK、MOSI 和 MISO 的复用引脚。

（1）使能 SPI1 控制器时钟和通信线复用引脚端口 GPIOB 的时钟。

```
RCC_APB2PeriphClockCmd(RCC_APB2Periph_SPI1,ENABLE);    //使能 SPI1 控制器时钟
RCC_AHB1PeriphClockCmd(RCC_AHB1Periph_GPIOB,ENABLE);   //使能 GPIOB 时钟
```

（2）初始化引脚。

复用 PB3～PB5 到 SPI1。

```
GPIO_PinAFConfig(GPIOF,GPIO_PinSource3,GPIO_AF_SPI1);
GPIO_PinAFConfig(GPIOF,GPIO_PinSource4,GPIO_AF_SPI1);
GPIO_PinAFConfig(GPIOF,GPIO_PinSource5,GPIO_AF_SPI1);
```

将引脚设置为复用模式并初始化。

```
GPIO_Init(GPIOB,&GPIO_InitStructure);
```

（3）初始化 SPI1 控制器工作模式。

```
SPI_Init(SPI1,&SPI_InitStructure);
```

（4）使能 SPI1 控制器。

```
SPI_Cmd(SPI1,ENABLE);
```

（5）中断使能。

如果需要使用中断，需要配置 NVIC 和使能相应的 SPI1 中断事件。

9.4.2　SPI 与 Flash 接口的硬件设计

W25Q128 SPI 串行 Flash 硬件连接如图 9-7 所示。

本开发板中的 Flash 芯片（W25Q128）是一种使用 SPI 通信协议的 NOR Flash，它的 $\overline{\text{CS}}$、CLK、DIO、DO 引脚分别连接到 STM32 对应的 SPI 引脚（NSS、SCK、MOSI、MISO）上，其中 STM32 的 NSS 引脚是一个普通的 GPIO，不是 SPI 的专用 NSS 引脚，所以程序中要使用软件控制的方式。

Flash 芯片中还有 $\overline{\text{WP}}$ 和 $\overline{\text{HOLD}}$ 引脚。$\overline{\text{WP}}$ 引脚可控制写保护功能，当该引脚为低电平时，禁止写入数据。直接接电源，不使用写保护功能。$\overline{\text{HOLD}}$ 引脚可用于暂停通信，该引

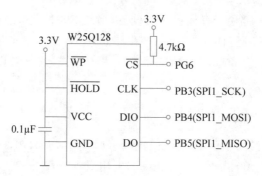

图 9-7　W25Q128 SPI 串行 Flash 硬件连接

脚为低电平时,通信暂停,数据输出引脚输出高阻抗状态,时钟和数据输入引脚无效。直接接电源,不使用通信暂停功能。

本实例实现 SPI 通信的串行 Flash 存储芯片的读写,并通过串口调试助手打印出读写过程,对 Flash 的芯片 ID 进行校验,并用 LED 不同的颜色指示正常异常状态。实验中 STM32 的 SPI 外设采用主模式,通过查询事件的方式确保正常通信。

关于 Flash 芯片的更多信息,可参考 W25Q128 数据手册。若使用的开发板 Flash 的型号或控制引脚不一样,只需根据工程模板修改即可,程序的控制原理相同。

9.4.3　SPI 与 Flash 接口的软件设计

为了使工程更加有条理,把读写 Flash 相关的代码独立分开存储,方便以后移植。在工程模板之上新建 bsp_spi_ flash.h 及 bsp_spi_flash.c 文件,这些文件也可根据读者的喜好命名,它们不属于 STM32 标准库的内容,是由自己根据应用需要编写的。

1. bsp_spi_ flash.h 文件

```
# ifndef __SPI_Flash_H
# define __SPI_Flash_H

# include "stm32f4xx.h"
# include < stdio.h >

// # define    sFlash_ID                  0xEF3015     //W25X16
// # define    sFlash_ID                  0xEF4015     //W25Q16
// # define    sFlash_ID                  0XEF4017     //W25Q64
# define    sFlash_ID                  0XEF4018     //W25Q128

// # define SPI_Flash_PageSize            4096
# define SPI_Flash_PageSize            256
# define SPI_Flash_PerWritePageSize    256

/ * 命令定义 - 开始 ***************************** /
# define W25X_WriteEnable              0x06
# define W25X_WriteDisable             0x04
# define W25X_ReadStatusReg            0x05
```

```
#define W25X_WriteStatusReg              0x01
#define W25X_ReadData                    0x03
#define W25X_FastReadData                0x0B
#define W25X_FastReadDual                0x3B
#define W25X_PageProgram                 0x02
#define W25X_BlockErase                  0xD8
#define W25X_SectorErase                 0x20
#define W25X_ChipErase                   0xC7
#define W25X_PowerDown                   0xB9
#define W25X_ReleasePowerDown            0xAB
#define W25X_DeviceID                    0xAB
#define W25X_ManufactDeviceID            0x90
#define W25X_JedecDeviceID               0x9F

#define WIP_Flag                         0x01
#define Dummy_Byte                       0xFF
/* 命令定义 - 结尾 ******************************** /

/* SPI 定义 - 开始 *************************** /
#define Flash_SPI                        SPI1
#define Flash_SPI_CLK                    RCC_APB2Periph_SPI1
#define Flash_SPI_CLK_INIT               RCC_APB2PeriphClockCmd

#define Flash_SPI_SCK_PIN                GPIO_Pin_3
#define Flash_SPI_SCK_GPIO_PORT          GPIOB
#define Flash_SPI_SCK_GPIO_CLK           RCC_AHB1Periph_GPIOB
#define Flash_SPI_SCK_PINSOURCE          GPIO_PinSource3
#define Flash_SPI_SCK_AF                 GPIO_AF_SPI1

#define Flash_SPI_MISO_PIN               GPIO_Pin_4
#define Flash_SPI_MISO_GPIO_PORT         GPIOB
#define Flash_SPI_MISO_GPIO_CLK          RCC_AHB1Periph_GPIOB
#define Flash_SPI_MISO_PINSOURCE         GPIO_PinSource4
#define Flash_SPI_MISO_AF                GPIO_AF_SPI1

#define Flash_SPI_MOSI_PIN               GPIO_Pin_5
#define Flash_SPI_MOSI_GPIO_PORT         GPIOB
#define Flash_SPI_MOSI_GPIO_CLK          RCC_AHB1Periph_GPIOB
#define Flash_SPI_MOSI_PINSOURCE         GPIO_PinSource5
#define Flash_SPI_MOSI_AF                GPIO_AF_SPI1

#define Flash_CS_PIN                     GPIO_Pin_6
#define Flash_CS_GPIO_PORT               GPIOG
#define Flash_CS_GPIO_CLK                RCC_AHB1Periph_GPIOG

#define SPI_Flash_CS_LOW()      {Flash_CS_GPIO_PORT->BSRRH = Flash_CS_PIN;}
#define SPI_Flash_CS_HIGH()     {Flash_CS_GPIO_PORT->BSRRL = Flash_CS_PIN;}
/* SPI 定义 - 结尾 *************************** /

/* 等待超时时间 */
#define SPIT_FLAG_TIMEOUT            ((uint32_t)0x1000)
```

```
#define SPIT_LONG_TIMEOUT                ((uint32_t)(10 * SPIT_FLAG_TIMEOUT))

/* 信息输出 */
#define Flash_DEBUG_ON          1

#define Flash_INFO(fmt,arg...)          printf("<<-Flash-INFO->> "fmt"\n", ##arg)
#define Flash_ERROR(fmt,arg...)         printf("<<-Flash-ERROR->> "fmt"\n", ##arg)
#define Flash_DEBUG(fmt,arg...)         do{\
                                            if(Flash_DEBUG_ON)\
                                            printf("<<-Flash-DEBUG->> [ %d]"fmt"\n",
                                            __LINE__, ##arg);\
                                            }while(0)

void SPI_Flash_Init(void);
void SPI_Flash_SectorErase(u32 SectorAddr);
void SPI_Flash_BulkErase(void);
void SPI_Flash_PageWrite(u8 * pBuffer, u32 WriteAddr, u16 NumByteToWrite);
void SPI_Flash_BufferWrite(u8 * pBuffer, u32 WriteAddr, u16 NumByteToWrite);
void SPI_Flash_BufferRead(u8 * pBuffer, u32 ReadAddr, u16 NumByteToRead);
u32 SPI_Flash_ReadID(void);
u32 SPI_Flash_ReadDeviceID(void);
void SPI_Flash_StartReadSequence(u32 ReadAddr);
void SPI_Flash_PowerDown(void);
void SPI_Flash_WAKEUP(void);

u8 SPI_Flash_ReadByte(void);
u8 SPI_Flash_SendByte(u8 byte);
u16 SPI_Flash_SendHalfWord(u16 HalfWord);
void SPI_Flash_WriteEnable(void);
void SPI_Flash_WaitForWriteEnd(void);

#endif /* __SPI_Flash_H */
```

2. bsp_spi_ flash.c 文件

```
#include "./flash/bsp_spi_flash.h"

static __IO uint32_t  SPITimeout = SPIT_LONG_TIMEOUT;

static uint16_t SPI_TIMEOUT_UserCallback(uint8_t errorCode);

/*
  * @brief   SPI_Flash 初始化
  * @param   无
  * @retval  无
  */
void SPI_Flash_Init(void)
{
  SPI_InitTypeDef  SPI_InitStructure;
  GPIO_InitTypeDef GPIO_InitStructure;
```

```
/* 使能 Flash_SPI 及 GPIO 时钟 */
/* SPI_Flash_SPI_CS_GPIO, SPI_Flash_SPI_MOSI_GPIO,
      SPI_Flash_SPI_MISO_GPIO,SPI_Flash_SPI_SCK_GPIO 时钟使能 */
RCC_AHB1PeriphClockCmd (Flash_SPI_SCK_GPIO_CLK | Flash_SPI_MISO_GPIO_CLK|Flash_SPI_MOSI_
GPIO_CLK|Flash_CS_GPIO_CLK, ENABLE);

/* SPI_Flash_SPI 时钟使能 */
Flash_SPI_CLK_INIT(Flash_SPI_CLK, ENABLE);

//设置引脚复用
GPIO_PinAFConfig(Flash_SPI_SCK_GPIO_PORT,Flash_SPI_SCK_PINSOURCE,Flash_SPI_SCK_AF);
GPIO_PinAFConfig(Flash_SPI_MISO_GPIO_PORT,Flash_SPI_MISO_PINSOURCE,Flash_SPI_MISO_AF);
GPIO_PinAFConfig(Flash_SPI_MOSI_GPIO_PORT,Flash_SPI_MOSI_PINSOURCE,Flash_SPI_MOSI_AF);

/* 配置 SPI_Flash_SPI 引脚: SCK */
GPIO_InitStructure.GPIO_Pin = Flash_SPI_SCK_PIN;
GPIO_InitStructure.GPIO_Speed = GPIO_Speed_50MHz;
GPIO_InitStructure.GPIO_Mode = GPIO_Mode_AF;
GPIO_InitStructure.GPIO_OType = GPIO_OType_PP;
GPIO_InitStructure.GPIO_PuPd = GPIO_PuPd_NOPULL;

GPIO_Init(Flash_SPI_SCK_GPIO_PORT, &GPIO_InitStructure);

/* 配置 SPI_Flash_SPI 引脚: MISO */
GPIO_InitStructure.GPIO_Pin = Flash_SPI_MISO_PIN;
GPIO_Init(Flash_SPI_MISO_GPIO_PORT, &GPIO_InitStructure);

/* 配置 SPI_Flash_SPI 引脚: MOSI */
GPIO_InitStructure.GPIO_Pin = Flash_SPI_MOSI_PIN;
GPIO_Init(Flash_SPI_MOSI_GPIO_PORT, &GPIO_InitStructure);

/* 配置 SPI_Flash_SPI 引脚: CS */
GPIO_InitStructure.GPIO_Pin = Flash_CS_PIN;
GPIO_InitStructure.GPIO_Mode = GPIO_Mode_OUT;
GPIO_Init(Flash_CS_GPIO_PORT, &GPIO_InitStructure);

/* 停止信号 Flash: CS引脚高电平 */
SPI_Flash_CS_HIGH();

/* Flash_SPI 模式配置 */
// Flash 芯片支持 SPI 模式 0 及模式 3,据此设置 CPOL CPHA
SPI_InitStructure.SPI_Direction = SPI_Direction_2Lines_FullDuplex;
SPI_InitStructure.SPI_Mode = SPI_Mode_Master;
SPI_InitStructure.SPI_DataSize = SPI_DataSize_8b;
SPI_InitStructure.SPI_CPOL = SPI_CPOL_High;
SPI_InitStructure.SPI_CPHA = SPI_CPHA_2Edge;
SPI_InitStructure.SPI_NSS = SPI_NSS_Soft;
SPI_InitStructure.SPI_BaudRatePrescaler = SPI_BaudRatePrescaler_2;
SPI_InitStructure.SPI_FirstBit = SPI_FirstBit_MSB;
SPI_InitStructure.SPI_CRCPolynomial = 7;
SPI_Init(Flash_SPI, &SPI_InitStructure);
```

```
    /* 使能 Flash_SPI */
    SPI_Cmd(Flash_SPI, ENABLE);

}
```

与所有使用到 GPIO 的外设一样,都要先把使用到的 GPIO 引脚模式初始化,配置好复用功能。GPIO 初始化流程如下。

(1) 使用 GPIO_InitTypeDef 定义 GPIO 初始化结构体变量,以便后续用于存储 GPIO 配置。

(2) 调用库函数 RCC_AHB1PeriphClockCmd()使能 SPI 引脚使用的 GPIO 端口时钟,调用时使用"|"操作同时配置多个引脚。调用宏 Flash_SPI_CLK_INIT 使能 SPI 外设时钟(该宏封装了 APB 时钟使能的库函数)。

(3) 向 GPIO 初始化结构体赋值,把 SCK、MOSI、MISO 引脚初始化为复用推挽模式。而 CS(NSS) 引脚由于使用软件控制,把它配置为普通的推挽输出模式。

(4) 使用以上初始化结构体的配置,调用 GPIO_Init()函数向寄存器写入参数,完成 GPIO 的初始化。

以上只是配置了 SPI 使用的引脚,对 SPI 外设模式进行配置。在配置 STM32 的 SPI 模式前,要先了解从机端的 SPI 模式。本例中可通过查阅 Flash W25Q128 数据手册获取。根据 Flash 芯片的说明,它支持 SPI 模式 0 及模式 3,支持双线全双工,使用 MSB 先行模式,最高通信时钟为 104MHz,数据帧长度为 8 位。要把 STM32 的 SPI 外设中的这些参数配置一致。

3. main. c 程序

```
#include "stm32f4xx.h"
#include "./led/bsp_led.h"
#include "./usart/bsp_debug_usart.h"
#include "./flash/bsp_spi_flash.h"

typedef enum { FAILED = 0, PASSED = !FAILED} TestStatus;

/* 获取缓冲区的长度 */
#define TxBufferSize1   (countof(TxBuffer1) - 1)
#define RxBufferSize1   (countof(TxBuffer1) - 1)
#define countof(a)      (sizeof(a) / sizeof(*(a)))
#define  BufferSize (countof(Tx_Buffer) - 1)

#define  Flash_WriteAddress     0x00000
#define  Flash_ReadAddress      Flash_WriteAddress
#define  Flash_SectorToErase    Flash_WriteAddress

/* 发送缓冲区初始化 */
uint8_t Tx_Buffer[] = "感谢您选用野火 stm32 开发板\r\nhttps://fire-stm32.taobao.com";
uint8_t Rx_Buffer[BufferSize];
```

```
//读取的 ID 存储位置
__IO uint32_t DeviceID = 0;
__IO uint32_t FlashID = 0;
__IO TestStatus TransferStatus1 = FAILED;

// 函数原型声明
void Delay(__IO uint32_t nCount);
TestStatus Buffercmp(uint8_t * pBuffer1, uint8_t * pBuffer2, uint16_t BufferLength);

/*
 * 函数名: main
 * 描述  : 主函数
 * 输入  : 无
 * 输出  : 无
 */
int main(void)
{
    LED_GPIO_Config();
    LED_BLUE;

    /* 配置串口 */
    Debug_USART_Config();

    printf("\r\n 这是一个 16MHz 串行 Flash(W25Q128)实验 \r\n");

    /* W25Q128 初始化 */
    SPI_Flash_Init();

    /* 获取 Flash 设备 ID */
    DeviceID = SPI_Flash_ReadDeviceID();

    Delay( 200 );

    /* 获取 SPI Flash ID */
    FlashID = SPI_Flash_ReadID();

    printf("\r\nFlashID is 0x%X, Manufacturer Device ID is 0x%X\r\n", FlashID, DeviceID);

    /* 检验 SPI Flash ID */
    if (FlashID == sFlash_ID)
    {
        printf("\r\n 检测到 SPI Flash W25Q128 !\r\n");

        /* 擦除将要写入的 SPI Flash 扇区,Flash 写入前要先擦除 */
        SPI_Flash_SectorErase(Flash_SectorToErase);

        /* 将发送缓冲区的数据写到 Flash 中 */
        SPI_Flash_BufferWrite(Tx_Buffer, Flash_WriteAddress, BufferSize);
        printf("\r\n 写入的数据为: \r\n%s", Tx_Buffer);
```

```
        /* 将刚刚写入的数据读出放到接收缓冲区中 */
        SPI_Flash_BufferRead(Rx_Buffer, Flash_ReadAddress, BufferSize);
        printf("\r\n读出的数据为: \r\n%s", Rx_Buffer);

        /* 检查写入的数据与读出的数据是否相等 */
        TransferStatus1 = Buffercmp(Tx_Buffer, Rx_Buffer, BufferSize);

        if( PASSED == TransferStatus1 )
        {
            LED_GREEN;
            printf("\r\n16MHz 串行 Flash(W25Q128)测试成功!\n\r");
        }
        else
        {
            LED_RED;
            printf("\r\n16MHz 串行 Flash(W25Q128)测试失败!\n\r");
        }
    }
    else
    {
        LED_RED;
        printf("\r\n 获取不到 W25Q128 ID!\n\r");
    }

    SPI_Flash_PowerDown();
    while(1);
}

/*
 * 函数名: Buffercmp
 * 描述   : 比较两个缓冲区中的数据是否相等
 * 输入   : - pBuffer1        src 缓冲区指针
 *          - pBuffer2        dst 缓冲区指针
 *          - BufferLength    缓冲区长度
 * 输出   : 无
 * 返回   : - PASSED pBuffer1 等于    pBuffer2
 *          - FAILED pBuffer1 不等于 pBuffer2
 */
TestStatus Buffercmp(uint8_t * pBuffer1, uint8_t * pBuffer2, uint16_t BufferLength)
{
    while(BufferLength -- )
    {
        if( * pBuffer1 != * pBuffer2)
        {
            return FAILED;
        }

        pBuffer1++;
        pBuffer2++;
    }
    return PASSED;
```

```
}

void Delay( __IO uint32_t nCount)
{
        for( ; nCount != 0; nCount -- );
}
```

函数中初始化了 LED、USART 串口、SPI 外设，然后读取 Flash 芯片的 ID 进行校验，如果 ID 校验通过，则向 Flash 的特定地址写入测试数据，然后再从该地址读取数据，测试读写是否正常。

用 USB 线连接开发板 USB 转串口接口与计算机，在计算机端打开串口调试助手，把编译好的程序下载到开发板。在串口调试助手可看到 Flash 测试的调试信息，如图 9-8 所示。

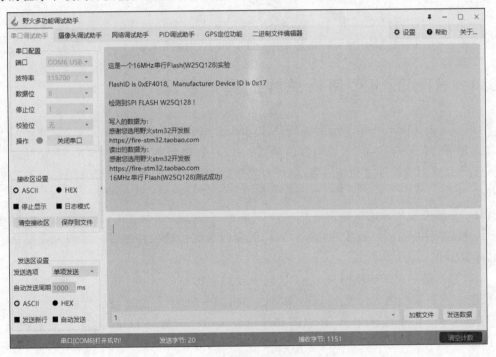

图 9-8　Flash 测试的调试信息

第 10 章

STM32 I2C 串行总线

本章讲述 STM32 I2C 串行总线,包括 STM32 I2C 串行总线的通信原理、STM32 I2C 串行总线接口、STM32F4 的 I2C 库函数和 STM32 I2C 应用实例。

10.1　STM32 I2C 串行总线的通信原理

I2C(Inter-Integrated Circuit)总线是原 Philips 公司推出的一种用于 IC 器件之间连接的 2 线制串行扩展总线,它通过两根信号线——SDA(串行数据线)和 SCL(串行时钟线),在连接到总线上的器件之间传输数据,所有连接在总线的 I2C 器件都可以工作于发送方式或接收方式。

I2C 总线主要用来连接整体电路,是一种多向控制总线。也就是说,多枚芯片可以连接到同一总线结构下,同时每枚芯片都可以作为实时数据传输的控制源。这种方式简化了信号传输总线接口。

I2C 总线最早用于解决电视中 CPU 与外设之间的通信问题。由于引脚少、硬件简单、易于建立、可扩展性强,I2C 的应用范围早已超出家电范畴,目前已经成为事实上的工业标准,被广泛地应用于微控制器、存储器和外设模块中。例如,STM32F407 系列微控制器、EEPROM 模块 24Cxx 系列、温度传感器模块 TMP102、气压传感器模块 BMP180、光照传感器模块 BH1750FVI、电子罗盘模块 HMC5883L、CMOS 图像传感器模块 OV7670、超声波测距模块 KS103 和 SRF08、数字调频(FM)立体声无线电接收机模块 TEA5657、13.56MHz 非接触式 IC 卡读卡模块 RC522 等都集成了 I2C 接口。

10.1.1　STM32 I2C 串行总线概述

I2C 总线结构如图 10-1 所示。I2C 总线的 SDA 和 SCL 是双向 I/O 线,必须通过上拉电阻接到正电源,当总线空闲时,两线都是"高电平"。所有连接在 I2C 总线上的器件引脚必须是开漏或集电极开路输出,即具有"线与"功能。所有挂在总线上器件的 I2C 引脚接口也应该是双向的;SDA 输出电路用于发送数据到总线上,而 SDA 输入电路用于接收总线上的数据；主机通过 SCL 输出电路发送时钟信号，同时其本身的接收电路需要检测总线上 SCL 电平，以决定下一步的动作，从机的 SCL 输入电路接收总线时钟，并在 SCL 控制下向 SDA 发送数据或从 SDA 上接收数据，也可以通过拉低 SCL（输出）延长总线周期。

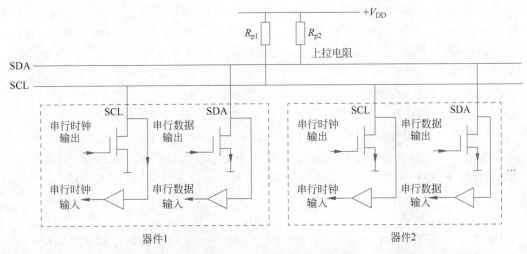

图 10-1　I2C 总线结构

I2C 总线上允许连接多个器件，支持多主机通信。但为了保证数据可靠地传输，任意时刻总线只能由一台主机控制，其他设备此时均表现为从机。I2C 总线的运行（指数据传输过程）由主机控制。所谓主机控制，就是由主机发出启动信号和时钟信号，控制传输过程结束时发出停止信号等。每个连接到 I2C 总线上的设备或器件都有一个唯一独立的地址，以便于主机寻访。主机与从机之间的数据传输，可以是主机发送数据到从机，也可以是从机发送数据到主机。因此，在 I2C 协议中，除了使用主机、从机的定义外，还使用了发送器、接收器的定义。发送器表示发送数据方，可以是主机，也可以是从机；接收器表示接收数据方，同样也可以代表主机或代表从机。在 I2C 总线上一次完整的通信过程中，主机和从机的角色是固定的，SCL 时钟由主机发出，但发送器和接收器是不固定的，经常变化，这一点请读者特别留意，尤其在学习 I2C 总线时序过程中，不要把它们混淆在一起。

在 I2C 总线上，双向串行的数据以字节为单位传输，位速率在标准模式下可达 100kb/s，在快速模式下可达 400kb/s，在高速模式下可达 3.4Mb/s。各种被控制电路均并联在总线的 SDA 和 SCL 上，每个器件都有唯一的地址。通信由充当主机的器件发起，它像打电话一样呼叫希望与之通信的从机的地址（相当于从机的电话号码），只有被呼叫了地址的器件才能占据总线与主机"对话"。地址由器件的类别识别码和硬件地址共同组成，其中的器件类别包括微控制器、LCD 驱动器、存储器、实时时钟或键盘接口等，各类器件都有唯一的识别码。硬件地址则通过从机器件上的引脚连线设置。在信息的传输过程中，主机初始化 I2C 总线通信，并产生同步的时钟信号。任何被寻址的器件都被认为是从机，总线上并联的每个器件既可以是主机，又可以是从机，这取决于它所要完成的功能。如果两个或更多主机同时初始化数据传输，可以通过冲突检测和仲裁防止数据被破坏。I2C 总线上挂接的器件数量只受到信号线上总负载电容的限制,只要不超过 400pF 的限制,理论上可以连接任意数量的器件。

与 SPI 相比,I2C 最主要的优点是简单性和有效性。

(1) I2C 仅用两根信号线(SDA 和 SCL)就实现了完善的半双工同步数据通信,且能够方便地构成多机系统和外围器件扩展系统。I2C 总线上的器件地址采用硬件设置方法,寻址则由软件完成,避免了从机选择线寻址时造成的片选线众多的弊端,使系统具有更简单也更灵活的扩展方法。

(2) I2C 支持多主控系统,I2C 总线上任何能够进行发送和接收的设备都可以成为主机,所有主控都能够控制信号的传输和时钟频率。当然,在任何时间点上只能有一个主控。

(3) I2C 接口被设计成漏极开路的形式。在这种结构中,高电平只由电阻上拉电平＋ V_{DD} 电压决定。图 10-1 中的上拉电阻 R_{p1} 和 R_{p2} 的阻值决定了 I2C 的通信速率,理论上阻值越小,波特率越高。一般而言,当通信速率为 100kb/s 时,上拉电阻取 4.7kΩ;而当通信速率为 400kb/s 时,上拉电阻取 1kΩ。

1. I2C 接口

I2C 是半双工同步串行通信,相比于 USART 和 SPI,它所需的信号最少,只需 SCL 和 SCK 两根线。

(1) 串行时钟线(Serial Clock,**SCL**)为 I2C 通信中用于传输时钟的信号线,通常由主机发出。SCL 采用集电极开路或漏极开路的输出方式。这样,I2C 器件只能使 SCL 下拉到逻辑 0,而不能强制 SCL 上拉到逻辑 1。

(2) 串行数据线(Serial Data,**SDA**)为 I2C 通信中用于传输数据的信号线。与 SCL 类似,SDA 也采用集电极开路或漏极开路的输出方式。这样,I2C 器件同样也只能使 SDA 下拉到逻辑 0,而不能强制 SDA 上拉到逻辑 1。

2. I2C 互连

I2C 总线(即 SCL 和 SDA)上可以方便地连接多个 I2C 器件,如图 10-1 所示。

与 SPI 互连相比,**I2C 互连主要具有以下特点。**

(1) 必须在 **I2C 总线上外接上拉电阻。**

由于 I2C 总线(SCL 和 SDA)采用集电极开路或漏极开路的输出方式,连接到 I2C 总线上的任何器件都只能使 SCL 或 SDA 置 0,因此必须在 SCL 和 SDA 上外接上拉电阻,使两根信号线置 1,才能正确进行数据通信。

当一个 I2C 器件将一根信号线下拉到逻辑 0 并释放该信号线后,上拉电阻将该信号线重新置逻辑 1。I2C 标准规定这段时间(即 SCL 或 SDA 的上升时间)必须小于 1000ns。由于和信号线相连的半导体结构中不可避免地存在电容,且节点越多,该电容越高(最大 400pF),因此根据 RC 时间常数的计算方法可以计算出所需的上拉电阻阻值。上拉电阻的默认阻值范围为 1~5.1kΩ,通常选用 5.1kΩ(5V)或 4.7kΩ(3.3V)。

(2) 通过地址区分挂载在 **I2C 总线上的不同器件。**

多个 I2C 器件可以并联在 I2C 总线上。SPI 使用不同的片选线区分挂载在总线上的各个器件,这样增加了连线数量,给器件扩展带来诸多不便。而I2C使用地址识别总线上的器件,更易于器件的扩展。在I2C互连系统中,每个I2C器件都有一个唯一而独立的身份标识(ID)——器件地址(Address)。

正如在电话系统中每台座机有自己唯一的号码,只有先在线路上拨打正确的号码,才能通过线路与对应的座机进行通话。I2C通信也是如此。I2C主机必须先在总线上发送欲与之通信的I2C从机的地址,得到对方的响应后,才能进行数据通信。

(3) 支持多主机互连。

I2C带有竞争检测和仲裁电路,实现了真正的多主机互连。当多主机同时使用总线发送数据时,根据仲裁方式决定由哪个设备占用总线,以防止数据冲突和数据丢失。当然,尽管I2C支持多主机互连,但同一时刻只能有一个主机。

目前I2C接口已经获得了广大开发者和设备生产商的认同,市场上存在众多集成了I2C接口的器件。意法半导体(ST)、微芯(Microchip)、德州仪器(TI)和恩智浦(NXP)等嵌入式处理器的主流厂商的产品中几乎都集成有I2C接口。外围器件也有越来越多的低速、低成本器件使用I2C接口作为数据或控制信息的接口标准。

10.1.2 I2C总线的数据传输

1. 数据有效性规定

如图10-2所示,I2C总线进行数据传输时,时钟信号为高电平期间,数据线上的数据必须保持稳定,只有在时钟信号为低电平期间,数据线上的高电平或低电平状态才允许变化。

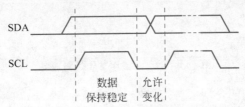

图 10-2 I2C 数据有效性规定

2. 起始信号和终止信号

I2C总线规定,当SCL为高电平时,SDA的电平必须保持稳定不变的状态,只有当SCL处于低电平时,才可以改变SDA的电平值,但起始信号和终止信号是特例。因此,当SCL处于高电平时,SDA的任何跳变都会被识别为一个起始信号或终止信号。如图10-3所示,SCL为高电平期间,SDA由高电平向低电平的变化表示起始信号;SCL为高电平期间,SDA线由低电平向高电平的变化表示终止信号。

起始信号和终止信号都是由主机发出的,在起始信号产生后,总线就处于被占用的状态;在终止信号产生后,总线就处于空闲状态。连接到I2C总线上的器件,若具有I2C总线的硬件接口,则很容易检测到起始和终止信号。

每当发送器件传输完1字节的数据后,后面必须紧跟一个校验位,这个校验位是接收端通过控制SDA实现的,以提醒发送端已经接收完成,数据传输可以继续进行。

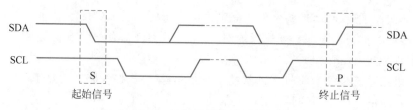

图 10-3　I2C 总线的起始信号和终止信号

3. 数据传输格式

1）字节传输与应答

在 I2C 总线的数据传输过程中，发送到 SDA 信号线上的数据以字节为单位，每个字节必须为 8 位，而且是高位（MSB）在前，低位（LSB）在后，每次发送数据的字节数量不受限制。但在数据传输过程中需要着重强调的是，当发送方发送完每个字节后，都必须等待接收方返回一个应答响应信号，如图 10-4 所示。响应信号宽度为 1 位，紧跟在 8 个数据位后面，所以发送 1 字节的数据需要 9 个 SCL 时钟脉冲。响应时钟脉冲也是由主机产生的，主机在响应时钟脉冲期间释放 SDA，使其处在高电平。

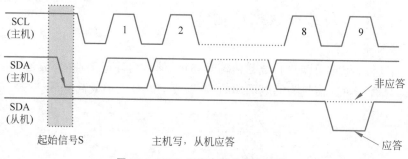

图 10-4　I2C 总线字节传输与应答

而在响应时钟脉冲期间，接收方需要将 SDA 拉低，使 SDA 在响应时钟脉冲高电平期间保持稳定的低电平，即为有效应答信号（ACK 或 A），表示接收器已经成功地接收高电平期间数据。

如果在响应时钟脉冲期间，接收方没有将 SDA 拉低，使 SDA 在响应时钟脉冲高电平期间保持稳定的高电平，即为非应答信号（NAK 或/A），表示接收器接收该字节没有成功。

由于某种原因从机不对主机寻址信号应答时（如从机正在进行实时性的处理工作而无法接收总线上的数据），它必须将数据线置于高电平，而由主机产生一个终止信号以结束总线的数据传输。

如果从机对主机进行了应答，但在数据传输一段时间后无法继续接收更多的数据，从机可以通过对无法接收的第 1 个数据字节的"非应答"通知主机，主机则应发出终止信号以结束数据的继续传输。

当主机接收数据时，它收到最后一个数据字节后，必须向从机发出一个结束传输的信号。这个信号是由对从机的"非应答"实现的。然后，从机释放 SDA，以允许主机产生终止信号。

2）总线的寻址

挂在 I2C 总线上的器件可以很多,但相互间只有两根线连接(数据线和时钟线),如何进行识别寻址呢? 具有 I2C 总线结构的器件在其出厂时已经给定了器件的地址编码。I2C 总线器件地址 SLA(以 7 位为例)格式如图 10-5 所示。

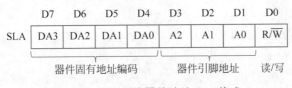

图 10-5　I2C 总线器件地址 SLA 格式

(1) DA3～DA0。这 4 位器件地址是 I2C 总线器件固有的地址编码,器件出厂时就已给定,用户不能自行设置。例如,I2C 总线器件 EEPROM AT24CXX 的器件地址为 1010。

(2) A2～A0。这 3 位引脚地址用于相同地址器件的识别。若 I2C 总线上挂有相同地址的器件,或同时挂有多片相同器件时,可用硬件连接方式对 3 位引脚 A2～A0 接 V_{CC} 或接地,形成地址数据。

(3) $R/\overline{W}$ 用于确定数据传输方向。$R/\overline{W}=1$ 时,主机接收(读); $R/\overline{W}=0$,主机发送(写)。

主机发送地址时,总线上的每个从机都将这 7 位地址码与自己的地址进行比较,如果相同,则认为自己正被主机寻址,根据 $R/\overline{W}$ 位将自己确定为发送器或接收器。

3）数据帧格式

I2C 总线上传输的数据信号是广义的,既包括地址信号,又包括真正的数据信号。在起始信号后必须传输一个从机的地址(7 位),第 8 位是数据的传输方向位($R/\overline{W}$),用 0 表示主机发送数据,1 表示主机接收数据。每次数据传输总是由主机产生的终止信号结束。但是,若主机希望继续占用总线进行新的数据传输,则可以不产生终止信号,立即再次发出起始信号对另一从机进行寻址。

4. 传输速率

I2C 总线的标准传输速率为 100kb/s,快速传输速率可达 400kb/s,目前还增加了高速模式,最高传输速率可达 3.4Mb/s。

10.2　STM32 I2C 串行总线接口

STM32 微控制器的 I2C 模块连接微控制器和 I2C 总线,提供多主机功能,支持标准和快速两种传输速率,控制所有 I2C 总线特定的时序、协议、仲裁和定时,同时与 SMBus 2.0 兼容。I2C 模块有多种用途,包括循环冗余校验码(Cyclic Redundancy Code,CRC)的生成和校验、系统管理总线(System Management Bus,SMBus)和电源管理总线(Power Management Bus,PMBus)。根据特定设备的需要,可以使用 DMA 以减轻 CPU 的负担。

10.2.1　STM32 I2C 串行总线的主要特性

STM32F407 微控制器的小容量产品有一个 I2C,中等容量产品和大容量产品有两个 I2C。

STM32F407 微控制器的 I2C 主要具有以下特性。

(1) 所有 I2C 都位于 APB1 总线。

(2) 支持标准(100kb/s)和快速(400kb/s)两种传输速率。

(3) 所有 I2C 可工作于主模式或从模式,可以作为主发送器、主接收器、从发送器或从接收器。

(4) 支持 7 位或 10 位寻址和广播呼叫。

(5) 具有 3 个状态标志:发送器/接收器模式标志、字节发送结束标志、总线忙标志。

(6) 具有两个中断向量:一个中断用于地址/数据通信成功,另一个中断用于错误。

(7) 具有单字节缓冲器的 DMA。

(8) 兼容系统管理总线 SMBus 2.0。

10.2.2　STM32 I2C 串行总线的内部结构

STM32F407 系列微控制器的 I2C 结构由 SDA 线和 SCL 线展开,主要分为时钟控制、数据控制和控制逻辑等部分,负责实现 I2C 的时钟产生、数据收发、总线仲裁和中断、DMA 等功能,如图 10-6 所示。

1. 时钟控制

时钟控制模块根据时钟控制寄存器(CCR)、控制寄存器(CR1 和 CR2)中的配置产生 I2C 协议的时钟信号,即 SCL 线上的信号。为了产生正确的时序,必须在 I2C_CR2 寄存器中设定 I2C 的输入时钟。当 I2C 工作在标准传输速率时,输入时钟的频率必须大于或等于 2MHz;当 I2C 工作在快速传输速率时,输入时钟的频率必须大于或等于 4MHz。

2. 数据控制

数据控制模块通过一系列控制架构,在将要发送数据的基础上,按照 I2C 的数据格式加上起始信号、地址信号、应答信号和终止信号,将数据一位一位地从 SDA 线上发送出去。读取数据时,则从 SDA 线上的信号中提取出接收到的数据值。发送和接收的数据都被保存在数据寄存器中。

3. 控制逻辑

控制逻辑模块用于产生 I2C 中断和 DMA 请求。

10.2.3　STM32 I2C 串行总线的功能描述

I2C 接收和发送数据,并将数据从串行转换为并行,或从并行转换为串行;可以开启或禁止中断;接口通过数据引脚(SDA)和时钟引脚(SCL)连接到 I2C 总线,允许连接到标准或快速的 I2C 总线。

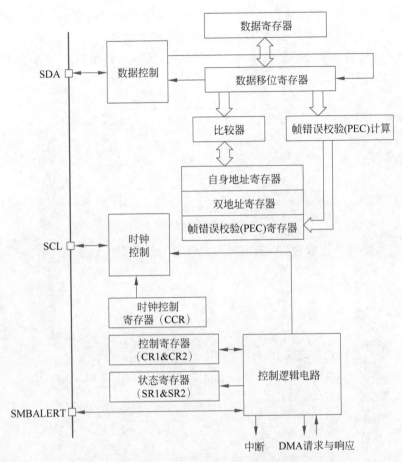

图 10-6　STM32F407 微控制器 I2C 串行总线的内部结构

1．模式选择

I2C 可以运行在以下 4 种模式下：

(1) 从发送器模式；

(2) 从接收器模式；

(3) 主发送器模式；

(4) 主接收器模式。

该模块默认工作于从模式。I2C 接口在生成起始条件后自动地从从模式切换到主模式；当仲裁丢失或产生终止信号时，则从主模式切换到从模式。允许多主机功能。

2．通信流

主模式下，I2C 接口启动数据传输并产生时钟信号。串行数据传输总是以起始条件开始并以终止条件结束。起始条件和终止条件都是在主模式下由软件控制产生。

从模式下，I2C 接口能识别它自己的地址(7 位或 10 位)和广播呼叫地址。软件能够控制开启或禁止广播呼叫地址的识别。

数据和地址按 8 位/字节进行传输,高位在前。跟在起始条件后的 1 或 2 字节是地址(7 位模式为 1 字节,10 位模式为 2 字节)。地址只在主模式发送。

在 1 字节传输的 8 个时钟后的第 9 个时钟期间,接收器必须回送一个应答位(ACK)给发送器,如图 10-7 所示。

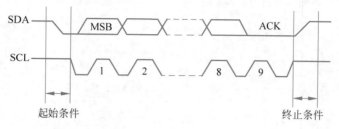

图 10-7 I2C 总线协议

软件可以开启或禁止应答(ACK),并可以设置 I2C 接口的地址(7 位、10 位地址或广播呼叫地址)。

10.3 STM32F4 的 I2C 库函数

I2C 相关的函数和宏被定义在以下文件中。

(1) 头文件: stm32f4xx_i2c.h。

(2) 源文件: stm32f4xx_i2c.c。

1. I2C 初始化函数

语法格式如下。

```
void  I2C_Init(I2C_TypeDef *  I2Cx,I2C_InitTypeDef *  I2C_InitStruct);
```

参数 I2C_TypeDef * I2Cx 表示 I2C 应用对象,为一个结构体指针,表示形式是 I2C1、I2C2 和 I2C3,以宏定义形式定义在 stm32f4xx_.h 文件中。例如:

```
#define I2C1      ((I2C_TypeDef * )I2C1_BASE)
#define I2C2      ((I2C_TypeDef * )I2C2_BASE)
#define I2C3      ((I2C_TypeDef * )I2C3_BASE)
```

参数 I2C_InitTypeDef * I2C_InitStruct 为 I2C 应用对象初始化结构体指针,以自定义的结构体形式定义在 stm32f4xx_i2c.h 文件中。

```
typedef struct
{
    uint32_t    I2C_ClockSpeed;          //时钟速度
    uint16_t    I2C_Mode;                //工作模式
    uint16_t    I2C_DutyCycle;           //时钟信号低电平/高电平的占空比
    uint16_t    I2C_OwnAddress1;         //自身器件地址,从机时使用
    uint16_t    I2C_Ack;                 //ACK 应答使能
```

```
    uint16_t    I2C_AcknowledgedAddress;        //I2C 寻址模式
} I2C_InitTypeDef;
```

成员 uint32_t I2C_ClockSpeed 表示时钟速度,根据自定义的通信速度,会将 I2C 配置为标准模式或快速模式。

成员 uint16_t I2C_Mode 表示工作模式,可以是 I2C 模式或 SMBus 模式,定义如下。

```
#define I2C_Mode_I2C            ((uint16_t)0x0000)      //I2C 模式
#define I2C_Mode_SMBusDevice    ((uint16_t)0x0002)      //SMBus 设备模式
#define I2C_Mode_SMBusHost      ((uint16_t)0x000A)      //SMBus 主机模式
```

成员 I2C_DutyCycle 定义时钟信号低电平/高电平的占空比,定义如下。

```
#define I2C_DutyCycle_16_9      ((uint16_t)0x4000)      //时钟信号低电平/高电平 = 16/9
#define I2C_DutyCycle_2         ((uint16_t)0xBFFF)      //时钟信号低电平/高电平 = 2
```

成员 I2C_OwnAddress1 定义从机通信时的自身器件地址。

成员 I2C_Ack 定义 ACK 应答使能,定义如下。

```
#define I2C_Ack_Enable          ((uint16_t)0x0400)      //ACK 应答使能
#define I2C_Ack_Disable         ((uint16_t)0x0000)      //禁止 ACK 应答使能
```

成员 I2C_AcknowledgedAddress 定义 I2C 寻址模式,定义如下。

```
#define I2C_AcknowledgedAddress_7bit    ((uint16_t)0x4000)      //7 位地址寻址模式
#define I2C_AcknowledgedAddress_10bit   ((uint16_t)0xC000)      //10 位地址寻址模式
```

2. I2C 使能函数

语法格式如下。

```
void  I2C_Cmd (I2C_TypeDef *  I2Cx, FunctionalState  NewState);
```

参数 FunctionalState　NewState 表示使能或禁止 I2C,取值为 ENABLE 或 DISABLE。

例如,使能 I2C2。

```
I2C_Cmd (I2C2, ENABLE);
```

3. I2C ACK 应答使能函数

语法格式如下。

```
void I2C_AcknowledgeConfig(I2C_TypeDef * I2Cx,FunctionalState NewState);
```

参数 FunctionalState NewState 表示使能或禁止 I2C ACK 应答功能,取值为 ENABLE 或 DISABLE。

例如,使能 I2C2 ACK 应答功能。

```
I2C_Cmd(I2C2,ENABLE);/
```

4. I2C 检测通信事件函数

语法格式如下。

```
ErrorStatus   I2C_CheckEvent (I2C_TypeDef *   I2Cx, uint32_t   I2C_EVENT);
```

参数 uint32_t   I2C_EVENT 定义通信事件 EV1~EV9,它们分别定义了不同的 I2C 通信状态。例如,EV8 为主机接收到字节数据事件。

```
#define   I2C_EVENT_MASTER_BYTE_TRANSMITTED   ((uint32_t)0x00070084
```

其他事件参见头文件 stm32f4xxi2c.h 中的定义。

例如,等待 I2C2 主机发送完 1 字节(EV8)。

```
while(!I2C_CheckEvent(I2C2,I2C_EVENT_MASTER_BYTE_TRANSMITTED))
```

该函数返回"成功"或"失败",ErrorStatus 是一个枚举类型,定义如下。

```
typedef enum{ERROR = 0, SUCCESS = ! ERROR}ErrorStatus;
```

5. I2C 控制器产生起始信号函数

语法格式如下。

```
void   I2C_GenerateSTART (I2C_TypeDef *   I2Cx, FunctionalState   NewState);
```

参数 FunctionalState   NewState 表示是否产生 I2C 起始信号。ENABLE 表示产生 I2C 起始信号;DISABLE 表示不产生 I2C 起始信号。

例如,I2C2 控制器产生起始信号。

```
I2C_GenerateSTART (I2C2, ENABLE);
```

6. I2C 控制器产生终止信号函数

语法格式如下。

```
void I2C_GenerateSTOP (I2C_TypeDef * I2Cx, FunctionalState NewState);
```

参数 FunctionalState NewState 表示是否产生 I2C 终止信号。ENABLE 表示产生 I2C 终止信号。DISABLE 表示不产生 I2C 终止信号。

例如,I2C2 控制器产生终止信号。

```
I2C_GenerateSTOP (I2C2, ENABLE);
```

7. I2C 控制器发送 7 位寻址地址函数

语法格式如下。

```
void   I2C_Send7bitAddress(I2C_TypeDef *  I2Cx,uint8_t Address,uint8_t I2C_Direction);
```

参数 uint8_t Address 表示主机寻址用的 7 位地址。

参数 uint8_t I2C_Direction 表示读或写模式(对主机来讲),定义如下。

```
#define I2C_Direction_Transmitter    ((uint8_t)0x00)    //发送或写模式
#define I2C_Direction_Receiver       ((uint8_t)0x01)    //接收或读模式
```

例如,I2C2 控制器作为主机,向地址为 0xA0 的从机发送一个写请求。

```
I2C_Send7bitAddress (I2C2,0xA0, I2C_Direction_Transmitter);
```

8. I2C 控制器发送 1 字节的数据函数

语法格式如下。

```
void   I2C_SendData(I2C_TypeDef * I2Cx,uint8_t Data);
```

参数 uint8_t Data 为要发送的数据,写入 I2C 数据寄存器。

例如,I2C2 控制器发送一个数据 0x55。

```
I2C_SendData(I2C2,0x55);
```

9. I2C 控制器接收 1 字节的数据函数

语法格式如下。

```
uint8_t   I2C_ReceiveData (I2C_TypeDef * I2Cx);
```

该函数返回接收到的数据,读 I2C 数据寄存器。

例如,从 I2C2 控制器读一个接收到的数据,赋值给变量 A。

```
A = I2C_ReceiveData(I2C2);
```

10. I2C 控制器获取最新的通信事件函数

该函数一般常用于 I2C 从机模式的事件中断服务程序,判断 I2C 中断的触发事件,语法格式如下。

```
uint32_t   I2C_GetLastEvent (I2C_TypeDef * I2Cx);
```

该函数返回 I2C 通信事件 EV1~EV9,具体定义详见头文件 stm32f4xx_i2c.h。

例如,获取 I2C2 控制器的最新通信事件,赋值给变量 Status。

```
Status = I2C_GetLastEvent(I2C2);
```

10.4　STM32 I2C 应用实例

EEPROM 是一种掉电后数据不丢失的存储器,常用来存储一些配置信息,以便系统重新上电时加载。EEPROM 芯片最常用的通信方式就是 I2C 协议,本节以 EEPROM 的读写实验为例,讲解 STM32 的 I2C 使用方法。实例中 STM32 的 I2C 外设采用主模式,分别用作主发送器和主接收器,通过查询事件的方式确保正常通信。

10.4.1　STM32 的 I2C 配置

以 I2C2 控制器为例,使用 PH4 和 PH5 分别作为 SCL 引脚和 SDA 引脚。

(1) 使能 I2C2 控制器时钟和通信线复用引脚端口 GPIOH 的时钟。

```
RCC_APB1PeriphClockCmd(RCC_APBIPeriph_I2C2,ENABLE);     //使能 I2C2 控制器时钟
RCC_AHBIPeriphClockCmd(RCC_AHBIPeriph_GPIOH,ENABLE);    //使能 GPIOH 时钟
```

(2) 初始化引脚。

复用 PH4 和 PH5 到 I2C2。

```
GPIO_PinAFConfig(GPIOH,GPIO_PinSource4,GPIO_AF_I2C2);
GPIO_PinAFConfig(GPIOH,GPIO_PinSource5,GPIO_AF_I2C2);
```

将两个引脚设置为复用模式并初始化。

```
GPIO_Init(GPIOH,&GPIO_InitStructure);
```

(3) 初始化 I2C2 控制器工作模式。

```
I2C_Init(I2C2,&I2C_InitStructure);
```

(4) 使能 I2C2 控制器。

```
I2C_Cmd(I2C2,ENABLE);
```

(5) 使能 I2C2 ACK 应答功能。

```
I2C_AcknowledgeConfig(I2C2,ENABLE);
```

(6) 中断使能。

如果需要使用中断,则需要配置 NVIC 和使能相应的 I2C 中断事件。

10.4.2　STM32 I2C 与 EEPROM 接口的硬件设计

本开发板采用 AT24C02 串行 EEPROM,AT24C02 的 SCL 及 SDA 引脚连接到 STM32 对应的 I2C 引脚,结合上拉电阻,构成了 I2C 通信总线,如图 10-8 所示。EEPROM 芯片的设备地址一共有 7 位,其中高 4 位固定为 1010b,低 3 位则由 A0、A1、A2 信号线的电平决定。

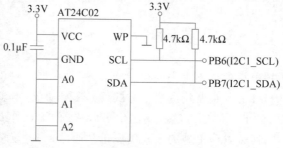

图 10-8　AT24C02 EEPROM 硬件接口电路

在本实例中,编写一个程序实现开发板 EEPROM 芯片读写测试,并通过 USART1 进行状态显示,通过 LED 指示状态。

10.4.3 STM32 I2C 与 EEPROM 接口的软件设计

为了使工程更加有条理,把读写 EEPROM 相关的代码独立分开存储,以方便以后移植。在工程模板上新建 bsp_i2c_ee.c 和 bsp_i2c_ee.h 文件。

1. bsp_i2c_ee.h 文件

```
#ifndef __I2C_EE_H
#define __I2C_EE_H

#include "stm32f4xx.h"

/*
 * AT24C02 2kb = 2048/8B = 256B
 * 32 pages of 8 bytes each
 *
 * Device Address
 * 1 0 1 0 A2 A1 A0 R/W
 * 1 0 1 0 0  0  0  0 = 0xA0
 * 1 0 1 0 0  0  0  1 = 0xA1
 */

/* AT24C01/02 每页有 8 字节
 * AT24C04/08A/16A 每页有 16 字节
 */

#define EEPROM_DEV_ADDR       0xA0        /* 24xx02 的设备地址 */
#define EEPROM_PAGE_SIZE      8           /* 24xx02 的页面大小 */
#define EEPROM_SIZE           256         /* 24xx02 总容量 */

uint8_t ee_CheckOk(void);
uint8_t ee_ReadBytes(uint8_t * _pReadBuf, uint16_t _usAddress, uint16_t _usSize);
uint8_t ee_WriteBytes(uint8_t * _pWriteBuf, uint16_t _usAddress, uint16_t _usSize);
void ee_Erase(void);
uint8_t ee_Test(void);

#endif /* __I2C_EE_H */
```

2. 初始化 I2C 的 GPIO

初始化 I2C 的 GPIO,具体代码如下。

```
/****************************************************************
 * 函 数 名: i2c_CfgGpio
 * 功能说明:配置 I2C 总线的 GPIO,采用模拟 I/O 的方式实现
 * 形    参:无
 * 返 回 值:无
 ****************************************************************
 */
```

```
static void i2c_CfgGpio(void)
{
    GPIO_InitTypeDef GPIO_InitStructure;

    RCC_AHB1PeriphClockCmd(EEPROM_I2C_GPIO_CLK, ENABLE);              /* 打开GPIO时钟 */

    GPIO_InitStructure.GPIO_Pin = EEPROM_I2C_SCL_PIN | EEPROM_I2C_SDA_PIN;
    GPIO_InitStructure.GPIO_Speed = GPIO_Speed_50MHz;
    GPIO_InitStructure.GPIO_Mode = GPIO_Mode_OUT;
    GPIO_InitStructure.GPIO_OType = GPIO_OType_OD;                    /* 开漏输出 */
    GPIO_InitStructure.GPIO_PuPd = GPIO_PuPd_NOPULL;
    GPIO_Init(EEPROM_I2C_GPIO_PORT, &GPIO_InitStructure);

    /* 给一个终止信号，复位I2C总线上的所有设备到待机模式 */
    i2c_Stop();
}
```

函数执行流程如下。

（1）使用 GPIO_InitTypeDef 定义 GPIO 初始化结构体变量，以便后续用于存储 GPIO 配置。

（2）调用库函数 RCC_APB1PeriphClockCmd()使能 I2C 外设时钟，调用库函数 RCC_AHB1PeriphClockCmd()使能 I2C 引脚使用的 GPIO 端口时钟，调用时使用"|"操作同时配置两个引脚。

（3）向 GPIO 初始化结构体赋值，把引脚初始化成复用开漏模式，要注意 I2C 的引脚必须使用这种模式。

（4）使用以上初始化结构体的配置，调用 GPIO_Init()函数向寄存器写入参数，完成 GPIO 的初始化。

3. main.c 程序

```
# include "stm32f4xx.h"
# include "./usart/bsp_debug_usart.h"
# include "./i2c/bsP_i2c_ee.h"
# include "./led/bsp_led.h"

# define  EEP_Firstpage        0x00
uint8_t I2c_Buf_Write[256];
uint8_t I2c_Buf_Read[256];
uint8_t I2C_Test(void);

/*
 * @brief  主函数
 * @param  无
 * @retval 无
 */
int main(void)
{
```

```
        LED_GPIO_Config();

        LED_BLUE;
        / * 初始化 USART1 * /
        Debug_USART_Config();

        printf("\r\n 欢迎使用野火   STM32 F407 开发板。\r\n");

        printf("\r\n 这是一个 I2C 外设(AT24C02)读写测试例程 \r\n");

        if(ee_Test() == 1)
        {
            LED_GREEN;
        }
        else
        {
            LED_RED;
        }

        while (1)
        {
        }

    }
```

　　用 USB 线连接开发板 USB 转串口接口与计算机,在计算机端打开串口调试助手,把编译好的程序下载到开发板。在串口调试助手可看到 I2C 外设(AT24C02)读写测试信息,如图 10-9 所示。

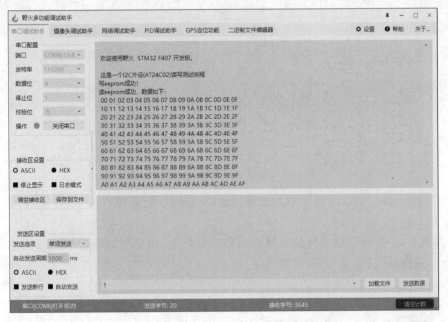

图 10-9　I2C 外设(AT24C02)读写测试信息

第11章

STM32 模数转换器

本章讲述 STM32 模数转换器(ADC),包括模拟量输入通道、模拟量输入信号类型与量程自动转换、STM32F407 微控制器的 ADC 结构、STM32F407 微控制器的 ADC 功能、STM32 的 ADC 库函数和 STM32 ADC 应用实例。

11.1　模拟量输入通道

本节介绍模拟量输入通道的组成和 ADC 的工作原理。

11.1.1　模拟量输入通道的组成

模拟量输入通道根据应用要求的不同,可以有不同的结构形式。图 11-1 所示为多路模拟量输入通道的组成。

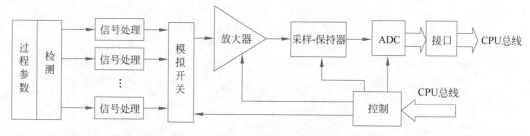

图 11-1　多路模拟量输入通道的组成

从图 11-1 可以看出,模拟量输入通道一般由信号处理、模拟开关、放大器、采样-保持器和 ADC 组成。

根据需要,信号处理可选择的内容包括小信号放大、信号滤波、信号衰减、阻抗匹配、电平变换、非线性补偿、电流/电压转换等。

11.1.2　ADC 的工作原理

在计算机控制系统中,大多采用低、中速的大规模集成模数转换芯片。

对于低、中速 ADC,这类芯片常用的转换方法有计数-比较式、双斜率积分式和逐次逼近式 3 种。计数-比较式器件简单、价格便宜,但转换速度慢,较少采用。双斜率积分式精度高,有时也采用。由于逐次逼近式模数转换技术能很好地兼顾速度和精度,故它在 16 位以下的 A/D 转换器件中得到了广泛的应用。

近几年,又出现了 16 位以上的 Σ-ΔADC、流水线型 ADC 和闪速型 ADC。

11.2 模拟量输入信号类型与量程自动转换

11.2.1 模拟量输入信号类型

在接到一个具体的测控任务后,需根据被测控对象选择合适的传感器,从而完成非电物理量到电物理量的转换,经传感器转换后的量,如电流、电压等,往往信号幅度很小,很难直接进行模数转换,因此需对这些模拟电信号进行幅度处理和完成阻抗匹配、波形变换、噪声的抑制等要求,而这些工作需要放大器完成。

模拟量输入信号主要有两类。

第 1 类为传感器输出的信号,如以下信号。

(1) 电压信号:一般为毫伏信号,如热电偶(TC)的输出或电桥输出。

(2) 电阻信号:单位为 Ω,如热电阻(RTD)信号,通过电桥转换成毫伏信号。

(3) 电流信号:一般为毫安信号,如电流型集成温度传感器 AD590 的输出信号,通过取样电阻转换成毫伏信号。

对于以上这些信号往往不能直接送 ADC,因为信号的幅值太小,需经运算放大器放大后转换为标准电压信号,如 0~5V、1~5V、0~10V、−5~+5V 等,送往 ADC 进行采样。有些双积分 ADC 的输入为 −200~+200mV 或 −2~+2V,有些 ADC 内部带有可编程增益放大器,可直接接收毫伏信号。

第 2 类为变送器输出的信号,如以下信号。

(1) 电流信号:0~10mA(0~1.5kΩ 负载)或 4~20mA(0~500Ω 负载)。

(2) 电压信号:0~5V 或 1~5V 等。

电流信号可以远传,通过一个标准精密取样电阻就可以变成标准电压信号,送往 ADC 进行采样,这类信号一般不需要放大处理。

11.2.2 量程自动转换

由于传感器所提供的信号变化范围很宽(从微伏到伏),特别是在多回路检测系统中,当各回路的参数信号不一样时,必须提供各种量程的放大器,才能保证送到计算机的信号一致(如 0~5V)。在模拟系统中,为了放大不同的信号,需要使用不同倍数的放大器。而在电动单位组合仪表中,常常使用各种类型的变送器,如温度变送器、差压变送器、位移变送器等。但是,这种变送器造价比较贵,系统也比较复杂。随着计算机的应用,为了减少硬件设备,已经研制出可编程增益放大器(Programmable Gain Amplifier,PGA)。它是一种通用性很强的放大器,其放大倍数可根据需要用程序进行控制。采用这种放大器,可通过程序调节放大倍数,使 ADC 满量程信号达到均一化,从而大大提高测量精度。这就是量程自动转换。

11.3　STM32F407 微控制器的 ADC 结构

真实世界的物理量,如温度、压力、电流和电压等,都是连续变化的模拟量。但数字计算机处理器主要由数字电路构成,无法直接认知这些连续变换的物理量。模数转换器和数模转换器(以下简称 ADC 和 DAC)就是跨越模拟量和数字量之间“鸿沟”的桥梁。ADC 将连续变化的物理量转换为数字计算机可以理解的、离散的数字信号。DAC 则反过来将数字计算机产生的离散的数字信号转换为连续变化的物理量。如果把嵌入式处理器比作人的大脑,ADC 可以理解为这个大脑的眼、耳、鼻等感觉器官。嵌入式系统作为一种在真实物理世界中和宿主对象协同工作的专用计算机系统,ADC 和 DAC 是其必不可少的组成部分。

传统意义上的嵌入式系统会使用独立的单片的 ADC 或 DAC 实现其与真实世界的接口,但随着片上系统技术的普及,设计和制造集成了 ADC 和 DAC 功能的嵌入式处理器变得越来越容易。目前市面上常见的嵌入式处理器都集成了模数转换功能。STM32 则是最早把 12 位高精度的 ADC 和 DAC 以及 Cortex-M 系列处理器集成到一起的主流嵌入式处理器。

STM32F407ZGT6 微控制器带有 3 个 12 位逐次逼近型 ADC,每个 ADC 有多达 19 个复用通道,可测量来自 16 个外部源、两个内部源和一个 V_{BAT} 通道的信号。这些通道的模数转换可在单次、连续、扫描或不连续采样模式下进行。ADC 的结果存储在一个左对齐或右对齐的 16 位数据寄存器中。ADC 具有模拟看门狗特性,允许应用检测输入电压是否超过了用户自定义的阈值上限或下限。

STM32F407 的 ADC 主要特征如下。

(1) 可配置 12 位、10 位、8 位或 6 位分辨率。

(2) 在转换结束、注入转换结束以及发生模拟看门狗或溢出事件时产生中断。

(3) 单次和连续转换模式。

(4) 用于自动将通道 0 转换为通道 n 的扫描模式。

(5) 数据对齐以保持内置数据一致性。

(6) 可独立设置各通道采样时间。

(7) 外部触发器选项,可为规则转换和注入转换配置极性。

(8) 不连续采样模式。

(9) 双重/三重模式(提供两个或更多 ADC 器件)。

(10) 双重/三重 ADC 模式下可配置的 DMA 数据存储。

(11) 双重/三重交替模式下可配置的转换间延迟。

(12) 自校准功能。

(13) ADC 电源要求:全速运行时为 2.4~3.6V,慢速运行时为 1.8V。

（14）ADC 输入范围：$V_{REF-} \leqslant V_{IN} \leqslant V_{REF+}$。

（15）规则通道转换期间可产生 DMA 请求。

STM32F407 的 ADC 内部结构如图 11-2 所示。

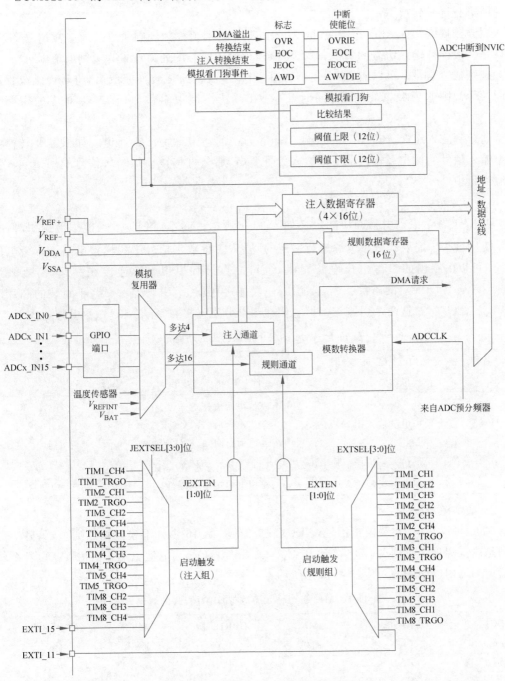

图 11-2　STM32F407 的 ADC 内部结构

为了更好地进行通道管理和成组转换,借鉴中断中后台程序与前台程序的概念,STM32F407微控制器的ADC根据优先级把所有通道分为两个组:规则组和注入组。当用户在应用程序中将通道分组设置完成后,一旦触发信号到来,相应通道组中的各个通道即可自动地进行逐个转换。

划分到规则组(Group of Regular Channel)中的通道称为规则通道。大多数情况下,如果仅是一般模拟输入信号的转换,那么将该模拟输入信号的通道设置为规则通道即可。

规则通道组最多可以有16个规则通道,当每个规则通道转换完成后,将转换结果保存到同一个规则通道数据寄存器,同时产生ADC转换结束事件,可以产生对应的中断和DMA请求。

划分到注入组(Group of Injected Channel)中的通道称为注入通道。如果需要转换的模拟输入信号的优先级较其他模拟输入信号要高,那么可将该模拟输入信号的通道归入注入通道组中。

1. 电源引脚

ADC的各个电源引脚的功能定义如表11-1所示。V_{DDA} 和 V_{SSA} 是模拟电源引脚,在实际使用过程中需要和数字电源进行一定的隔离,防止数字信号干扰模拟电路。参考电压 V_{REF+} 可以由专用的参考电压电路提供,也可以直接和模拟电源连接在一起,需要满足 $V_{DDA}-V_{REF+} < 1.2V$ 的条件。V_{REF-} 引脚一般连接在 V_{SSA} 引脚上。一些小封装的芯片没有 V_{REF+} 和 V_{REF-} 这两个引脚,这时,它们在内部分别连接在 V_{DDA} 和 V_{SSA} 引脚上。

表 11-1　ADC 的各个电源引脚的功能定义

名称	信号类型	备注
V_{REF+}	正模拟参考电压输入引脚	ADC 高/正参考电压,$1.8V \leqslant V_{REF+} \leqslant V_{DDA}$
V_{DDA}	模拟电源输入引脚	模拟电源电压等于 V_{DD} 全速运行时,$2.4V \leqslant V_{DDA} \leqslant V_{DD}(3.6V)$ 低速运行时,$1.8V \leqslant V_{DDA} \leqslant V_{DD}$
V_{REF-}	负模拟参考电压输入引脚	ADC 低/负参考电压,$V_{REF-} = V_{SSA}$
V_{SSA}	模拟电源接地输入引脚	模拟电源接地电压,$V_{SSA} = V_{SS}$

2. 模拟电压输入引脚

ADC可以转换19路模拟信号,ADCx_IN[15:0]是16个外部模拟输入通道,另外3路分别是内部温度传感器、内部参考电压 V_{REFINT}($-1.21V$)和电池电压 V_{BAT}。ADC各个输入通道与GPIO引脚的对应如表11-2所示。

表 11-2　ADC 各个输入通道与 GPIO 引脚的对应

ADC1	GPIO 引脚	ADC2	GPIO 引脚	ADC3	GPIO 引脚
通道 0	PA0	通道 0	PA0	通道 0	PA0
通道 1	PA1	通道 1	PA1	通道 1	PA1
通道 2	PA2	通道 2	PA2	通道 2	PA2

续表

ADC1	GPIO 引脚	ADC2	GPIO 引脚	ADC3	GPIO 引脚
通道 3	PA3	通道 3	PA3	通道 3	PA3
通道 4	PA4	通道 4	PA4	通道 4	PF6
通道 5	PA5	通道 5	PA5	通道 5	PF7
通道 6	PA6	通道 6	PA6	通道 6	PF8
通道 7	PA7	通道 7	PA7	通道 7	PF9
通道 8	PB0	通道 8	PB0	通道 8	PF10
通道 9	PB1	通道 9	PB1	通道 9	PF3
通道 10	PC0	通道 10	PC0	通道 10	PC0
通道 11	PC1	通道 11	PC1	通道 11	PC1
通道 12	PC2	通道 12	PC2	通道 12	PC2
通道 13	PC3	通道 13	PC3	通道 13	PC3
通道 14	PC4	通道 14	PC4	通道 14	PF4
通道 15	PC5	通道 15	PC5	通道 15	PF5
通道 16	连接内部 V_{SS} 引脚	通道 16	连接内部 V_{SS} 引脚	通道 16	连接内部 V_{SS} 引脚
通道 17	连接内部 V_{REFINT} 引脚	通道 17	连接内部 V_{SS} 引脚	通道 17	连接内部 V_{SS} 引脚
通道 18	连接内部温度传感器/内部 V_{BAT} 引脚	通道 18	连接内部 V_{SS} 引脚	通道 18	连接内部 V_{SS} 引脚

对于 STM32F42X 和 STM32F43X 系列微控制器的器件,温度传感器内部连接到与 V_{BAT} 引脚共用的输入通道 ADC1_IN18,用于将温度传感器输出电压或电池电压 V_{BAT}(设置 ADC_CCR 寄存器的 TSVREFE 和 VBATE 位)转换为数字值。一次只能选择一个转换(温度传感器或 V_{BAT}),同时设置了温度传感器和 V_{BAT} 转换时,将只进行 V_{BAT} 转换。内部参考电压 V_{REFINT} 连接到 ADCI_IN17 通道。

对于 STM32F40X 和 STM32F41X 系列微控制器的器件,温度传感器内部连接到 ADC1_IN16 通道,而 ADC1 用于将温度传感器输出电压转换为数字值。

3. ADC 转换时钟源

STM32F4 系列微控制器的 ADC 是逐次比较逼近型,因此必须使用驱动时钟。所有 ADC 共用时钟 ADC_CLK,它来自经可编程预分频器分频的 APB2 时钟,该预分频器允许 ADC 在 $f_{PCLK2}/2$、$f_{PCLK2}/4$、$f_{PCLK2}/6$ 或 $f_{PCLK2}/8$ 等频率下工作。ADC_CLK 最大频率为 36MHz。

4. ADC 转换通道

ADC 内部把输入信号分为两路进行转换,分别为规则组和注入组。注入组最多可以转换 4 路模拟信号,规则组最多可以转换 16 路模拟信号。

规则组和它的转换顺序在 ADC_SQRx 中选择,转换的总数写入 ADC_SQR1 寄存器的 L[3:0] 位中。在 ADC_SQR1~ADC_SQR3 的 SQ1[4:0]~SQ16[4:0] 位域可以设置规则组输入通道转换的顺序。SQ1[4:0] 位用于定义规则组中第 1 个转换的通道编号(0~18),SQ2[4:0] 位用于定义规则组中第 2 个转换的通道编号,以此类推。

例如,规则组转换3个输入通道的信号,分别是输入通道0、输入通道3和输入通道6,并定义输入通道3第1个转换、输入通道6第2个转换、输入通道0第3个转换。那么相关寄存器中的设定如下。

ADC_SQR1 的 L[3:0]=3,规则组转换总数。

ADC_SQR3 的 SQ1[4:0]=3,规则组中第1个转换输入通道编号。

ADC SQR3 的 SQ2[4:0]=6,规则组中第2个转换输入通道编号。

ADC_SQR3 的 SQ3[4:0]=0,规则组中第3个转换输入通道编号。

注入组和它的转换顺序在 ADC_JSQR 中选择,转换的总数应写入 ADC_JSQR 寄存器的 JL[1:0]位中。ADC_JSQR 的 JSQ1[4:0]~JSQ4[4:0]位域设置注入组输入通道转换的顺序。JSQ1[4:0]位用于定义注入组中第1个转换的通道编号(0~18),JSQ2[4:0]位用于定义注入组中第2个转换的通道编号,以此类推。

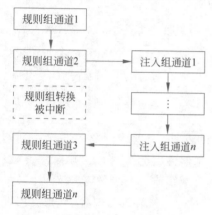

图 11-3　规则组和注入组转换关系

注入组转换总数、转换通道和顺序定义方法与规则组一致。

当规则组正在转换时,启动注入组的转换会中断规则组的转换过程。规则组和注入组转换关系如图 11-3 所示。

5. ADC 转换触发源

触发 ADC 的可以是软件触发方式,也可以由 ADC 以外的事件源触发。如果 EXTEN[1:0]控制位(对于规则组转换)或 JEXTEN[1:0]位(对于注入组转换)不等于 0b00,则可使用外部事件触发转换,如定时器捕获、EXTI 线。

6. ADC 转换结果存储寄存器

注入组有4个转换结果寄存器(ADC_JDRx),分别对应每个注入通道。

而规则组只有一个数据寄存器(ADC_DR),所有通道转换结果共用一个数据寄存器,因此在使用规则组转换多路模拟信号时,多使用 DMA 配合。

7. 中断

ADC 在规则组和注入组转换结束、模拟看门狗状态位和溢出状态位置位时可能会产生中断。

ADC 中断事件如表 11-3 所示。

表 11-3　ADC 中断事件

中 断 事 件	事 件 标 志	使 能 控 制 位
结束规则组的转换	EOC	EOCIE
结束注入组的转换	JEOC	JEOCIE
模拟看门狗状态位置 1	AWD	AWDIE
溢出(Overrun)	OVR	OVRIE

8. 模拟看门狗

使用看门狗功能,可以限制 ADC 转换模拟电压的范围(低于阈值下限或高于阈值上限,定义在 ADC_HTR 和 ADC_LTR 这两个寄存器中),当转换的结果超过这一范围时,会将 ADC_SR 寄存器中的模拟看门狗状态位置 1,如果使能了相应中断,则会触发中断服务程序,以及时进行对应的处理。

11.4　STM32F407 微控制器的 ADC 功能

11.4.1　ADC 使能和启动

ADC 的使能可以由 ADC 控制寄存器 2(ADC_CR2)的 ADON 位控制,写 1 时使能 ADC,写 0 时禁止 ADC,这个是开启 ADC 转换的前提。

如果需要开始转换,还需要触发转换,有两种方式:软件触发和硬件触发。

1. 软件触发

软件触发方式如下。

(1) SWSTART 位:规则组启动控制。

(2) JSWSTART 位:注入组启动控制。

当 SWSTART 位或 JSWSTART 位置 1 时,启动 ADC。

2. 事件触发

触发源有很多,具体选择哪种触发源,由 ADC_CR2 的 EXTSEL[2:0]位和 JEXTSEL[2:0]位控制。

(1) EXTSEL[2:0]位用于选择规则组通道的触发源。

(2) JEXTSEL[2:0]位用于选择注入组通道的触发源。

11.4.2　时钟配置

ADC 的总转换时间与 ADC 的输入时钟和采样时间有关,即 T_{conv}＝采样时间＋12 个 ADC_CLK 周期。

ADC 会在数个 ADC_CLK 周期内对输入电压进行采样,可使用 ADC_SMPR1 寄存器和 ADC_SMPR2 中的 SMP[2:0]位修改周期数。每个通道均可以使用不同的采样时间进行采样。

如果 ADC_CLK＝30MHz,采样时间设置为 3 个 ADC_CLK 周期,那么总转换时间 T_{conv}＝3＋12＝15 个 ADC_CLK 周期＝0.5μs。

同时,ADC 完整转换时间与 ADC 位数有关,在不同分辨率下,最快的转换时间如下。

12 位:3＋12＝15 个 ADC_CLK 周期。

10 位:3＋10＝13 个 ADC_CLK 周期。

8 位:3＋8＝11 个 ADC_CLK 周期。

6 位：3+6＝9 个 ADC_CLK 周期。

11.4.3 转换模式

1. 单次转换模式

在单次转换模式下，启动转换后，ADC 执行一次转换，然后即停止。单次转换模式如图 11-4 所示。

如果想要继续转换，需要重新触发启动转换。通过设置 ADC_CR2 寄存器的 CONT 位为 0 实现该模式。

一旦选择通道的转换完成，如果一个规则组通道被转换，则转换数据被存储在 16 位的 ADC_DR 寄存器中，EOC 标志被设置，如果设置了 EOCIE 位，则产生中断；如果一个注入组通道被转换，则转换数据被存储在 16 位的 ADC_DRJ1 寄存器中，JEOC 标志被设置，如果设置了 JEOCIE 位，则产生中断。在经过以上 3 个操作后，ADC 停止转换。

2. 连续转换模式

在连续转换模式下，前面 ADC 转换一结束马上就启动另一次转换。连续转换模式如图 11-5 所示。也就是说，只需启动一次，即可开启连续的转换过程。此时 ADC_CR2 寄存器的 CONT 位是 1。

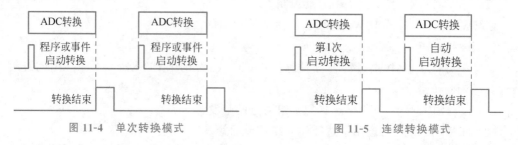

图 11-4　单次转换模式　　　　　图 11-5　连续转换模式

在每次转换后，如果一个规则组通道被转换，则转换数据被存储在 16 位的 ADC_DR 寄存器中，EOC 标志被设置，如果设置了 EOCIE 位，则产生中断；如果一个注入组通道被转换，则转换数据被存储在 16 位的 ADC_DRJ1 寄存器中，JEOC 标志被设置，如果设置了 JEOCIE 位，则产生中断。

3. 扫描模式

在规则组或注入组转换多个通道时，可以使能扫描模式，以转换一组模拟通道。扫描模式如图 11-6 所示。通过设置 ADC_CR1 寄存器的 SCAN 位为 1 选择扫描模式。扫描过程符合以下规则。

(1) ADC 扫描所有被 ADC_SQRx 或 ADC_JSQR 寄存器选中的通道。在每个组的每个通道上执行单次转换。

(2) 在每次转换结束时，同一组的下一个通道被自动转换。

(3) 当 ADC_CR2 寄存器的 CONT 位为 1 时，转换不会在选择组的最后一个通道上停止，而是从选择组的第 1 个通道继续转换。

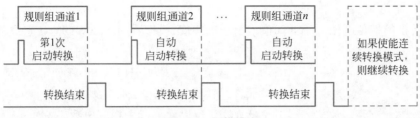

图 11-6 扫描模式

（4）如果设置了 DMA 位为 1，在每次产生 EOC 事件后，DMA 控制器把规则组通道的转换数据传输到 SRAM。

因为规则组转换只有一个 ADC_DR 寄存器，所以在多个规则组通道转换时，一般常使用扫描方式结合 DMA 一起使用，进行模拟信号的转换。

4. 间断模式

间断模式通过设置 ADC_CR1 寄存器的 DISCEN 位激活。

间断模式执行一个短序列的 n 次转换（$n \leqslant 8$），此转换是 ADC_SQRx 寄存器所选择的转换序列的一部分。数值 n 由 ADC_CR1 寄存器的 DISCNUM[2:0]位给出。

一个外部触发信号可以启动 ADC_SQRx 寄存器中描述的下一轮 n 次转换，直到此序列所有转换完成为止。总的序列长度由 ADC_SQR1 寄存器的 L[3:0]位定义。

设置 $n=3$，总的序列长度为 8，被转换的通道为 0、1、2、3、6、7、9、10，在间断模式下，转换过程如下。

第 1 次触发：转换的序列为 0、1、2。

第 2 次触发：转换的序列为 3、6、7。

第 3 次触发：转换的序列为 9、10，并产生 EOC 事件。

第 4 次触发：转换的序列 0、1、2。

5. 时序图

ADC 转换时序图如图 11-7 所示，ADC 在开始精确转换前需要一个稳定时间 t_{STAB}，在开始模数转换 14 个时钟周期后，EOC 标志位被置位，16 位 ADC 数据寄存器包含转换后结果。

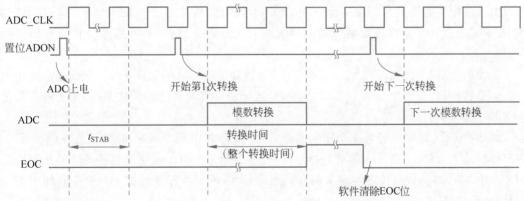

图 11-7 ADC 转换时序图

6. 模拟看门狗

如果转换的模拟电压低于低阈值或高于高阈值,模拟看门狗 AWD 的状态位将被置位,如图 11-8 所示。

图 11-8　模拟看门狗警戒区域

阈值位于 ADC_HTR 和 ADC_LTR 寄存器的最低 12 个有效位中。通过设置 ADC_CR1 寄存器的 AWDIE 位以允许产生相应中断。

阈值的数据对齐模式与 ADC_CR2 寄存器中的 ALIGN 位选择无关,比较是在对齐之前完成的。

通过配置 ADC_CR1 寄存器,模拟看门狗可以作用于一个或多个通道。

7. ADC 工作过程

ADC 通道的转换过程如下。

(1) 输入信号经过 ADC 的输入信号通道 ADCx_IN0～ADCx_IN15 被送到 ADC 部件(即图 11-2 中的模数转换器)。

(2) ADC 部件需要收到触发信号后才开始进行模数转换,可以使用软件触发,也可以是 EXTI 外部触发或定时器触发。

(3) ADC 部件接收到触发信号后,在 ADC 时钟 ADC_CLK 的驱动下,对输入通道的信号进行采样、量化和编码。

(4) ADC 部件完成转换后,将转换后的 12 位数值以左对齐或右对齐的方式保存到一个 16 位的规则通道数据寄存器或注入通道数据寄存器中,产生 ADC 转换结束/注入转换结束事件,可触发中断或 DMA 请求。这时,程序员可通过 CPU 指令或使用 DMA 方式将其读取到内存(变量)中。特别需要注意的是,仅 ADC1 和 ADC3 具有 DMA 功能,且只有在规则通道转换结束时才发生 DMA 请求。由 ADC2 转换的数据结果可以通过双 ADC 模式,利用 ADC1 的 DMA 功能传输。另外,如果配置了模拟看门狗并且采集的电压值超出阈值范围,会触发看门狗中断。

11.4.4　DMA 控制

由于规则组通道只有一个 ADC_DR 寄存器,因此,对于多个规则组通道的转换,使用 DMA 非常有帮助。这样可以避免在下一次写入之前还未被读出的 ADC_DR 寄存器的数据丢失。

在使能 DMA 模式的情况下(ADC_CR2 寄存器中的 DMA 位置 1),每完成规则组中的一个通道转换后,都会生成一个 DMA 请求。这样便可将转换的数据从 ADC_DR 寄存器传输到软件选择的目标位置。

例如,ADC1 规则组转换 4 个输入通道信号时,需要用到 DMA2 的数据流 0 的通道 0,在扫描模式下,在每个输入通道被转换结束后,都会触发 DMA 控制器将转换结果从规则组 ADC_DR 寄存器的数据传输到定义的存储器。ADC 规则组转换数据 DMA 传输如图 11-9 所示。

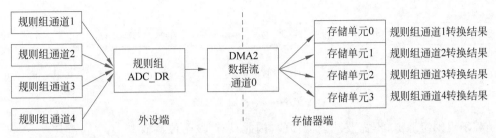

图 11-9　ADC 规则组转换数据 DMA 传输

11.4.5　STM32 的 ADC 应用特征

1. 校准

ADC 有一个内置自校准模式。校准可大幅度减小因内部电容器组的变化而造成的精度误差。在校准期间,在每个电容器上都会计算出一个误差修正码(数字值),这个码用于消除在随后的转换中每个电容器上产生的误差。

通过设置 ADC_CR2 寄存器的 CAL 位启动校准。一旦校准结束,CAL 位被硬件复位,可以开始正常转换。建议在每次上电后执行一次 ADC 校准。启动校准前,ADC 必须处于关电状态(ADON=0)至少两个 ADC 时钟周期。校准阶段结束后,校准码存储在 ADC_DR 寄存器中。ADC 校准时序图如图 11-10 所示。

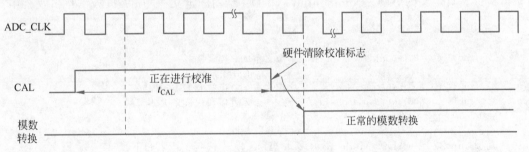

图 11-10　ADC 校准时序图

2. 数据对齐

ADC_CR2 寄存器中的 ALIGN 位用于选择转换后数据存储的对齐方式。数据可以右对齐或左对齐,如图 11-11 和图 11-12 所示。

注入组

SEXT	SEXT	SEXT	SEXT	D11	D10	D9	D8	D7	D6	D5	D4	D3	D2	D1	D0

规则组

0	0	0	0	D11	D10	D9	D8	D7	D6	D5	D4	D3	D2	D1	D0

图 11-11　数据右对齐

注入组通道转换的数据值已经减去了 ADC_JOFRx 寄存器中定义的偏移量,因此结果可以是一个负值。SEXT 位是扩展的符号值。

注入组

SEXT	D11	D10	D9	D8	D7	D6	D5	D4	D3	D2	D1	D0	0	0	0

规则组

D11	D10	D9	D8	D7	D6	D5	D4	D3	D2	D1	D0	0	0	0	0

图 11-12 数据左对齐

对于规则组通道,不需要减去偏移值,因此只有 12 个位有效。

11.5 STM32 的 ADC 库函数

ADC 相关的函数和宏被定义在以下文件中。

(1) 头文件: stm32f4xx_adc.h。

(2) 源文件: stm32f4xx_adc.c。

1. ADC 通用初始化函数

语法格式如下:

```
void ADC_CommonInit (ADC_CommonInitTypeDef *  ADC_CommonInitStruct);
```

参数 ADC_CommonInitTypeDef * ADC_CommonInitStruct 是 ADC 通用初始化结构体指针。自定义的 ADC_CommonInitTypeDef 结构体定义在 stm32f4xx_adc.h 文件中。

```
typedef struct
{
    int32_t   ADC_Mode;                 //多重 ADC 模式选择
    int32_t   ADC_Prescaler;            //ADC 预分频系数
    int32_t   ADC_DMAAccessMode;        //多重 ADC 模式 DMA 访问控制
    int32_t   ADC_TwoSamplingDelay;     //两个采样阶段之间的延迟
} ADC_CommonInitTypeDef;
```

成员 uint32_t ADC_Mode 表示多重 ADC 模式选择,定义如下。

```
# define ADC_Mode_Independent                    ((uint32_t)0x00000000) //独立模式
/ * 以下为双重 ADC 模式 * /
//规则同时 + 注入同时组合模式
# define ADC_DualMode_RegSimult_InjecSimult       ((uint32_t)0x00000001)
//规则同时 + 交替触发组合模式
# define ADC_DualMode_RegSimult_AlterTrig         ((uint32_t)0x00000002)
//仅注入同时模式
# define ADC_DualMode_InjecSimult                 ((uint32_t)0x00000005)//
//仅规则同时模式
# define ADC_DualMode_RegSimult                   ((uint32_t)0x00000006)
//仅交错模式
# define ADC_DualMode_Interl                      ((uint32_t)0x00000007)
//仅交替触发模式
# define ADC_DualMode_AlterTrig                   ((uint32_t)0x00000009)
/ * 以下为三重 ADC 模式 * /
```

```
//规则同时 + 注入同时组合模式
#define ADC_TripleMode_RegSimult_InjecSimult  ((uint32_t)0x00000011)
//规则同时 + 交替触发组合模式
#define ADC_TripleMode_RegSimult_AlterTrig    ((uint32_t)0x00000012)
//仅注入同时模式
#define ADC_TripleMode_InjecSimult            ((uint32_t)0x00000015)
//仅规则同时模式
#define ADC_TripleMode_RegSimult              ((uint32_t)0x00000016)
//仅交错模式
#define ADC_TripleMode_Interl                 ((uint32_t)0x00000017)
//仅交替触发模式
#define ADC_TripleMode_AlterTrig              ((uint32_t)0x00000019)
```

成员 uint32_t ADC_Prescaler 表示 ADC 预分频系数。对 PCLK2 进行分频产生 ADC 的模式转换驱动时钟 ADCCLK,定义如下。

```
#define ADC_Prescaler_Div2              ((uint32_t)0x00000000)    //2 分频
#define ADC_Prescaler_Div4              ((uint32_t)0x00010000)    //4 分频
#define ADC_Prescaler_Div6              ((uint32_t)0x00020000)    //6 分频
#define ADC_Prescaler_Div8              ((uint32_t)0x00030000)    //8 分频
```

成员 ADC_DMAAccessMode 表示多重 ADC 模式 DMA 访问控制,定义如下。

```
#define ADC_DMAAccessMode_Disabled  ((uint32_t)0x00000000)    //禁止多重 ADC DMA 模式
#define ADC_DMAAccessMode_1         ((uint32_t)0x00004000)    //多重 ADC DMA 模式 1
#define ADC_DMAAccessMode_2         ((uint32_t)0x00008000)    //多重 ADC DMA 模式 2
#define ADC_DMAAccessMode_3         ((uint32_t)0x0000C000)    //多重 ADC DMA 模式 3
```

成员 uint32_t ADC_TwoSamplingDelay 定义在双重或三重交错模式下不同 ADC 转换之间的各采样阶段之间的延迟。可以定义 5~20 个 ADCCLK 周期。例如,延时 5 个 ADCCLK 周期定义如下。

```
#define ADC_TwoSamplingDelay_5Cycles    ((uint32_t)0x00000000)   //延时 5 个 ADCCLK 周期
```

2. ADC 初始化函数

语法格式如下。

```
void ADC_Init (ADC_TypeDef * ADCx, ADC_InitTypeDef * ADC_InitStruct);
```

参数 ADC_TypeDef * ADCx 为 ADC 应用对象,是一个结构体指针,表示形式是 ADC1、ADC2 和 ADC3,以宏定义形式定义在 stm32f4xx_.h 文件中。例如:

```
#define ADC1          ((ADC_TypeDef * )ADC1_BASE)
```

参数 ADC_InitTypeDef * ADC_InitStruct 是 ADC 初始化结构体指针。自定义的 ADC_InitTypeDef 结构体定义在 stm32f4xx_adc.h 文件中。

```
typedef struct
{
```

```
    uint32_t   ADC_Resolution;                      //ADC 分辨率
    FunctionalState   ADC_ScanConvMode;             //是否使用扫描模式
    FunctionalState   ADC_ContinuousConvMode;       //单次转换或连续转换
    uint32_t   ADC_ExternalTrigConvEdge;            //外部触发使能方式
    uint32_t   ADC_ExternalTrigConv;                //外部触发源
    uint32_t   ADC_DataAlign;                       //对齐方式：左对齐或右对齐
    uint8_t    ADC_NbrOfChannel;                    //规则组通道序列长度
} ADC_InitTypeDef;
```

成员 uint32_t ADC_Resolution 表示 ADC 分辨率,定义如下。

```
# define ADC_Resolution_12b      ((uint32_t)0x00000000)    //12 位分辨率
# define ADC_Resolution_10b      ((uint32_t)0x01000000)    //10 位分辨率
# define ADC_Resolution_8b       ((uint32_t)0x02000000)    //8 位分辨率
# define ADC_Resolution_6b       ((uint32_t)0x03000000)    //6 位分辨率
```

成员 FunctionalState ADC_ScanConvMode 表示是否使用扫描模式,ENABLE 为使能扫描模式,DISABLE 为禁止扫描模式。

成员 FunctionalState ADC_ContinuousConvMode 表示单次转换或连续转换,ENABLE 为连续转换,DISABLE 为单次转换。

成员 uint32_t ADC_ExternalTrigConvEdge 表示外部触发使能方式。规则组外部事件触发方式定义如下。

```
# define ADC_ExternalTrigConvEdge_None          ((uint32_t)0x00000000)    //不使用外部触发
# define ADC_ExternalTrigConvEdge_Rising        ((uint32_t)0x10000000)    //外部上升沿触发
# define ADC_ExternalTrigConvEdge_Falling       ((uint32_t)0x20000000)    //外部下降沿触发
# define ADC_ExternalTrigConvEdge_RisingFalling ((uint32_t)0x30000000)    //外部双边沿触发
```

在使用软件触发方式时,这一成员需要赋值为 ADC_ExternalTrigConvEdge_None。

成员 uint32_t ADC_ExternalTrigConv 表示外部触发源,以宏定义形式定义在 stm32f4xx_adc.h 文件中。例如,可以使用 TIM1 的比较输出通道 1 事件作为 ADC 触发源,定义如下。

```
# define ADC_ExternalTrigConv_T1_CC1            ((uint32_t)0x00000000)
```

成员 uint32_t ADC_DataAlign 定义对齐方式(左对齐或右对齐),定义如下。

```
# define ADC_DataAlign_Right      ((uint32_t)0x00000000)   //右对齐
# define ADC_DataAlign_Left       ((uint32_t)0x00000800)   //左对齐
```

成员 ADC_NbrOfChannel 定义规则组通道序列长度,长度为 1～16。
例如:

```
ADC_InitTypeDef   ADC_InitStructure;                        //定义 ADC 初始化结构体变量
ADC_InitStructure.ADC_Resolution = ADC_Resolution_12b;      //12 位分辨率
ADC_InitStructure. ADC_ScanConvMode = DISABLE;              //非扫描模式
```

```
ADC_InitStructure. ADC_ContinuousConvMode = DISABLE;        //关闭连续转换
ADC_InitStructure.ADC_ExternalTrigConvEdge = ADC_ExternalTrigConvEdge_None;
//禁止外部触发检测,使用软件触发
ADC_InitStructure. ADC_DataAlign = ADC_DataAlign_Right;   //右对齐
ADC_InitStructure.ADC_NbrOfConversion = 1;        //一个转换在规则序列中
ADC_Init(ADC1,&ADC_InitStructure);          //按照以上初始化结构体定义初始化 ADC1
```

3. ADC 使能函数

语法格式如下。

```
void   ADC_Cmd(ADC_TypeDef * ADCx,FunctionalState NewState);
```

参数 FunctionalState NewState 表示使能(ENABLE)或禁止(DISABLE)ADC。

例如：

```
ADC_Cmd(ADC1,ENABLE);                    //使能 ADC1
```

4. ADC 中断使能函数

语法格式如下。

```
void ADC_ITConfig(ADC_TypeDef * ADCx,uint16_t ADC_IT,FunctionalState NewState);
```

uint16_t ADC_IT 为 ADC 中断事件,定义如下。

```
♯define ADC_IT_EOC       ((uint16_t)0x0205)      //规则组转换结束事件
♯define ADC_IT_AWD       ((uint16_t)0x0106)      //看门狗事件
♯define ADC_IT_JEOC      ((uint16_t)0x0407)      //注入组转换结束事件
♯define ADC_IT_OVR       ((uint16_t)0x201A)      //溢出事件
```

FunctionalState NewState 表示使能(ENABLE)或禁止(DISABLE)ADC 中断。

例如：

```
ADC_ITConfig(ADC1,ADC_IT_EOC,ENABLE);   //使能 ADC1 的规则组转换结束中断
```

如果 ADC 的中断通道(NVIC)已经配置好,规则组通道转换结束后,会触发中断,并执行中断服务程序。

5. ADC 规则组转换软件触发函数

语法格式如下。

```
void ADC_SoftwareStartConv (ADC_TypeDef * ADCx);
```

例如：

```
ADC_SoftwareStartConv(ADC1);         //软件启动 ADC1 规则组转换
```

6. ADC 规则通道配置函数

语法格式如下。

```
void  ADC_RegularChannelConfig(ADC_TypeDef * ADCx,uint8_t ADC_Channel,uint8_t Rank, uint8_t
ADC_SampleTime);
```

参数 uint8_t ADC_Channel 表示 ADC 模拟输入通道,通道编号为 0~18。输入通道 0 定义如下。

```
#define  ADC_Channel_0     ((uint8_t)0x00)
```

其他通道定义类似。

参数 uint8_t Rank 表示规则组通道中转换的顺序,可以是 1~16。

参数 uint8_t ADC_SampleTime 表示 ADC 转换采样时间,定义如下。

```
#define ADC_SampleTime_3Cycles      ((uint8_t)0x00)    //3 个 ADCCLK 周期
#define ADC_SampleTime_15Cycles     ((uint8_t)0x01)    //15 个 ADCCLK 周期
#define ADC_SampleTime_28Cycles     ((uint8_t)0x02)    //28 个 ADCCLK 周期
#define ADC_SampleTime_56Cycles     ((uint8_t)0x03)    //56 个 ADCCLK 周期
#define ADC_SampleTime_84Cycles     ((uint8_t)0x04)    //84 个 ADCCLK 周期
#define ADC_SampleTime_1I2Cycles    ((uint8_t)0x05)    //112 个 ADCCLK 周期
#define ADC_SampleTime_144Cycles    ((uint8_t)0x06)    //144 个 ADCCLK 周期
#define ADC_SampleTime_480Cycles    ((uint8_t)0x07)    //480 个 ADCCLK 周期
```

例如,把 ADC1 的输入通道 5 定义为规则组中第 1 个转换,采样时间为 480 个 ADCCLK 周期,把 ADC1 的输入通道 3 定义为规则组中第 2 个转换,采样时间为 480 个 ADCCLK 周期。

```
ADC_RegularChannelConfig(ADC1,ADC_Channel_5,1,ADC_SampleTime_480Cycles);
ADC_RegularChannelConfig(ADC1, ADC_Channel_3,2, ADC_SampleTime_480Cycles);
```

当规则组中有多个输入通道需要转换时,需要使用这个函数,对每个转换通道进行转换顺序和采样周期的定义。

7. 获取 ADC 规则组转换结果函数

语法格式如下。

```
uint16_t ADC_GetConversionValue (ADC_TypeDef * ADCx);
```

该函数返回规则组 ADC_DR 中的转换结果。

例如:

```
ADC_Val = ADC_GetConversionValue (ADC1);
```

11.6 STM32 ADC 应用实例

STM32 的 ADC 功能繁多,比较基础实用的是单通道采集,实现开发板上电位器的动触点输出引脚电压的采集,并通过串口输出至 PC 端串口调试助手。单通道采集使用模数转换完成中断,在中断服务程序中读取数据,不使用 DMA 传输;在多通道采集时才使用 DMA 传输。

11.6.1　STM32 的 ADC 配置流程

以典型的 ADC1 应用为例,配置流程如下。

(1) 开启 GPIOA 时钟和 ADC1 时钟,设置 PA1 为模拟输入。

```
RCC_APB2PeriphClockCmd(RCC_APB2Periph_ADC1,ENABLE);    //使能 ADC1 时钟
RCC_AHB1PeriphClockCmd(RCC_AHB1Periph_GPIOA,ENABLE);    //使能模拟信号输入 GPIOA 时钟
                                                        //根据实际情况调整
```

(2) 初始化模拟信号输入的 GPIO 引脚为模拟方式。

```
GPIO_Init();
```

(3) 复位 ADC1。

```
ADC_DeInit();
```

(4) 初始化 ADC_CCR(ADC 通用控制寄存器)。

对 ADC1～ADC3 的通用配置进行初始化。

```
ADC_CommonInit();
```

(5) 初始化 ADC1 参数,设置 ADC1 的工作模式及规则序列的相关信息。

```
void ADC_Init(ADC_TypeDef * ADC1,ADC_InitTypeDef * ADC_InitStruct);
```

(6) 配置规则组通道参数。

规则组通道参数用于定义规则组转换的模拟信号输入通道、顺序和采样时间。

```
ADC_RegularChannelConfig();
```

(7) 如果要用中断,配置 ADC 的 NVIC,并使能 ADC 的转换结束中断。

```
ADC_ITConfig(ADC1,ADC_IT_EOC,ENVABLE);       //使能 ADC1 的转换结束中断
```

(8) 使能 ADC1。

```
ADC_Cmd(ADC1,ENABLE);
```

(9) 软件启动转换 ADC1。

```
ADC_SoftwareStartConvCmd(ADC1);
```

一旦启动就开始进行 A/D 转换,如果使能了转换结束中断,则在转换结束后触发 ADC 的中断服务程序。

（10）等待转换完成，读取转换值。

```
ADC_GetConversion Value(ADC1);
```

（11）触发中断服务程序。

```
void ADC_IRQHandler(void);
```

如果使能了中断，则会触发中断服务程序。在中断服务程序中判断中断触发源，在满足触发条件时，读取转换结果并清除相应的中断触发标志位。

11.6.2　STM32 ADC 应用的硬件设计

开发板板载一个贴片滑动变阻器，电路设计如图 11-13 所示。

贴片滑动变阻器的动触点连接至 STM32 芯片的 ADC 通道引脚。当调节旋钮时，其动触点电压也会随之改变，电压变化范围为 0～3.3V，也是开发板默认的 ADC 电压采集范围。

在本实例中，编写一个程序实现开发板与计算机串口调试助手通信，在开发板上电时通过 USART1 不停地发送 ADC 采集到的 PB0 引脚采样值和转换电压给计算机。

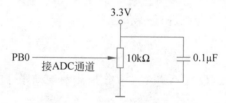

图 11-13　ADC 采集电路设计

11.6.3　STM32 ADC 应用的软件设计

编写两个 ADC 驱动文件 bsp_adc.h 和 bsp_adc.c，用来存放 ADC 所用 I/O 引脚的初始化函数以及 ADC 配置相关函数。

1. bsp_adc.h 文件

```
#ifndef __BSP_ADC_H
#define __BSP_ADC_H

#include "stm32f4xx.h"

// ADC GPIO 宏定义
#define RHEOSTAT_ADC_GPIO_PORT        GPIOB
#define RHEOSTAT_ADC_GPIO_PIN         GPIO_Pin_0
#define RHEOSTAT_ADC_GPIO_CLK         RCC_AHB1Periph_GPIOB

// ADC 序号宏定义
#define RHEOSTAT_ADC                  ADC1
```

```
# define RHEOSTAT_ADC_CLK              RCC_APB2Periph_ADC1
# define RHEOSTAT_ADC_CHANNEL          ADC_Channel_8

// ADC 中断宏定义
# define Rheostat_ADC_IRQ              ADC_IRQn
# define Rheostat_ADC_INT_FUNCTION     ADC_IRQHandler

void Rheostat_Init(void);

# endif /* __BSP_ADC_H */
```

2. bsp_adc.c 文件

```c
# include "./adc/bsp_adc.h"

static void Rheostat_ADC_GPIO_Config(void)
{
    GPIO_InitTypeDef GPIO_InitStructure;

    // 使能 GPIO 时钟
    RCC_AHB1PeriphClockCmd(RHEOSTAT_ADC_GPIO_CLK, ENABLE);

    // 配置 I/O
    GPIO_InitStructure.GPIO_Pin = RHEOSTAT_ADC_GPIO_PIN;
    GPIO_InitStructure.GPIO_Mode = GPIO_Mode_AIN;
    GPIO_InitStructure.GPIO_PuPd = GPIO_PuPd_NOPULL ; //不上拉不下拉
    GPIO_Init(RHEOSTAT_ADC_GPIO_PORT, &GPIO_InitStructure);
}

static void Rheostat_ADC_Mode_Config(void)
{
    ADC_InitTypeDef ADC_InitStructure;
    ADC_CommonInitTypeDef ADC_CommonInitStructure;

    // 开启 ADC 时钟
    RCC_APB2PeriphClockCmd(RHEOSTAT_ADC_CLK , ENABLE);

    // ---------------- ADC_Common InitStructure 结构体初始化 ------------------
    // 独立 ADC 模式
    ADC_CommonInitStructure.ADC_Mode = ADC_Mode_Independent;
    // 时钟为 fpclk x 分频
    ADC_CommonInitStructure.ADC_Prescaler = ADC_Prescaler_Div4;
    // 禁止 DMA 直接访问模式
    ADC_CommonInitStructure.ADC_DMAAccessMode = ADC_DMAAccessMode_Disabled;
    // 采样时间间隔
    ADC_CommonInitStructure.ADC_TwoSamplingDelay = ADC_TwoSamplingDelay_20Cycles;
    ADC_CommonInit(&ADC_CommonInitStructure);

    // ------------------- ADC_InitStructure 结构体初始化 --------------------
    ADC_StructInit(&ADC_InitStructure);
    // ADC 分辨率
```

```
    ADC_InitStructure.ADC_Resolution = ADC_Resolution_12b;
    // 禁止扫描模式,多通道采集才需要
    ADC_InitStructure.ADC_ScanConvMode = DISABLE;
    // 连续转换
    ADC_InitStructure.ADC_ContinuousConvMode = ENABLE;
    //禁止外部边沿触发
    ADC_InitStructure.ADC_ExternalTrigConvEdge = ADC_ExternalTrigConvEdge_None;
    //外部触发通道,本例使用软件触发,此值随便赋值即可
    ADC_InitStructure.ADC_ExternalTrigConv = ADC_ExternalTrigConv_T1_CC1;
    //数据右对齐
    ADC_InitStructure.ADC_DataAlign = ADC_DataAlign_Right;
    //一个转换通道
    ADC_InitStructure.ADC_NbrOfConversion = 1;
    ADC_Init(RHEOSTAT_ADC, &ADC_InitStructure);
    // -------------------------------------------------------------------

    // 配置 ADC 通道转换顺序为 1,第 1 个转换,采样时间为 3 个时钟周期
    ADC_RegularChannelConfig(RHEOSTAT_ADC,RHEOSTAT_ADC_CHANNEL,1, ADC_SampleTime_56Cycles);
    // ADC 转换结束产生中断,在中断服务程序中读取转换值
    ADC_ITConfig(RHEOSTAT_ADC, ADC_IT_EOC, ENABLE);
    // 使能 ADC
    ADC_Cmd(RHEOSTAT_ADC, ENABLE);
    //开始模数转换,软件触发
    ADC_SoftwareStartConv(RHEOSTAT_ADC);
}

// 配置中断优先级
static void Rheostat_ADC_NVIC_Config(void)
{
    NVIC_InitTypeDef NVIC_InitStructure;

    NVIC_PriorityGroupConfig(NVIC_PriorityGroup_1);

    NVIC_InitStructure.NVIC_IRQChannel = Rheostat_ADC_IRQ;
    NVIC_InitStructure.NVIC_IRQChannelPreemptionPriority = 1;
    NVIC_InitStructure.NVIC_IRQChannelSubPriority = 1;
    NVIC_InitStructure.NVIC_IRQChannelCmd = ENABLE;

    NVIC_Init(&NVIC_InitStructure);
}

void Rheostat_Init(void)
{
    Rheostat_ADC_GPIO_Config();
    Rheostat_ADC_Mode_Config();
    Rheostat_ADC_NVIC_Config();
}
```

　　首先,使用 ADC_InitTypeDef 和 ADC_CommonInitTypeDef 结构体分别定义一个 ADC 初始化和 ADC 通用类型变量。

调用 RCC_APB2PeriphClockCmd()函数开启 ADC 时钟。

接下来使用 ADC_CommonInitTypeDef 结构体变量 ADC_CommonInitStructure 配置 ADC：独立模式、分频系数为 2、不需要设置 DMA 模式、20 个周期的采样延迟，并调用 ADC_CommonInit()函数完成 ADC 通用工作环境配置。

使用 ADC_InitTypeDef 结构体变量 ADC_InitStructure 配置 ADC1：12 位分辨率、单通道采集、不需要扫描、启动连续转换、使用内部软件触发、使用右对齐数据格式、转换通道为 1，并调用 ADC_Init()函数完成 ADC1 工作环境配置。

使用 ADC_RegularChannelConfig()函数绑定 ADC 通道转换顺序和时间。它接收 4 个形参，第 1 个形参选择 ADC 外设，可为 ADC1、ADC2 或 ADC3；第 2 个形参选择通道，总共可选 18 个通道；第 3 个形参为转换顺序，可选 1～16；第 4 个形参为采样周期选择，采样周期越短，转换数据输出周期就越短，但数据精度也越低。PC3 对应 ADC 通道 ADC_Channel_13，这里选择 ADC_SampleTime_56Cycles 即 56 个周期的采样时间。

利用 ADC 转换完成中断可以非常方便地保证读取到的数据是转换完成后的数据，而不用担心该数据可能是 ADC 正在转换时"不稳定"的数据。使用 ADC_ITConfig()函数使能 ADC 转换完成中断，并在中断服务函数中读取转换结果数据。

ADC_Cmd()函数控制 ADC 转换启动和停止。

最后，如果使用软件触发，需要调用 ADC_SoftwareStartConvCmd()函数进行使能配置。

3. ADC 转换完成中断服务程序

```
void ADC_IRQHandler(void)
{
    if(ADC_GetITStatus(RHEOSTAT_ADC,ADC_IT_EOC) == SET)
    {
        // 读取 ADC 的转换值
        ADC_ConvertedValue = ADC_GetConversionValue(RHEOSTAT_ADC);

    }
    ADC_ClearITPendingBit(RHEOSTAT_ADC,ADC_IT_EOC);
}
```

中断服务程序一般定义在 stm32f4xx_it.c 文件中，只使能了 ADC 转换完成中断，在 ADC 转换完成后就会进入中断服务程序，在中断服务程序内直接读取转换结果并保存在变量 ADC_ConvertedValue(在 main.c 中定义)中。

ADC_GetConversionValue()函数是获取 ADC 转换结果值的库函数，只有一个形参，为 ADC 外设，可选为 ADC1、ADC2 或 ADC3，该函数还返回一个 16 位的 ADC 转换结果值。

4. main.c 程序

```
# include "stm32f4xx.h"
# include "./usart/bsp_debug_usart.h"
# include "./adc/bsp_adc.h"
```

```
// ADC 转换的电压值通过 DMA 方式传到 SRAM
__IO uint16_t ADC_ConvertedValue = 0;

// 局部变量,用于保存转换计算后的电压值
float ADC_Vol;

static void Delay(__IO uint32_t nCount)    //简单的延时函数
{
    for(; nCount != 0; nCount -- );
}


/*
 * @brief   主函数
 * @param   无
 * @retval 无
 */
int main(void)
{
    /* 初始化 USART */
    Debug_USART_Config();
    Rheostat_Init();

    while (1)
    {

        ADC_Vol = (float) ADC_ConvertedValue/4096 * (float)3.3; // 读取转换的 ADC 值

        printf("\r\n The current AD value =  0x % 04X \r\n", ADC_ConvertedValue);
        printf("\r\n The current AD value =  % f V \r\n",ADC_Vol);

        Delay(0xffffee);
    }
}
```

主函数先调用 USARTx_Config()函数配置调试串口相关参数,该函数定义在 bsp_debug_usart.c 文件中。

接下来调用 Rheostat _Init()函数进行 ADC 初始化配置并启动 ADC。Rheostat _Init()函数定义在 bsp_adc.c 文件中,它只是简单地分别调用 Rheostat_ADC_GPIO_Config()、Rheostat_ADC_Mode_Config()和 Rheostat_ADC_NVIC_Config()函数。

Delay()函数只是一个简单的延时函数。

在 ADC 中断服务程序中把转换结果保存在变量 ADC_ConvertedValue 中,根据之前的分析可以非常清楚地计算出对应的电位器动触点的电压值。

最后就是把相关数据打印至串口调试助手。

用 USB 线连接开发板 USB 转串口接口与计算机,在计算机端打开串口调试助手,把编译好的程序下载到开发板中。在串口调试助手可看到不断有数据从开发板传输过来,此时

调节电位器改变其电阻值,对应的数据也会有变化,如图 11-14 所示。

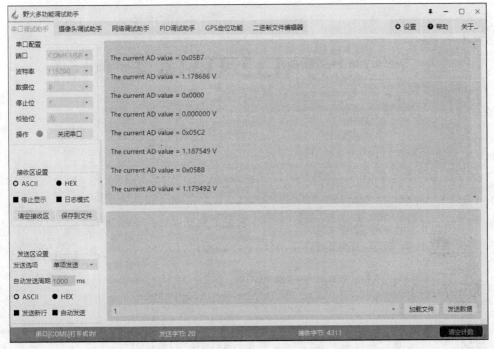

图 11-14 串口调试助手显示的电压采集界面

第 12 章

STM32 DMA 控制器

本章讲述 STM32 DMA 控制器,包括 STM32 DMA 的基本概念、STM32 DMA 的结构和主要特征、STM32 DMA 的功能描述、STM32 的 DMA 库函数和 STM32 DMA 应用实例。

12.1 STM32 DMA 的基本概念

在很多实际应用中,有进行大量数据传输的需求,这时如果 CPU 参与数据的转移,则它在数据传输过程中不能进行其他工作。如果找到一种可以不需要 CPU 参与的数据传输方式,则可解放 CPU,让其去进行其他操作。特别是在大量数据传输的应用中,这一需求显得尤为重要。

直接存储器访问(Direct Memory Access,**DMA**)就是基于以上设想设计的,它的作用就是解决大量数据转移过度消耗 CPU 资源的问题。DMA 是一种可以大大减轻 CPU 工作量的数据转移方式,用于在外设与存储器之间及存储器与存储器之间提供高速数据传输。DMA 操作可以在无需任何 CPU 操作的情况下快速移动数据,从而解放 CPU 资源以用于其他操作。DMA 使 CPU 更专注于更加实用的操作,如计算、控制等。

DMA 传输方式无须 CPU 直接控制传输,也没有中断处理方式那样的保留现场和恢复现场过程,通过硬件为 RAM 和外设开辟一条直接传输数据的通道,使得 CPU 的效率大大提高。

DMA 的作用就是实现数据的直接传输,虽然去掉了传统数据传输需要 CPU 寄存器参与的环节,但本质上是一样的,都是从内存的某一区域传输到内存的另一区域(外设的数据寄存器本质上就是内存的一个存储单元)。在用户设置好参数(主要涉及源地址、目标地址、传输数据量)后,DMA 控制器就会启动数据传输,传输的终点就是剩余传输数据量为 0(循环传输不是这样的)。

12.1.1 DMA 的定义

学过计算机组成原理的读者都知道,DMA 是一个计算机术语,是直接存储器访问

(Direct Memory Access)的缩写。它是一种完全由硬件执行数据交换的工作方式,用来提供在外设与存储器之间或存储器与存储器之间的高速数据传输。DMA 在无须 CPU 干预的情况下能够实现存储器之间的数据快速移动,如图 12-1 所示。

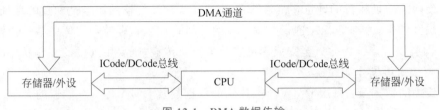

图 12-1 DMA 数据传输

CPU 通常是存储器或外设间数据交互的中介和核心,在 CPU 上运行的软件控制了数据交互的规则和时机。但许多数据交互的规则是非常简单的,如很多数据传输会从某个地址区域连续地读出数据转存到另一个连续的地址区域。这类简单的数据交互工作往往由于传输的数据量巨大而占据了大量的 CPU 时间。DMA 的设计思路正是通过硬件控制逻辑电路产生简单数据交互所需的地址调整信息,在无须 CPU 参与的情况下完成存储器或外设之间的数据交互。从图 12-1 可以看到,DMA 越过 CPU 构建了一条直接的数据通路,这将 CPU 从繁重、简单的数据传输工作中解脱出来,提高了计算机系统的可用性。

12.1.2 DMA 在嵌入式实时系统中的价值

DMA 可以在存储器之间传输数据,还可以在存储器和 STM32 的外围设备(外设)之间交换数据。这种交互方式对应了 DMA 另一种更简单的地址变更规则——地址持续不变。STM32 将外设的数据寄存器映射为地址空间中的一个固定地址,当使用 DMA 在固定地址的外设数据寄存器和连续地址的存储器之间进行数据传输时,就能够将外设产生的连续数据自动存储到存储器中,或者将存储器中存储的数据连续地传输到外设中。以 ADC 为例,当 DMA 被配置成从 ADC 的结果寄存器向某个连续的存储区域传输数据后,就能够在CPU 不参与的情况下,得到连续的模数转换结果。

这种外设和 CPU 之间的数据 DMA 交换方式,在实时性(Real-Time)要求很高的嵌入式系统中的价值往往被低估。同样以 DMA 控制模数转换为例,嵌入式工程师通常习惯于通过定时器中断实现等时间间隔的模数转换,即 CPU 在定时器中断后通过软件控制 ADC采样和存储。但 CPU 进入中断并控制模数转换往往需要几条乃至几十条指令,还可能被其他中断打断,且每次进入中断所需的指令条数也不一定相等,从而造成达不到采样率和采样间隔抖动等问题。而 DMA 由更为简单的硬件电路实现数据转存,在每次模数转换事件发生后的很短时间内将数据转存到存储器。只要 ADC 能够实现严格、快速的定时采样,DMA 就能够将 ADC 得到的数据实时地转存到存储器中,从而大大提高嵌入式系统的实时性。实际上,在嵌入式系统中 DMA 对实时性的作用往往高于它对于节省 CPU 时间的作用,这一点希望引起读者的注意。

12.1.3　DMA 传输的基本要素

每次 DMA 传输都由以下基本要素构成。

(1) 传输源地址和目的地址：顾名思义，定义了 DMA 传输的源地址和目的地址。

(2) 触发信号：引发 DMA 进行数据传输的信号。如果是存储器之间的数据传输，则可由软件一次触发后连续传输直至完成即可。数据何时传输，则要由外设的工作状态决定，并且可能需要多次触发才能完成。

(3) 传输的数据量：每次 DMA 数据传输的数据量及 DMA 传输存储器的大小。

(4) DMA 通道：每个 DMA 控制器能够支持多个通道的 DMA 传输，每个 DMA 通道都有自己独立的传输源地址和目的地址，以及触发信号和传输数量。当然，各个 DMA 通道使用总线的优先级也不相同。

(5) 传输方式：包括 DMA 传输是在两个存储器之间还是存储器和外设之间进行；传输方向是从存储器到外设，还是外设到存储器；存储器地址递增的方式和递增值的大小，以及每次传输的数据宽度(8 位、16 位或 32 位等)；到达存储区域边界后地址是否循环(循环方式多用于存储器和外设之间的 DMA 数据传输)等要素。

(6) 其他要素：包括 DMA 传输通道使用总线资源的优先级、DMA 完成或出错后是否起中断等要素。

12.1.4　DMA 传输过程

具体地说，一个完整的 DMA 数据传输过程如下。

(1) **DMA 请求**。CPU 初始化 DMA 控制器，外设(I/O 接口)发出 DMA 请求。

(2) **DMA 响应**。DMA 控制器判断 DMA 请求的优先级及屏蔽，向总线仲裁器提出总线请求。当 CPU 执行完当前总线周期时，可释放总线控制权。此时，总线仲裁器输出总线应答，表示 DMA 已经响应，DMA 控制器从 CPU 接管对总线的控制，并通知外设(I/O 接口)开始 DMA 传输。

(3) **DMA 传输**。DMA 数据以规定的传输单位(通常是字)传输，每个单位的数据传输完成后，DMA 控制器修改地址，并对传输单位的个数进行计数，继而开始下一个单位数据的传输，如此循环往复，直至达到预先设定的传输单位数量为止。

(4) **DMA 结束**。当规定数量的 DMA 数据传输完成后，DMA 控制器通知外设(I/O 接口)停止传输，并向 CPU 发送一个信号(产生中断或事件)报告 DMA 数据传输操作结束，同时释放总线控制权。

12.1.5　DMA 的特点与应用

DMA 具有以下优点。

首先，从 CPU 使用率角度，DMA 控制数据传输的整个过程，既不通过 CPU，也不需要 CPU 干预，都在 DMA 控制器的控制下完成。因此，CPU 除了在数据传输开始前配置，在数据传输结束后处理外,在整个数据传输过程中可以进行其他的工作。DMA降低了CPU的负担,释放了CPU资源,使得CPU的使用效率大大提高。

其次,从数据传输效率角度,当CPU负责存储器和外设之间的数据传输时,通常先将数据从源地址存储到某个中间变量(该变量可能位于CPU的寄存器中,也可能位于内存中),再将数据从中间变量转送到目标地址上。当由DMA控制器代替CPU负责数据传输时,不再需要通过中间变量,而直接将源地址上的数据送到目标地址,这样显著地提高了数据传输的效率,能满足高速I/O设备的要求。

最后,从用户软件开发角度,由于在DMA数据传输过程中,没有保存现场、恢复现场之类的工作,而且存储器地址修改、传输单位个数的计数等也不是由软件而是由硬件直接实现的,因此用户软件开发的代码量得以减少,程序变得更加简洁,编程效率得以提高。

由此可见,DMA带来的不是"双赢",而是"三赢":它不仅减轻了CPU的负担,而且提高了数据传输的效率,还减少了用户开发的代码量。

当然,DMA也存在弊端。由于DMA允许外设直接访问内存,从而形成在一段时间内对总线的独占。如果DMA传输的数据量过大,会造成中断延时过长,不适合在一些实时性较强的(硬实时)嵌入式系统中使用。

正由于具有以上特点,DMA一般用于高速传输成组数据的应用场合。

12.2 STM32 DMA 的结构和主要特征

DMA用来提供在外设和存储器之间或存储器和存储器之间的高速数据传输,无须CPU干预,是所有现代计算机的重要特色。在DMA模式下,CPU只需向DMA控制器下达指令,让DMA控制器处理数据的传输,数据传输完毕再把信息反馈给CPU,这样在很大程度上减小了CPU资源占有率,可以大大节省系统资源。DMA主要用于快速设备和主存储器成批交换数据的场合。在这种应用中,处理问题的出发点集中在两点:一是不能丢失快速设备提供的数据;二是进一步减少快速设备输入/输出操作过程中对CPU的打扰。这可以通过把这批数据的传输过程交由DMA控制,让DMA代替CPU控制在快速设备与主存储器之间直接传输数据来完成。当完成一批数据传输之后,快速设备还是要向CPU发一次中断请求,报告本次传输结束的同时,"请示"下一步的操作要求。

STM32的两个DMA控制器有12个通道(DMA1有7个通道,DMA2有5个通道),每个通道专门用来管理来自一个或多个外设对存储器访问的请求。还有一个仲裁器协调各个DMA请求的优先权。STM32F4系列微控制器的DMA内部结构框图如图12-2所示。

STM32F407ZGT6的**DMA**模块具有如下特征。

(1) 12个独立的可配置的通道(请求):DMA1有7个通道,DMA2有5个通道。

(2) 每个通道都直接连接专用的硬件DMA请求,每个通道都支持软件触发。这些功能通过软件配置。

(3) 在同一个DMA模块上,多个请求间的优先级可以通过软件编程设置(共有4级:

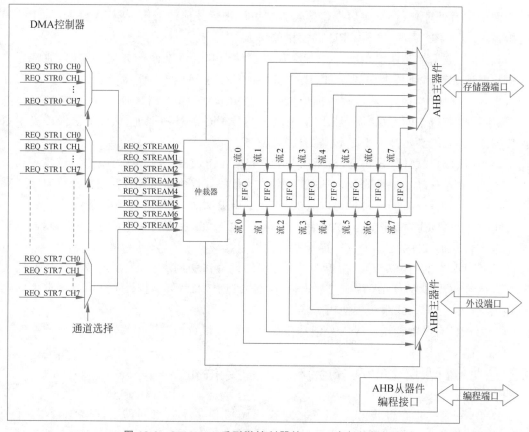

图 12-2　STM32F4 系列微控制器的 DMA 内部结构框图

最高、高、中等和低)，优先级设置相等时由硬件决定(请求 0 优先于请求 1，以此类推)。

(4) 独立数据源和目标数据区的传输宽度(字节、半字、全字)是独立的，模拟打包和拆包的过程。源和目的地址必须按数据传输宽度对齐。

(5) 支持循环的缓冲器管理。

(6) 每个通道都有 3 个事件标志(DMA 半传输、DMA 传输完成和 DMA 传输出错)，这3 个事件标志通过逻辑或运算成为一个单独的中断请求。

(7) 能完成存储器和存储器之间的传输。

(8) 能完成外设和存储器、存储器和外设之间的传输。

(9) Flash、SRAM、外设的 SRAM、APB1、APB2 和 AHB 外设均可作为访问的源和目标。

(10) 可编程的数据传输最大数目为 65536。

12.3　STM32 DMA 的功能描述

DMA 控制器和 Cortex-M4 核心共享系统数据总线，执行直接存储器数据传输。当 CPU 和 DMA 同时访问相同的目标(RAM 或外设)时，DMA 请求会暂停 CPU 访问系统总线若干个周期,总线仲裁器执行循环调度,以保证 CPU 至少可以得到一半的系统总线(存储器或外设)使用时间。

12.3.1　DMA 处理

发生一个事件后,外设向 DMA 控制器发送一个请求信号。DMA 控制器根据通道的优先权处理请求。当 DMA 控制器开始访问发出请求的外设时,DMA 控制器立即向外设发送一个应答信号。当从 DMA 控制器得到应答信号时,外设立即释放请求。一旦外设释放了请求,DMA 控制器同时撤销应答信号。如果有更多的请求,外设可以在下一个周期启动请求。

总之,每次 DMA 传输由 3 步操作组成。

(1) 从外设数据寄存器或从当前外设/存储器地址寄存器指示的存储器地址读取数据,第 1 次传输的开始地址是 DMA_CPARx 或 DMA_CMARx 寄存器指定的外设基地址或存储器单元。

(2) 将读取的数据保存到外设数据寄存器或当前外设/存储器地址寄存器指示的存储器地址,第 1 次传输的开始地址是 DMA_CPARx 或 DMA_CMARx 寄存器指定的外设基地址或存储器单元。

(3) 执行一次 DMA_CNDTRx 寄存器的递减操作,该寄存器包含未完成的操作数目。

12.3.2　仲裁器

仲裁器根据通道请求的优先级启动外设/存储器的访问。

优先权管理分为两个阶段。

(1) 软件:每个通道的优先级可以在 DMA_CCRx 寄存器的 PL[1:0] 位设置,有 4 个等级:最高优先级、高优先级、中等优先级、低优先级。

(2) 硬件:如果两个请求有相同的软件优先级,则较低编号的通道比较高编号的通道有更高的优先权。例如,通道 2 优先于通道 4。

DMA1 控制器的优先级高于 DMA2 控制器的优先级。

12.3.3　DMA 通道

每个通道都可以在有固定地址的外设寄存器和存储器之间执行 DMA 传输。DMA 传输的数据量是可编程的,最大为 65535。数据项数量寄存器包含要传输的数据项数量,在每次传输后递减。

1. 可编程的数据量

外设和存储器的传输数据量可以通过 DMA_CCRx 寄存器中的 PSIZE 和 MSIZE 位编程设置。

2. 指针增量

通过设置 DMA_CCRx 寄存器中的 PINC 和 MINC 标志位,外设和存储器的指针在每次传输后可以有选择地完成自动增量。当设置为增量模式时,下一个要传输的地址将是前一个地址加上增量值,增量值取决于所选的数据宽度(1、2 或 4)。第 1 个传输的地址存放在 DMA_CPARx/DMA_CMARx 寄存器中。在传输过程中,这些寄存器保持它们初始的数值,软件不能改变和读出当前正在传输的地址(它在内部的当前外设/存储器地址寄存器中)。

当通道配置为非循环模式时,传输结束后(即传输计数变为 0)将不再产生 DMA 操作。要开始新的 DMA 传输,需要在关闭 DMA 通道的情况下,向 DMA_CNDTRx 寄存器重新写入传输数目。

在循环模式下,最后一次传输结束时,DMA_CNDTRx 寄存器的内容会自动地被重新加载为其初始数值,内部的当前外设/存储器地址寄存器也被重新加载为 DMA_CPARx/DMA_CMARx 寄存器设定的初始基地址。

3. 通道配置过程

配置 DMA 通道 x 的过程(x 代表通道号)如下。

(1) 在 DMA_CPARx 寄存器中设置外设寄存器的地址。发生外设数据传输请求时,这个地址将是数据传输的源或目标。

(2) 在 DMA_CMARx 寄存器中设置数据存储器的地址。发生存储器数据传输请求时,传输的数据将从这个地址读出或写入这个地址。

(3) 在 DMA_CNDTRx 寄存器中设置要传输的数据量。在每个数据传输后,这个数值递减。

(4) 在 DMA_CCRx 寄存器的 PL[1:0] 位中设置通道的优先级。

(5) 在 DMA_CCRx 寄存器中设置数据传输的方向、循环模式、外设和存储器的增量模式、外设和存储器的数据宽度、传输一半产生中断或传输完成产生中断。

(6) 设置 DMA_CCRx 寄存器的 ENABLE 位,启动该通道。

一旦启动了 DMA 通道,即可响应连接该通道的外设的 DMA 请求。

当传输一半的数据后,半传输标志位(HTIF)被置 1,当设置了允许半传输中断位(HTIE)时,将产生中断请求。在数据传输结束后,传输完成标志位(TCIF)被置 1,如果设置了允许传输完成中断位(TCIE),则将产生中断请求。

4. 循环模式

循环模式用于处理循环缓冲区和连续的数据传输(如 ADC 的扫描模式)。DMA_CCR 寄存器中的 CIRC 位用于开启这一功能。当循环模式启动时,要被传输的数据数目会自动地被重新装载为配置通道时设置的初值,DMA 操作将会继续进行。

5. 存储器到存储器模式

DMA 通道的操作可以在没有外设请求的情况下进行,这种操作就是存储器到存储器模式。

如果设置了 DMA_CCRx 寄存器的 MEM2MEM 位,在软件设置了 DMA_CCRx 寄存器的 EN 位启动 DMA 通道时,DMA 传输将马上开始。当 DMA_CNDTRx 寄存器为 0 时,DMA 传输结束。存储器到存储器模式不能与循环模式同时使用。

12.3.4 DMA中断

每个 DMA 通道都可以在 DMA 传输过半、传输完成和传输错误时产生中断。为应用的灵活性考虑，通过设置寄存器的不同位打开这些中断。相关的中断事件标志位及对应的使能控制位分别如下。

(1) 传输过半的中断事件标志位是 HTIF，中断使能控制位是 HTIE。

(2) 传输完成的中断事件标志位是 TCIF，中断使能控制位是 TCIE。

(3) 传输错误的中断事件标志位是 TEIF，中断使能控制位是 TEIE。

读写一个保留的地址区域，将会产生 DMA 传输错误。在 DMA 读写操作期间发生 DMA 传输错误时，硬件会自动清除发生错误的通道所对应的通道配置寄存器(DMA_CCRx)的 EN 位，该通道操作被停止。此时，在 DMA_IFR 寄存器中对应该通道的传输错误中断标志位(TEIF)将被置位，如果在 DMA_CCRx 寄存器中设置了传输错误中断允许位，则将产生中断。

12.4 STM32 的 DMA 库函数

DMA 相关的函数和宏被定义在以下文件中。

(1) 头文件：stm32f4xx_dma.h。

(2) 源文件：stm32f4xx_dma.c。

1. DMA 初始化函数

语法格式如下。

```
void DMA_Init (DMA_Stream_TypeDef * DMAy_Streamx, DMA_InitTypeDef * DMA_InitStruct);
```

参数 DMA_Stream_TypeDef * DMAy_Streamx 为 DMA 对象，是一个结构体指针，表示形式是 DMA1_Stream0～DMA1_Stream7 和 DMA2_Stream0～DMA2_Stream7，以宏定义形式定义在 stm32f4xx_.h 文件中。例如：

```
#define DMA1_Stream0  ((DMA_Stream_TypeDef * )DMA1_Stream0_BASE)
```

DMA_Stream_TypeDef 是自定义结构体类型，成员是 DMA 数据流的所有寄存器。

参数 DMA_InitTypeDef * DMA_InitStruct 为 DMA 初始化结构体指针。DMA_InitTypeDef 是自定义的结构体类型，定义在 stm32f4xx_dma.h 文件中。

```
typedef struct
{
    uint32_t DMA_Channel;              //DMA 数据流通道
    uint32_t DMA_PeripheralBaseAddr;   //片上外设端地址
    uint32_t DMA_Memory0BaseAddr;      //存储器端地址
    uint32_t DMA_DIR;                  //DMA 数据传输方向
```

```
    uint32_t DMA_BufferSize;              //DMA 传输数据数目
    uint32_t DMA_PeripheralInc;           //使能或禁止外设端自动递增功能
    uint32_t DMA_MemoryInc;               //使能或禁止存储器端自动递增功能
    uint32_t DMA_PeripheralDataSize;      //外设端传输数据宽度
    uint32_t DMA_MemoryDataSize;          //存储器端传输数据宽度
    uint32_t DMA_Mode;                    //传输模式
    uint32_t DMA_Priority;                //DMA 数据流优先级
    uint32_t DMA_FIFOMode;                //FIFO 模式或直接模式
    uint32_t DMA_FIFOThreshold;           //FIFO 阈值
    uint32_t DMA_MemoryBurst;             //存储器端突发模式设置
    uint32_t DMA_PeripheralBurst;         //片上外设端突发模式设置
} DMA_InitTypeDef;
```

成员 uint32_t DMA_Channel 表示 DMA 数据流通道,以宏的形式定义为 DMA_Channel_0～DMA_Channel_7。例如:

```
#define  DMA_Channel_0   ((uint32_t)0x00000000)
```

成员 uint32_t DMA_PeripheralBaseAddr 表示片上外设端地址,根据具体的应用设置地址。这个地址被写入 DMA_SxPAR 寄存器。

成员 uint32_t DMA_Memory0BaseAddr 表示存储器端地址,根据具体的应用设置地址。这个地址被写入 DMA_SxM0AR 寄存器。

成员 uint32_t DMA_DIR 表示 DMA 数据传输方向。有 3 个方向可选:外设到存储器、存储器到外设和存储器到存储器,在库函数中分别表示为

```
#define DMA_DIR_PeripheralToMemory    ((uint32_t)0x00000000)    //外设到存储器
#define DMA_DIR_MemoryToPeripheral    ((uint32_t)0x00000040)    //存储器到外设
#define DMA_DIR_MemoryToMemory        ((uint32_t)0x00000080)    //存储器到存储器
```

成员 uint32_t DMA_BuferSize 表示 DMA 传输数据数目,根据具体的应用设置数值。这个数值被写入 DMA_SxNDTR 寄存器。

成员 uint32_t DMA_PeripheralInc 表示使能或禁止外设端自动递增功能设置,在库函数中分别表示为

```
#define DMA_PeripheralInc_Enable     ((uint32_t)0x00000200)    //使能递增功能
#define DMA_PeripheralInc_Disable    ((uint32_t)0x00000000)    //禁止递增功能
```

外设端一般禁止自动递增功能。

成员 uint32_t DMA_MemoryInc 表示使能或禁止存储器端自动递增功能设置,在库函数中分别表示为

```
#define DMA_MemoryInc_Enable     ((uint32_t)0x00000400)
#define DMA_MemoryInc_Disable    ((uint32_t)0x00000000)
```

存储器端一般需要使能自动递增功能。

成员 uint32_t DMA_PeripheralDataSize 表示外设端传输数据宽度,有字节、半字和字 3

种选择,在库函数中分别表示为

```
# define DMA_PeripheralDatSize_Byte          ((uint32_t)0x00000000)     //字节
# define DMA_PeripheralDataSize_HalfWord      ((uint32_t)0x00000800)     //半字
# define DMA_PeripheralDataSize_Word          ((uint32_t)0x00001000)     //字
```

成员 uint32_t DMA_MemoryDataSize 表示存储器端传输数据宽度,有字节、半字和字3 种选择,在库函数中分别表示为

```
# define DMA_MemoryDataSize_Byte          ((uint32_t)0x00000000)     //字节
# define DMA_MemoryDataSize_HalfWord      ((uint32_t)0x00002000)     //半字
# define DMA_MemoryDataSize_Word          ((uint32_t)0x00004000)     //字
```

成员 uint32_t DMA_Mode 表示传输模式,有正常模式和循环模式两种选择,在库函数中分别表示为

```
# define DMA_Mode_Normal       ((uint32_t)0x00000000)      //正常模式
# define DMA_Mode_Circular     ((uint32_t)0x00000100)      //循环模式
```

成员 uint32_t DMA_Priority 表示 DMA 数据流优先级设置,有最高优先级、高优先级、中优先级和低优先级 4 种选择,在库函数中分别表示为

```
# define DMA_Priority_Low        ((uint32_t)0x00000000)      //低优先级
# define DMA_Priority_Medium     ((uint32_t)0x00010000)      //中优先级
# define DMA_Priority_High       ((uint32_t)0x00020000)      //高优先级
# define DMA_Priority_VeryHigh   ((uint32_t)0x00030000)      //最高优先级
```

成员 uint32_t DMA_FIFOMode 表示使能或禁止 DMA 的 FIFO 模式,在库函数中分别表示为

```
# define DMA_FIFOMode_Disable     ((uint32_t)0x00000000)      //禁止
# define DMA_FIFOMode_Enable      ((uint32_t)0x00000004)      //使能
```

成员 uint32_t DMA_FIFOThreshold 表示设置 DMA 的 FIFO 的阈值,在库函数中分别表示为

```
# define DMA_FIFOThreshold_1QuarterFull     ((uint32_t)0x00000000)      //1/4 满 FIFO
# define DMA_FIFOThreshold_HalfFull         ((uint32_t)0x00000001)      //1/2 满 FIFO
# define DMA_FIFOThreshold_3QuartersFull    ((uint32_t)0x00000002)      //3/4 满 FIFO
# define DMMA_FIFOThreshold_Full            ((uint32_t)0x00000003)      //满 FIFO
```

成员 uint32_t DMA_MemoryBurst 表示存储器端突发模式设置,在库函数中分别表示为

```
# define DMA_MemoryBurst_Single     ((uint32_t)0x00000000)      //不使用突发模式
# define DMA_MemoryBurst_INC4       ((uint32_t)0x00800000)      //不使用突发模式
# define DMA_MemoryBurst_INC8       ((uint32_t)0x01000000)      //突发传输 8 个节拍
# define DMA_MemoryBurst_INC16      ((uint32_t)0x01800000)      //突发传输 16 个节拍
```

成员 uint32_t DMA_PeripheralBurst 表示片上外设端突发模式设置,在库函数中分别

表示为

```
# define DMA_PeripheralBurst_Single      ((uint32__t)0x00000000)    //不使用突发模式
# define DMA_PeripheralBurst_INC4        ((uint32_t)0x00200000)     //不使用突发模式
# define DMA_PeripheralBurst_INC8        ((uint32_t)0x00400000)     //突发传输 8 个节拍
# define DMA_PeripheralBurst_INC16       ((uint32_t)0x00600000)     //突发传输 16 个节拍
```

2. 使能或禁止 DMA 数据流函数

语法格式如下。

```
void DMA_Cmd (DMA_Stream_TypeDef * DMAy_Streamx, FunctionalState NewState);
```

参数 FunctionalState NewState 表示使能(ENABLE)或禁止(DISABLE)。

```
typedef enum {DISABLE = 0, ENABLE = ! DISABLE} FunctionalState;
```

3. 获取 DMA 数据流是否可用函数

语法格式如下。

```
FunctionalState DMA_GetCmdStatus (DMA_Stream_TypeDef * DMAy_Streamx);
```

该函数返回使能或禁止(ENABLE 或 DISABLE),判断的是 DMA_SxCR 寄存器的 EN 位。

4. 获取 DMA 数据流当前状态函数

语法格式如下。

```
FlagStatus DMA_GetFlagStatus (DMA_Stream_TypeDef * DMAy_Streamx, uint32_t DMA_FLAG);
```

参数 uint32_t DMA_FLAG 表示 DMA 数据流状态标志,定义如下。

```
# define DMA_FLAG_FEIF0        ((uint32_t)0x10800001)     //数据流 0 错误中断标志
# define DMA_FLAG_DMEIF0       ((uint32_t)0x10800004)     //数据流 0 直接模式错误中断标志
# define DMA_FLAG_TEIF0        ((uint32_t)0x10000008)     //数据流 0 传输错误中断标志
# define DMA_FLAG_HTIF0        ((uint32_t)0x10000010)     //数据流 0 半传输中断标志
# define DMA_FLAG_TCIF0        ((uint32_t)0x10000020)     //数据流 0 传输完成中断标志
```

对于每个数据流,都有以上标志位的宏定义。

该函数返回置位或复位(SET 或 RESET)。

12.5 STM32 DMA 应用实例

本节讲述一个从存储器到外设的 DMA 应用实例。先定义一个数据变量,存储在 SRAM 中,通过 DMA 方式传输到串口的数据寄存器,然后通过串口把这些数据发送到计算机显示出来。

12.5.1 STM32 的 DMA 配置流程

DMA 配置流程如下。

（1）使能 DMA 时钟。

```
RCC_AHB1PeriphClockCmd(RCC_AHBIPeriph_DMA1,ENABLE);
RCC_AHB1PeriphClockCmd(RCC_AHB1Periph_DMA2,ENABLE);
```

（2）复位 DMA 配置，并检测何时 EN 位变为 0，可以对其进行初始化。

```
void DMA_DeInit(DMA_Stream_TypeDef * DMAy_Streamx)
```

例如，复位 DMA2 的数据流 0，并检测 EN 位何时变为 0。

```
DMA_DeInit (DMA2_Stream0);
while (DMA_GetCmdStatus(DMA2_Stream0)!= DISABLE);
```

在 DMA 上次操作结束前，不能对其初始化。因此，在对 DMA 初始化前，需要先将 EN 位设置 0，禁止 DMA，并判断何时将 EN 复位成功。判断成功后，再对 DMA 进行初始化。

（3）初始化 DMA 通道参数。

```
DMA_Init(DMA_Stream_TypeDef * DMAy_Streamx,DMA_InitTypeDef * DMA_InitStruct);
```

例如，按照结构体 DMA_IntStructure 设置的参数，初始化 DMA2 的数据流 0。

```
DMA_Init(DMA2_Stream0,&DMA_InitStructure);
```

这些参数包括通道、优先级、数据传输方向、存储器/外设数据宽度、存储器/外设地址是否增量、循环模式、数据传输量、FIFO 模式、突发模式。

（4）使能 DMA 数据流。

```
DMA_Cmd(DMA_Stream_TypeDef * DMAy_Streamx,FunctionalState NewState);
```

例如，使能 DMA2 的数据流 0。

```
DMA_Cmd(DMA2_Stream0,ENABLE);
```

（5）查询 DMA 的 EN 位，在确保数据流就绪后，可以进行操作。

```
FunctionalState DMA_GetCmdStatus(DMA_Stream_TypeDef * DMAy_Streamx);
```

例如，判断 DMA2 的数据流 0 是否就绪。

```
while (DMA_GetCmdStatus(DMA2_Stream0)!= ENABLE);
```

（6）如果进行的是片上外设和存储器之间的 DMA 操作，还需要使能片上外设的 DMA 功能。

例如，设置 USART1 数据发送为 DMA 方式，则需要在进行以上步骤后，再使能串口 DMA 发送。

```
USART_DMACmd(USARTI,USART_DMAReq_Tx,ENABLE);
```

12.5.2 DMA 应用的硬件设计

存储器到外设模式使用 USART1 功能,具体电路设置参考图 8-5,无需其他硬件设计。

在本实例中,编写一个程序实现开发板与计算机串口调试助手通信,在开发板上电时 USART1 通过 DMA 发送一串字符给计算机,并每隔一定时间改变 LED 的状态。

12.5.3 DMA 应用的软件设计

1. bsp_usart_dma.h 文件

```c
# ifndef __USART_DMA_H
# define  __USART_DMA_H

# include "stm32f4xx.h"
# include < stdio.h >

//USART
# define DEBUG_USART                    USART1
# define DEBUG_USART_CLK                RCC_APB2Periph_USART1
# define DEBUG_USART_RX_GPIO_PORT       GPIOA
# define DEBUG_USART_RX_GPIO_CLK        RCC_AHB1Periph_GPIOA
# define DEBUG_USART_RX_PIN             GPIO_Pin_10
# define DEBUG_USART_RX_AF              GPIO_AF_USART1
# define DEBUG_USART_RX_SOURCE          GPIO_PinSource10

# define DEBUG_USART_TX_GPIO_PORT       GPIOA
# define DEBUG_USART_TX_GPIO_CLK        RCC_AHB1Periph_GPIOA
# define DEBUG_USART_TX_PIN             GPIO_Pin_9
# define DEBUG_USART_TX_AF              GPIO_AF_USART1
# define DEBUG_USART_TX_SOURCE          GPIO_PinSource9

# define DEBUG_USART_BAUDRATE           115200

//DMA
# define DEBUG_USART_DR_BASE            (USART1_BASE + 0x04)
# define SENDBUFF_SIZE                  50          //发送的数据量
# define DEBUG_USART_DMA_CLK            RCC_AHB1Periph_DMA2
# define DEBUG_USART_DMA_CHANNEL        DMA_Channel_4
# define DEBUG_USART_DMA_STREAM         DMA2_Stream7

void Debug_USART_Config(void);
void USART_DMA_Config(void);

# endif / * __USART1_H * /
```

2. bsp_usart_dma.c 文件

```c
# include "./usart/bsp_usart_dma.h"
uint8_t SendBuff[SENDBUFF_SIZE];
```

```
/*
 * @brief  USART GPIO 配置
 * @param  无
 * @retval 无
 */
void Debug_USART_Config(void)
{
    GPIO_InitTypeDef GPIO_InitStructure;
    USART_InitTypeDef USART_InitStructure;

    RCC_AHB1PeriphClockCmd(DEBUG_USART_RX_GPIO_CLK|DEBUG_USART_TX_GPIO_CLK, ENABLE);

    /* 开启 USART 时钟 */
    RCC_APB2PeriphClockCmd(DEBUG_USART_CLK, ENABLE);

    /* 连接 PXx 与 USARTx_Tx */
    GPIO_PinAFConfig(DEBUG_USART_RX_GPIO_PORT,DEBUG_USART_RX_SOURCE, DEBUG_USART_RX_AF);

    /* 连接 PXx 与 USARTx_Rx */
    GPIO_PinAFConfig(DEBUG_USART_TX_GPIO_PORT,DEBUG_USART_TX_SOURCE,DEBUG_USART_TX_AF);

    /* 将 USART TX 配置为复用功能 */
    GPIO_InitStructure.GPIO_OType = GPIO_OType_PP;
    GPIO_InitStructure.GPIO_PuPd = GPIO_PuPd_UP;
    GPIO_InitStructure.GPIO_Mode = GPIO_Mode_AF;

    GPIO_InitStructure.GPIO_Pin = DEBUG_USART_TX_PIN  ;
    GPIO_InitStructure.GPIO_Speed = GPIO_Speed_50MHz;
    GPIO_Init(DEBUG_USART_TX_GPIO_PORT, &GPIO_InitStructure);

    /* 将 USART RX 配置为复用功能 */
    GPIO_InitStructure.GPIO_Mode = GPIO_Mode_AF;
    GPIO_InitStructure.GPIO_Pin = DEBUG_USART_RX_PIN;
    GPIO_Init(DEBUG_USART_RX_GPIO_PORT, &GPIO_InitStructure);

    /* USART 模式配置 */
    USART_InitStructure.USART_BaudRate = DEBUG_USART_BAUDRATE;
    USART_InitStructure.USART_WordLength = USART_WordLength_8b;
    USART_InitStructure.USART_StopBits = USART_StopBits_1;
    USART_InitStructure.USART_Parity = USART_Parity_No ;
    USART_InitStructure.USART_HardwareFlowControl = USART_HardwareFlowControl_None;
    USART_InitStructure.USART_Mode = USART_Mode_Rx | USART_Mode_Tx;
    USART_Init(DEBUG_USART, &USART_InitStructure);
    USART_Cmd(DEBUG_USART, ENABLE);
}

//重定向 C 库函数 printf()到 USART1
int fputc(int ch, FILE * f)
{
    /* 发送 1 字节数据到 USART1 */
    USART_SendData(DEBUG_USART, (uint8_t) ch);
```

```
    /* 等待发送完毕 */
    while (USART_GetFlagStatus(DEBUG_USART, USART_FLAG_TXE) == RESET);

    return (ch);
}

//重定向 C 库函数 scanf() 到 USART1
int fgetc(FILE * f)
{
    /* 等待串口 1 输入数据 */
    while (USART_GetFlagStatus(DEBUG_USART, USART_FLAG_RXNE) == RESET);

    return (int)USART_ReceiveData(DEBUG_USART);
}

/*
 * @brief   USART1 TX DMA 配置,内存到外设(USART1 -> DR)
 * @param   无
 * @retval  无
 */
void USART_DMA_Config(void)
{
    DMA_InitTypeDef DMA_InitStructure;

    /* 开启 DMA 时钟 */
    RCC_AHB1PeriphClockCmd(DEBUG_USART_DMA_CLK, ENABLE);

    /* 复位初始化 DMA 数据流 */
    DMA_DeInit(DEBUG_USART_DMA_STREAM);

    /* 确保 DMA 数据流复位完成 */
    while (DMA_GetCmdStatus(DEBUG_USART_DMA_STREAM) != DISABLE) {
    }

    /* USART1 TX 对应 DMA2,通道 4,数据流 7 */
    DMA_InitStructure.DMA_Channel = DEBUG_USART_DMA_CHANNEL;
    /* 设置 DMA 源:串口数据寄存器地址 */
    DMA_InitStructure.DMA_PeripheralBaseAddr = DEBUG_USART_DR_BASE;
    /* 内存地址(要传输的变量的指针) */
    DMA_InitStructure.DMA_Memory0BaseAddr = (u32)SendBuff;
    /* 方向:从内存到外设 */
    DMA_InitStructure.DMA_DIR = DMA_DIR_MemoryToPeripheral;
    /* 传输大小 DMA_BufferSize = SENDBUFF_SIZE */
    DMA_InitStructure.DMA_BufferSize = SENDBUFF_SIZE;
    /* 外设地址不增 */
    DMA_InitStructure.DMA_PeripheralInc = DMA_PeripheralInc_Disable;
    /* 内存地址自增 */
    DMA_InitStructure.DMA_MemoryInc = DMA_MemoryInc_Enable;
    /* 外设数据单位 */
    DMA_InitStructure.DMA_PeripheralDataSize = DMA_PeripheralDataSize_Byte;
```

```
    /* 内存数据单位 8b */
    DMA_InitStructure.DMA_MemoryDataSize = DMA_MemoryDataSize_Byte;
    /* DMA 模式: 单次 */
    DMA_InitStructure.DMA_Mode = DMA_Mode_Mormal;
    /* 优先级: 中 */
    DMA_InitStructure.DMA_Priority = DMA_Priority_Medium;
    /* 禁用 FIFO */
    DMA_InitStructure.DMA_FIFOMode = DMA_FIFOMode_Disable;
    DMA_InitStructure.DMA_FIFOThreshold = DMA_FIFOThreshold_Full;
    /* 存储器突发传输 16 个节拍 */
    DMA_InitStructure.DMA_MemoryBurst = DMA_MemoryBurst_Single;
    /* 外设突发传输 1 个节拍 */
    DMA_InitStructure.DMA_PeripheralBurst = DMA_PeripheralBurst_Single;
    /* 配置 DMA2 的数据流 7 */
    DMA_Init(DEBUG_USART_DMA_STREAM, &DMA_InitStructure);

    /* 使能 DMA */
    DMA_Cmd(DEBUG_USART_DMA_STREAM, ENABLE);

    /* 等待 DMA 数据流有效 */
    while(DMA_GetCmdStatus(DEBUG_USART_DMA_STREAM) != ENABLE)
    {
    }
}
```

使用 DMA_InitTypeDef 结构体定义一个 DMA 数据流初始化变量。

调用 RCC_AHB1PeriphClockCmd()函数开启 DMA 数据流时钟,使用 DMA 控制器之前必须开启对应的时钟。

DMA_DeInit()函数将数据流复位到默认配置状态。

使用 DMA_GetCmdStatus()函数获取当前 DMA 数据流状态,该函数接收一个 DMA 数据流的参数,返回当前数据流状态,复位 DMA 数据流之前需要调用该函数确保 DMA 数据流复位完成。

USART 有固定的 DMA 通道,USART 数据寄存器地址也是固定的,外设地址不可以使用自动递增,源数据使用自定义的数组空间,存储器地址使用自动递增,采用循环发送模式,最后调用 DMA_Init()函数完成 DMA 数据流的初始化配置。

DMA_Cmd()函数用于启动或停止 DMA 数据流传输,它接收两个参数,一个是 DMA 数据流,另一个是开启(ENABLE)或停止(DISABLE)DMA 数据流传输。

开启 DMA 传输后需要使用 DMA_GetCmdStatus()函数获取 DMA 数据流状态,确保 DMA 数据流配置有效。

3. main.c 程序

```
# include "stm32f4xx.h"
# include "./usart/bsp_usart_dma.h"
# include "./led/bsp_led.h"
```

```c
extern uint8_t SendBuff[SENDBUFF_SIZE];
static void Delay(__IO u32 nCount);

/*
 * @brief   主函数
 * @param   无
 * @retval 无
 */
int main(void)
{
    uint16_t i;
    /* 初始化 USART */
    Debug_USART_Config();

    /* 配置使用 DMA 模式 */
    USART_DMA_Config();

    /* 配置 LED */
    LED_GPIO_Config();

    printf("\r\n USART1 DMA TX 测试 \r\n");

    /* 填充将要发送的数据 */
    for(i = 0;i < SENDBUFF_SIZE;i++)
    {
        SendBuff[i]    = 'A';

    }

    /* 为演示 DMA 持续运行而 CPU 还能处理其他事情,持续使用 DMA 发送数据,量非常大,
     * 长时间运行可能会导致计算机端串口调试助手卡死,鼠标指针乱飞的情况,
     * 或把 DMA 配置中的循环模式改为单次模式 */

    /* USART1 向 DMA 发出发送请求 */
    USART_DMACmd(DEBUG_USART, USART_DMAReq_Tx, ENABLE);

    /* 此时 CPU 是空闲的,可以做其他的事情 */
    //例如,同时控制 LED
    while(1)
    {
        LED1_TOGGLE
        Delay(0xFFFFF);
    }
}

static void Delay(__IO uint32_t nCount)     //简单的延时函数
{
    for(; nCount != 0; nCount -- );
}
```

Debug_USART_Config()函数定义在 bsp_usart_dma.c 文件中,它完成 USART 初始化配置,包括 GPIO 初始化、USART 通信参数设置等。

USART_DMA_Config()函数也定义在 bsp_usart_dma.c 文件中,之前已经详细分析了。LED_GPIO_Config()函数定义在 bsp_led.c 文件中,完成 LED 初始化配置。

使用 for 循环填充源数据,SendBuff[SENDBUFF_SIZE]是定义在 bsp_usart_dma.c 文件中的一个全局无符号 8 位整型数组,是 DMA 传输的源数据,在 USART_DMA_Config()函数中已经被设置为存储器地址。

USART_DMACmd()函数用于控制 USART 的 DMA 传输启动和关闭。它接收 3 个参数,第 1 个参数用于设置 DMA 数据流;第 2 个参数设置 DMA 请求,有 USART 发送请求 USART_DMAReq_Tx 和接收请求 USART_DMAReq_Rx 可选;第 3 个参数用于设置启动请求(ENABLE)或关闭请求(DISABLE)。运行该函数后 USART 的 DMA 发送传输就开始了,根据配置会通过 USART 循环发送数据。

DMA 传输过程是不占用 CPU 资源的,可以一边传输一边执行其他任务。

正确连接开发板相关硬件,用 USB 线连接开发板 USB to UART 接口跟计算机,在计算机端打开串口调试助手,把编译好的程序下载到开发板。程序运行后在串口调试助手可接收到大量的数据,同时开发板上 LED 不断闪烁。

这里要注意,为演示 DMA 持续运行并且 CPU 还能处理其他事情,持续使用 DMA 发送数据,量非常大,长时间运行可能会导致计算机端串口调试助手卡死,鼠标指针乱飞的情况,所以在测试时最好把串口调试助手的自动清除接收区数据功能勾选上,或者把 DMA 配置中的循环模式改为单次模式。串口调试助手显示界面如图 12-3 所示。

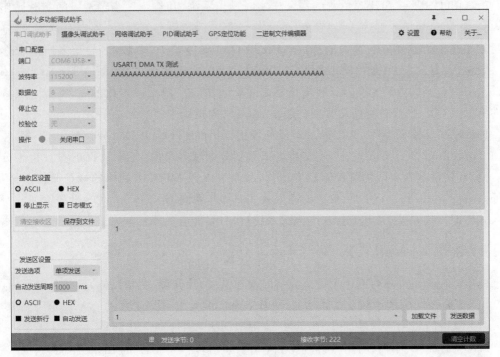

图 12-3　串口调试助手显示界面

第13章　嵌入式实时操作系统

FreeRTOS

本章讲述嵌入式实时操作系统 FreeRTOS,包括 FreeRTOS 系统概述、FreeRTOS 的源代码和相应官方手册获取、FreeRTOS 系统移植、FreeRTOS 的文件组成、FreeRTOS 的编码规则及配置和功能裁剪、FreeRTOS 的任务管理、进程间通信与消息队列、信号量、互斥量、事件组、软件定时器和 FreeRTOS 任务管理应用实例。

13.1　FreeRTOS 系统概述

FreeRTOS 是一款开源免费的嵌入式实时操作系统,其作为一个轻量级的实时操作系统内核,功能包括任务管理、时间管理、信号量、消息队列、内存管理、软件定时器等,可基本满足较小系统的需要。在过去的 20 年,FreeRTOS 历经了 10 个版本,与众多厂商合作密切,拥有数百万开发者,是目前市场占有率相对较高的实时操作系统(Real Time Operating System,RTOS)。为了更好地反映内核不是发行包中唯一单独版本化的库,V10.4 版本之后的 FreeRTOS 发行时将使用日期戳版本,而不是内核版本。

FreeRTOS 体积小巧,支持抢占式任务调度。FreeRTOS 由 Richard Barry 开发,并由 Real Time Engineers Ltd. 生产,支持市场上大部分处理器架构。FreeRTOS 设计得十分小巧,可以在资源非常有限的微控制器中运行,甚至可以在 MCS-51 架构的微控制器上运行。此外,FreeRTOS 是一个开源、免费的嵌入式实时操作系统,相较于 μC/OS-Ⅱ 等需要收费的嵌入式实时操作系统,尤其适合在嵌入式系统中使用,能有效降低嵌入式产品的生产成本。

13.1.1　FreeRTOS 的特点

FreeRTOS 是可裁剪的小型嵌入式实时操作系统,除开源、免费以外,还具有以下特点。
(1) FreeRTOS 的内核支持抢占式、合作式和时间片 3 种调度方式。
(2) 支持的芯片种类多,已经在超过 30 种架构的芯片上进行了移植。
(3) 系统简单、小巧、易用,通常情况下其内核仅占用 4~9KB 的 Flash 空间。
(4) 代码主要用 C 语言编写,可移植性高。

（5）支持 Arm Cortex-M 系列中的内存保护单元（Memory Protection Unit，MPU），如 STM32F407、STM32F429 等有 MPU 的芯片。

（6）任务数量不限。

（7）任务优先级不限。

（8）任务与任务、任务与中断之间可以使用任务通知、队列、二值信号量、计数信号量、互斥信号量和递归互斥信号量进行通信和同步。

（9）有高效的软件定时器。

（10）有强大的跟踪执行功能。

（11）有堆栈溢出检测功能。

（12）适用于低功耗应用。FreeRTOS 提供了一个低功耗 Tickless 模式。

（13）在创建任务通知、队列、信号量、软件定时器等系统组件时，可以选择动态或静态 RAM。

（14）SafeRTOS 作为 FreeRTOS 的衍生品，具有比 FreeRTOS 更高的代码完整性。

13.1.2 FreeRTOS 的商业许可

FreeRTOS 最大的优势是开源、免费，可自由使用。在商业应用中使用 FreeRTOS 时，不需要用户公开源代码，也不存在任何版权问题，因而在小型嵌入式操作系统中拥有极高的使用率。

FreeRTOS 还有两个衍生的商业版本。

（1）**OpenRTOS** 是一个基于 FreeRTOS 内核的商业许可版本，为用户提供专门的支持和法律保障。OpenRTOS 是由 AWS 许可的一家战略伙伴公司 WITTENSTEIN 提供的。OpenRTOS 的商业许可协议不包含任何 GPL 条款。

（2）**SafeRTOS** 是一个基于 FreeRTOS 内核的衍生版本，用于安全性要求高的应用，它经过了工业（IEC 61508 SIL 3）、医疗（IEC 62304 和 FDA 510(K)）、汽车（ISO 26262）、铁路（EN 50128）、核能（IEC 62304）等国际安全标准的认证。SafeRTOS 也是由 WITTENSTEIN 公司提供的。

如果开发者不能接受 FreeRTOS 的开源许可协议条件，需要技术支持、法律保护，或者想获得开发帮助，则可以考虑使用 OpenRTOS；如果开发者需要获得安全认证，则推荐使用 SafeRTOS。

使用 OpenRTOS 需要遵守商业许可协议，FreeRTOS 的开源许可与 OpenRTOS 的商业许可的区别如表 13-1 所示。

表 13-1 FreeRTOS 的开源许可与 OpenRTOS 的商业许可的区别

项 目	FreeRTOS 的开源许可	OpenRTOS 的商业许可
是否免费	是	否
是否可在商业应用中使用	是	是

续表

项　　目	FreeRTOS 的开源许可	OpenRTOS 的商业许可
是否免版权费	是	是
是否提供质量保证	否	是
是否有技术支持	否,只有论坛支持	是
是否提供法律保护	否	是
是否需要开源工程代码	否	否
是否需要开源对于源码的修改	是	否
是否需要记录产品使用了 FreeRTOS	如果发布源代码,则需要记录	否
是否需要提供 FreeRTOS 代码给工程用户	如果发布源代码,则需要提供	否

13.1.3　选择 FreeRTOS 的理由

嵌入式实时操作系统种类很多,各具特点,选择 FreeRTOS 的理由如下。

(1) FreeRTOS 是免费的,而 μC/OS-Ⅱ、VxWorks 等都是收费的,使用 FreeRTOS 可有效降低嵌入式产品的生产成本。

(2) FreeRTOS 得到了众多半导体厂商的支持。很多半导体产品的软件开发工具包(Software Development Kit,SDK)使用了 FreeRTOS,尤其是蓝牙、Wi-Fi 等带协议栈的芯片或模块。

(3) 越来越多的软件厂商使用 FreeRTOS。例如,TouchGFX 公司的实例程序都是基于 FreeRTOS 实现的,ST 公司所有使用实时操作系统的实例程序也都使用了 FreeRTOS。

(4) FreeRTOS 很容易移植到不同架构(如 STM32 系列微控制器 STM32F1、STM32F3、STM32F4、STM32F7 的 Arm Cortex-M 架构,MSP430 架构,RISC-V 架构等)的处理器中。

(5) FreeRTOS 的文件数量少,占用内存少,使用简单、高效。

(6) FreeRTOS 的社会占有量高。正是由于具有免费、开源、小巧、易用等特性,FreeRTOS 的社会占有量正在逐年升高。

13.1.4　FreeRTOS 的发展历史

FreeRTOS 是一个完全免费和开源的嵌入式实时操作系统。FreeRTOS 的内核最初是由 Richard Barry 在 2003 年左右开发的,后来由 Richard 创立的一家名为 Real Time Engineers 的公司管理和维护,使用开源和商业两种许可模式。2017 年,Real Time Engineers 公司将 FreeRTOS 项目的管理权转交给 Amazon Web Service(AWS),并且使用了更加开放的 MIT 许可协议。

AWS 是世界领先的云服务平台。2015 年,AWS 增加了物联网(Internet of Things, IoT)功能。为了使大量基于 MCU 的设备能更容易地连接云端,AWS 获得了 FreeRTOS 的管理权,并在 FreeRTOS 内核的基础上增加了一些库,使得小型的低功耗边缘设备也能容易地编程和部署,并且安全地连接到云端,为物联网设备的开发提供基础软件。

Amazon 接管 FreeRTOS 后,发布的第 1 个版本是 V10.0.0,它向下兼容 V9 版本。

V10 版本中新增了流缓冲区、消息缓冲区等功能。Amazon 承诺不会使 FreeRTOS 分支化，也就是说，Amazon 发布的 FreeRTOS 的内核与 FreeRTOS.org 发布的 FreeRTOS 的内核是完全一样的，Amazon 会对 FreeRTOS 的内核维护和改进持续投资。

FreeRTOS 支持的处理器架构超过 35 种。由于完全免费，又有 Amazon 这样的大公司维护，FreeRTOS 逐渐成为市场领先的 RTOS，在嵌入式微控制器应用领域成为一种事实上的 RTOS 标准。

STM32 MCU 固件库提供了 FreeRTOS 作为中间件，可供用户很方便地在 STM32Cube 开发方式中使用 FreeRTOS。

13.1.5　FreeRTOS 的功能

FreeRTOS 是一个技术上非常完善和成功的 RTOS，具有如下功能。

(1) 抢占式(Pre-emptive)或合作式(Co-operative)任务调度方式。

(2) 非常灵活的优先级管理。

(3) 灵活、快速而轻量化的任务通知(Task Notification)机制。

(4) 队列(Queue)功能。

(5) 二值信号量(Binary Semaphore)。

(6) 计数信号量(Counting Semaphore)。

(7) 互斥量(Mutex)。

(8) 递归互斥量(Recursive Mutex)。

(9) 软件定时器(Software Timer)。

(10) 事件组(Event Group)。

(11) 时间节拍钩子函数(Tick Hook Function)。

(12) 空闲时钩子函数(Idle Hook Function)。

(13) 栈溢出检查(Stack Overflow Checking)。

(14) 踪迹记录(Trace Recording)。

(15) 任务运行时间统计收集(Task Run-Time Statics Gathering)。

(16) 完整的中断嵌套模型(对某些架构有用)。

(17) 用于低功耗的无节拍(Tickless)特性。

除了技术上的功能，FreeRTOS 的开源免费许可协议也为用户扫除了使用 FreeRTOS 的障碍。FreeRTOS 不涉及其他任何知识产权(Intellectual Property，IP)问题，因此用户可以完全免费地使用 FreeRTOS，即使用于商业性项目，也无须公开自己的源代码，无须支付任何费用。当然，如果用户想获得额外的技术支持，也可以付费升级为商业版本。

13.1.6　FreeRTOS 的一些概念和术语

下面介绍 FreeRTOS 的一些概念和术语。

1. 实时性

RTOS一般应用于对实时性有要求的嵌入式系统。实时性指任务的完成时间是确定的，如飞机驾驶控制系统必须在限定的时间内完成对飞行员操作的响应。日常使用的Windows、iOS和Android等是非实时操作系统，非实时操作系统对任务完成时间没有严格要求。例如，打开一个网页可能需要很长时间，运行一个程序还可能出现闪退或死机的情况。

FreeRTOS是一个实时操作系统，特别适用于基于MCU的实时嵌入式应用。这种应用通常包括硬实时(Hard Real-Time)和软实时(Soft Real-Time)。

软实时是指任务运行要求有一个截止时间，但即便超过这个截止时间，也不会使系统变得毫无用处。例如，对敲按键的反应不够及时，可能使系统显得响应慢一点，但系统不至于无法使用。

硬实时是指任务运行要求有一个截止时间，如果超过了这个截止时间，可能导致整个系统的功能失效。例如，汽车的安全气囊控制系统，如果在出现撞击时响应缓慢，就可能导致严重的后果。

FrecRTOS是一个实时操作系统，基于FreeRTOS开发的嵌入式系统可以满足硬实时要求。

2. 任务

操作系统的主要功能就是实现多任务管理，而FreeRTOS是一个支持多任务的实时操作系统。FreeRTOS将任务称为线程(Thread)，但本书还是使用常用的名称"任务"(Task)。嵌入式操作系统中的任务与高级语言(如C++、Python)中的线程很相似。例如，任务或线程间通信与同步都使用信号量、互斥量等技术，如果熟悉高级语言中的多线程编程，对FreeRTOS的多任务编程就很容易理解了。

一般的MCU是单核的，处理器在任何时刻只能执行一个任务的代码。FreeRTOS的多任务功能是通过其内核中的任务调度器实现的，FreeRTOS支持基于任务优先级的抢占式任务调度算法，因而能满足硬实时的要求。

3. 移植

FreeRTOS中有少部分与硬件密切相关的源代码，需要针对不同架构的MCU进行一些改写。例如，针对MSP430系列微控制器或STM32系列微控制器，就需要改写相应的代码，这个过程称为移植。一套移植的FreeRTOS源代码称为一个接口(Port)。

针对某种MCU的移植，一般是由MCU厂家或FreeRTOS官方网站提供的，用户如果对FreeRTOS的底层代码和目标MCU非常熟悉，也可以自己进行移植。初学者或一般的使用者最好使用官方已经移植好的版本，以保证正确性，减少重复工作量。

在STM32CubeMX中，安装某个系列STM32MCU的固件库时，就已经有移植好的FreeRTOS源代码。例如，对于STM32F4系列，其STM32CubeF4固件库就包含针对STM32F4移植好的FreeRTOS源代码，用户只需知道如何使用即可。

13.1.7　为什么要使用 RTOS

在开始学习微控制单元（Micro Control Unit，MCU）编程时，一般都是从裸机编程开始，一般的嵌入式系统，如果功能要求不是太复杂或程序设计比较精良，裸机系统也能很好地实现功能。但是，如果功能要求比较复杂，需要分解为多个任务才能实现，就必须使用RTOS，或者对实时性要求比较高时，也必须使用 RTOS。

此外，使用 RTOS 并且将功能分解为多个任务，可以使程序功能模块化，程序结构更简单，便于维护和扩展，也便于团队协作开发，提高开发效率。熟悉了 FreeRTOS 的使用后，用户会发现使用 FreeRTOS 开发嵌入式系统，功能更强，使用更方便，在应用开发中，会习惯于使用 FreeRTOS。

FreeRTOS 大部分代码采用 C 语言（极少数与处理器密切相关的部分代码使用汇编语言）编写，因此其结构简洁，可读性很强，非常适合初次接触嵌入式实时操作系统的学生、开发人员和爱好者学习。

FreeRTOS 作为第三方中间件也加入了 STM32CubeMX 的 Middleware（中间件）列表中，用户使用 FreeRTOS 进行 STM32 开发时可以直接配置添加，省去了移植操作，对嵌入式行业初学者非常友好。

13.2　FreeRTOS 的源代码和相应官方手册获取

FreeRTOS 的源代码和相应官方手册都可以从其官网（www.freertos.org）获得，如图 13-1 所示。

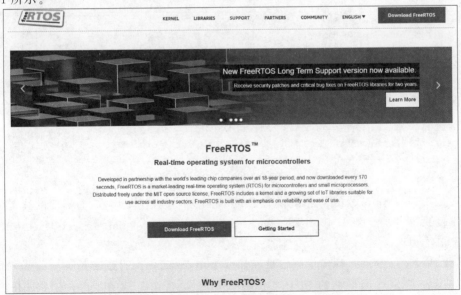

图 13-1　FreeRTOS 官网

在浏览器中打开 FreeRTOS 官网主页后,单击 Download FreeRTOS 按钮,可以下载 FreeRTOS 最新版本的源代码包,如图 13-2 所示。

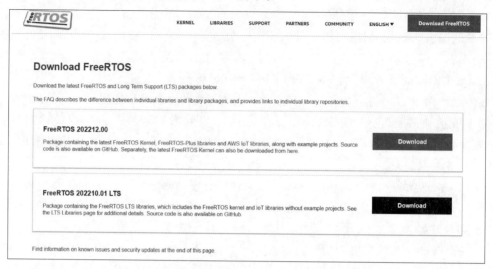

图 13-2 下载 **FreeRTOS** 源代码

FreeRTOSv202112.00 源代码文件架构如图 13-3 所示。

名称 ^	修改日期	类型	大小
FreeRTOS	2023/1/7 8:17	文件夹	
FreeRTOS-Plus	2023/1/7 8:18	文件夹	
tools	2023/1/7 8:18	文件夹	
.editorconfig	2021/12/22 17:22	EDITORCONFIG ...	1 KB
FreeRTOS+TCP	2021/12/22 17:22	Internet 快捷方式	1 KB
GitHub-FreeRTOS-Home	2021/12/22 17:22	Internet 快捷方式	1 KB
History	2021/12/22 17:22	文本文档	141 KB
lexicon	2021/12/22 17:22	文本文档	42 KB
manifest.yml	2021/12/22 17:22	YML 文件	5 KB
Quick_Start_Guide	2021/12/22 17:22	Internet 快捷方式	1 KB
Upgrading to FreeRTOS V10.3.0	2021/12/22 17:22	Internet 快捷方式	1 KB
Upgrading-to-FreeRTOS-9	2021/12/22 17:22	Internet 快捷方式	1 KB
Upgrading-to-FreeRTOS-10	2021/12/22 17:22	Internet 快捷方式	1 KB
Upgrading-to-FreeRTOS-V10.4.0	2021/12/22 17:22	Internet 快捷方式	1 KB

图 13-3 **FreeRTOSv202112.00** 源代码文件架构

另外,在 SourceForge 站点中提供有 FreeRTOS 的过往历史版本,有需要的读者可以到版本列表页面中选择下载,网址为 https://sourceforge.net/projects/freertos/files/FreeRTOS/。

下载 FreeRTOS 的过往历史版本页面如图 13-4 所示。

单击 FreeRTOS 网页上的 SUPPORT→Books&Manuals 菜单,可下载 FreeRTOS 官方手册,如图 13-5 所示。

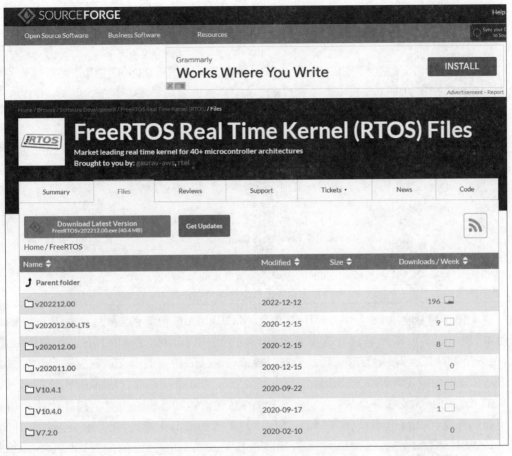

图 13-4　下载 FreeRTOS 的过往历史版本页面

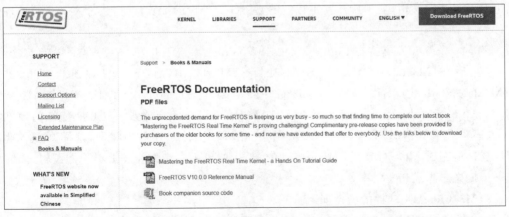

图 13-5　下载 FreeRTOS 官方手册

13.3　FreeRTOS 系统移植

一般而言,在 Keil MDK 和 STM32CubeMX 中都集成有 FreeRTOS,仅需在图形界面中勾选 FreeRTOS 就可以向工程当中添加 FreeRTOS 了。如果要向工程中手动添加 FreeRTOS,则需要按表 13-2 中的顺序完成相应操作步骤。

表 13-2　手动添加 FreeRTOS 到 MDK 工程

操 作 步 骤	说　　明
下载源代码	到 FreeRTOS 官网下载最新版本源代码包,并从中提取 FreeRTOS 内核文件、移植相关 Port 文件、内存管理文件
添加到工程	将提取出来的文件复制到工程目录,在 MDK 工程中创建工程分组,添加刚复制的源文件,添加工程选项头文件路径
配置 FreeRTOS 选项	复制并修改 FreeRTOSConfig. h 文件中的部分参数选项
修改中断	修改 stm32f10x_it. c 中断文件中的部分中断函数
创建任务	在 main 函数主循环之前创建并启动任务

整个操作稍显复杂,幸好 Keil MDK 和 STM32CubeMX 中都已集成了 FreeRTOS 的较新版本,用户在图形界面通过勾选配置就可以向当前工程添加 FreeRTOS。如图 13-6 所示,在 Keil MDK 工程的运行时管理设置窗口界面(Manage Run-Time Environment)中勾选添加 FreeRTOS 的设置即可(Keil MDK 需预先安装 Arm CMSIS-FreeRTOS. pack 组件包)。

STM32CubeMX 软件是 ST 公司为 STM32 系列微控制器快速建立工程并快速初始化使用到的外设、GPIO 等而设计的 MCU/MPU 跨平台的图形化工具,大大缩短了开发时间。同时,该软件不仅能配置 STM32 外设,还能进行第三方软件系统的配置,如 FreeRTOS、FAT 32、LwIP 等;而且还有一个功能,就是可以用它进行功耗预估。此外,这款软件可以输出 PDF、TXT 文档,显示所开发工程中的 GPIO 等外设的配置信息,供开发者进行原理图设计等。

STM32CubeMX 支持在 Linux、MacOS、Windows 系统下开发,支持 ST 的全系列产品,目前包括 STM32L0、STM32L1、STM32L4、STM32L5、STM32F0、STM32F1、STM32F2、STM32F3、STM32F4、STM32F7、STM32G0、STM32G4、STM32H7、STM32WB、STM32WL、STM32MP1,其对接的底层接口是 HAL。STM32CubeMX 除了集成 MCU/MPU 的硬件抽象层,还集成了 RTOS、文件系统、USB、网络、显示、嵌入式 AI 等中间件,这样开发者就能够很轻松地完成 MCU/MPU 的底层驱动的配置,留出更多精力开发上层功能逻辑,能够更进一步提高嵌入式开发效率。

STM32CubeMX 软件的特点如下。

(1) 集成了 ST 公司的每款型号的 MCU/MPU 的可配置的图形界面,能够自动提示 I/O 冲突并且对于复用 I/O 可自动分配。

(2) 具有动态验证的时钟树。

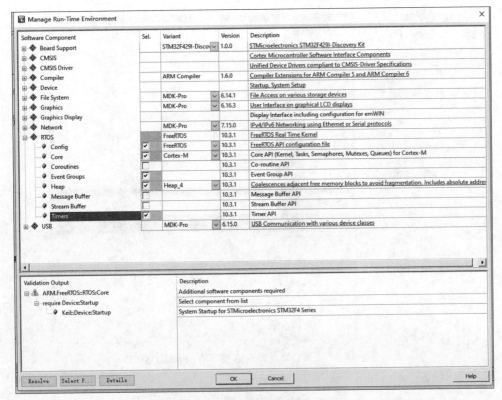

图 13-6　在 Keil MDK 中添加 FreeRTOS

（3）能够很方便地使用所集成的中间件。

（4）能够估算 MCU/MPU 在不同主频运行下的功耗。

（5）能够输出不同编译器的工程，如能够直接生成 MDK、EWArm、STM32CubeIDE、MakeFile 等工程。

为了使开发人员能够更加快捷有效地进行 STM32 的开发，ST 公司推出了一套完整的 **STM32Cube** 开发组件。STM32Cube 主要包括两部分：一是 STM32CubeMX 图形化配置工具，它是直接在图形界面简单配置下，生成初始化代码，并对外设做了进一步的抽象，让开发人员只专注于应用的开发；二是基于 STM32 微控制器的固件集 STM32Cube 软件资料包。

在 STM32CubeMX 中添加 FreeRTOS 的操作如图 13-7 所示，在窗口左侧的 Middleware 中间件列表栏中添加。

在 STM32CubeMX 导出生成添加了 FreeRTOS 的 Keil MDK 工程中，main 函数内会自动添加 osKernelInitialize() 和 osKernelStart() 函数进行内核初始化和启动内核调度程序的操作。当然，在两个函数之间还有用户任务的创建操作，任务和任务管理相关内容将在后续介绍。

在 Keil MDK 中配置 FreeRTOS，需要修改 FreeRTOSconfig.h 文件中的各个系统参数，如图 13-8 所示。

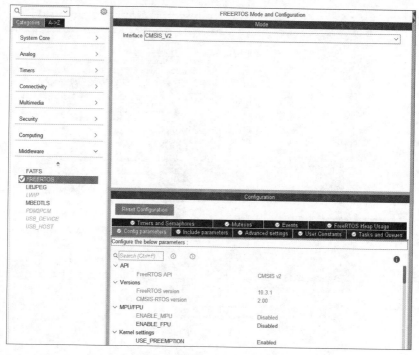

图 13-7 在 STM32CubeMX 中添加 FreeRTOS

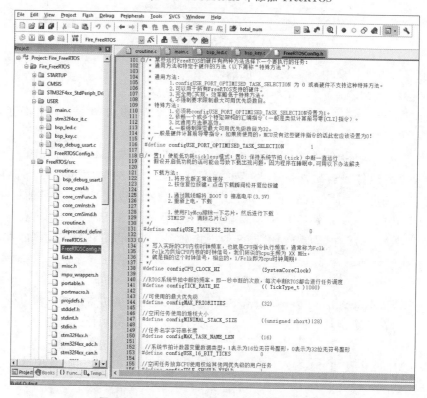

图 13-8 Keil MDK 中的 FreeRTOS 配置页面

例如,配置 RTOS 系统节拍中断的频率,方法如下。

```
//RTOS 系统节拍中断的频率即一秒中断的次数,每次中断 RTOS 都会进行任务调度
#define configTICK_RATE_HZ   (( TickType_t )1000)
```

如果是 STM32CubeMX 导出的工程,需要到 STM32CubeMX 的 FreeRTOS 配置页面中进行设置,如图 13-9 所示,注意在 STM32CubeMX 中修改配置后需要重新导出 MDK 工程。

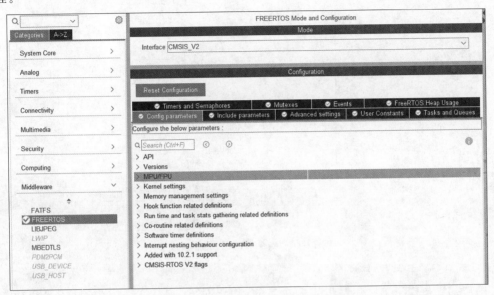

图 13-9 STM32CubeMX 中的 FreeRTOS 配置页面

相对而言,CMSIS-V2 版本封装使得不同 RTOS(RTX5 和 FreeRTOS)的 API 函数接口变得统一,而且个别函数的 CMSIS-V2 封装版本统一了中断内外调用的名称,方便了程序设计人员。

13.4 FreeRTOS 的文件组成

在 FreeRTOS 的应用中,与 FreeRTOS 相关的程序文件主要分为可修改的用户程序文件和不可修改的 FreeRTOS 源程序文件。前面介绍的 freertos.c 文件是可修改的用户程序文件,FreeRTOS 中任务、信号量等对象的创建,用户任务函数都在这个文件里实现。项目中 FreeRTOS 的源程序文件都在\Middlewares\Third_Party\FreeRTOS\Source 目录下,这些是针对选择的 MCU 型号做好了移植的文件。使用 STM32CubeMX 生成代码时,用户无须关心 FreeRTOS 的移植问题,所需的源程序文件也为用户组织好了。

虽然无须自己进行程序移植和文件组织,但是了解 FreeRTOS 的文件组成以及主要文件的功能,对于掌握 FreeRTOS 的原理和使用还是有帮助的。FreeRTOS 的源程序文件大

致可以分为 5 类,如图 13-10 所示。

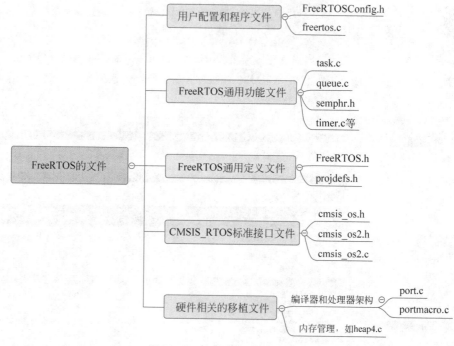

图 13-10 FreeRTOS 的文件组成

1. 用户配置和程序文件

用户配置和程序文件包括以下两个文件,用于对 FreeRTOS 进行各种配置和功能裁剪,以及实现用户任务的功能。

(1) FreeRTOSConfig.h 文件:是对 FreeRTOS 进行各种配置的文件,FreeRTOS 的功能裁剪就是通过这个文件中的各种宏定义实现的,这个文件中的各种配置参数的作用详见后文。

(2) freertos.c 文件,包含 FreeRTOS 对象初始化函数 MX_FREERTOS_Init() 和任务函数,是编写用户代码的主要文件。

2. FreeRTOS 通用功能文件

这些是实现 FreeRTOS 的任务、队列、信号量、软件定时器、事件组等通用功能的文件,这些功能与硬件无关。源程序文件在\Source 目录下,头文件在\Source\include 目录下。这两个目录下的源程序文件和头文件如图 13-11 所示。

FreeRTOS 通用功能文件及其功能如表 13-3 所示。在一个嵌入式操作系统中,任务管理是必需的,某些功能是在用到时才需要加入的,如事件组、软件定时器、信号量、流缓冲区等。STM32CubeMX 在生成代码时,将这些文件全部复制到了项目中,但是它们不会被全部编译到最终的二进制文件中。用户可以对 FreeRTOS 的各种参数进行配置,实现功能裁剪,这些参数配置实际就是各种条件编译的条件定义。

图 13-11　\Source 目录和\Source\include 目录下的源程序文件和头文件

表 13-3　FreeRTOS 通用功能文件及其功能

文　件	功　能
croutine. h/. c	实现协程(co-routine)功能的程序文件,协程主要用于非常小的 MCU,现在已经很少使用
event_groups. h/. c	实现事件组功能的程序文件
list. h/. c	实现链表功能的程序文件,FreeRTOS 的任务调度器用到链表
queue. h/. c	实现队列功能的程序文件
semphr. h	实现信号量功能的文件,信号量是基于队列的,信号量操作的函数都是宏定义函数,其实现都是调用队列处理的函数
task. h tasks. c	实现任务管理功能的程序文件
timers. h/. c	实现软件定时器功能的程序文件
stream_buffer. h/. c	实现流缓存功能的程序文件。流缓存是一种优化的进程间通信机制,用于在任务与任务之间、任务与中断服务函数之间传输连续的流数据。流缓存功能是在 FreeRTOS V10 版本中才引入的功能
message_buffer. h	实现消息缓存功能的文件。实现消息缓存功能的所有函数都是宏定义函数,因为消息缓存是基于流缓存实现的,都调用流缓存的函数。消息缓存功能是在 FreeRTOS V10 版本中才引入的功能
mpu_prototypes. h mpu_wrappers. h	MPU(消息处理单元)功能的头文件。该文件中定义的函数就是在标准函数前面增加前缀 MPU_,当应用程序使用 MPU 功能时,此文件中的函数被 FreeRTOS 内核优先执行。MPU 功能是在 FreeRTOS V10 版本中才引入的功能

3. FreeRTOS 通用定义文件

\Source\include 目录下有几个与硬件无关的通用定义文件。

1）FreeRTOS.h 文件

这个文件包含 FreeRTOS 的默认宏定义、数据类型定义、接口函数定义等。FreeRTOS.h 文件中有一些默认的用于 FreeRTOS 功能裁剪的宏定义，如

```
# ifndef configIDLE_SHOULD_YIELD
    # define configIDLE_SHOULD_YIELD  1
# endif

# ifndef INCLUDE_vTaskDelete
    # define INCLUDE_vTaskDelete       0
# endif
```

FreeRTOS 的功能裁剪就是通过这些宏定义实现的，这些用于配置的宏定义主要分为以下两类。

（1）前缀为 config 的宏表示某种参数设置。一般地，值为 1 表示开启此功能，值为 0 表示禁用此功能。例如，configIDLE_SHOULD_YIELD 表示空闲任务是否对同优先级的任务让出处理器使用权。

（2）前缀为 INCLUDE_ 的宏表示是否编译某个函数的源代码。例如，宏 INCLUDE_vTaskDelete 的值为 1，就表示编译 vTaskDelete()函数的源代码，值为 0 就表示不编译 vTaskDelete()函数的源代码。

在 FreeRTOS 中，这些宏定义通常称为参数，因为它们决定了系统的一些特性。FreeRTOS.h 文件包含系统默认的一些参数的宏定义，不要直接修改此文件的内容。用户可修改的配置文件是 FreeRTOSConfig.h，这个文件也包含大量前缀为 config 和 INCLUDE_ 的宏定义。如果 FreeRTOSConfig.h 文件中没有定义某个宏，就使用 FreeRTOS.h 文件中的默认定义。

FreeRTOS 的大部分功能配置都可以通过 STM32CubeMX 可视化设置完成，并生成文件 FreeRTOSConfig.h 文件中的宏定义代码。

2）projdefs.h 文件

这个文件包含 FreeRTOS 中的一些通用定义，如错误编号宏定义、逻辑值的宏定义等。projdefs.h 文件中常用的几个宏定义及其功能如表 13-4 所示。

表 13-4　projdefs.h 文件中常用的几个宏定义及其功能

宏 定 义	值	功　　能
pdFALSE	0	表示逻辑值 false
pdTRUE	1	表示逻辑值 true
pdFAIL	0	表示逻辑值 false
pdPASS	1	表示逻辑值 true
pdMS_TO_TICKS(xTimelnMs)		这是一个宏函数，其功能是将 xTimelnMs 表示的毫秒数转换为时钟节拍数

3) **stack_macros.h 和 StackMacros.h 文件**

这两个文件的内容完全一样,只是为了向后兼容,才出现了两个文件。这两个文件定义了进行栈溢出检查的函数,如果要使用栈溢出检查功能,需要设置参数 configCHECK_FOR_STACK_OVERFLOW 的值为 1 或 2。

4. CMSIS-RTOS 标准接口文件

\Source\CMSIS_RTOS_V2 目录下是 CMSIS-RTOS 标准接口文件,如图 13-12 所示。

这些文件中的宏定义、数据类型、函数名称等的前缀都是 os。

从原理上来说,这些函数和数据类型的名称与具体的 RTOS无关,它们是 CMSIS-RTOS 标准的定义。在具体实现上,这些前缀为 os 的函数调用具体移植的 RTOS 的实现函数。例如,若移植的是 FreeRTOS,os 前缀函数就调用 FreeRTOS 的实现函数;若移植的是 μC/OS-Ⅱ,os 前缀函数就调用 μC/OS-Ⅱ的实现函数。

图 13-12　CMSIS-RTOS 标准接口文件

本书使用的是 FreeRTOS,所以这些 os 前缀函数调用的都是 FreeRTOS 的函数。例如,CMSIS-RTOS 的延时函数 osDelay()的内部就是调用了 FreeRTOS 的延时函数vTaskDelay(),其完整源代码如下。

```
osStatus_t osDelay (uint32_t ticks)
{
  osStatus_t stat;
  if (IS_IRQ()){
  stat = osErrorISR;
  }
  else {
    stat = osOK;
    if (ticks != 0U){
        vTaskDelay(ticks);
    }
  }
  return (stat);
}
```

在 FreeRTOS 中,会有一些类似的函数:osThreadNew()函数的内部调用 xTaskCreate()或 xTaskCreateStatic()函数创建任务;osKernelStart()函数的内部调用 vTaskStartScheduler()函数启动 FreeRTOS 内核运行。

从原理上来说,如果在程序中使用这些 CMSIS-RTOS 标准接口函数和类型定义,可以减少与具体 RTOS 的关联。例如,一个应用程序原先是使用 FreeRTOS 写的,后来要改为使用 μC/OS-Ⅱ,则只需修改 RTOS 移植部分的程序,而无须修改应用程序。但是这种情况可能极少。

为了讲解 FreeRTOS 的使用,在编写用户功能代码时,我们将尽量直接使用FreeRTOS 的函数,而不使用 CMSIS-RTOS 接口函数。但是,STM32CubeMX 自动生成的代码使用的基本都是 CMSIS-RTOS 接口函数,这些是不需要更改的,明白两者之间的关系即可。

5. 硬件相关的移植文件

硬件相关的移植文件就是需要根据硬件类型进行改写的文件,一个移植好的版本称为一个端口(Port),这些文件在 \Source\portable 目录下,又分为架构与编译器、内存管理两部分,如图 13-13 所示。

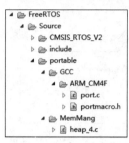

图 13-13　硬件相关的移植文件

1)处理器架构和编译器相关文件

处理器架构和编译器部分有两个文件,即 portmacro.h 和 port.c。这两个文件中是一些与硬件相关的基础数据类型、宏定义和函数定义。因为某些函数的功能实现涉及底层操作,其实现代码甚至是用汇编语言写的,所以与硬件密切相关。

FreeRTOS 需要使用一个基础数据类型定义头文件 stdint.h,这个头文件定义的是 uint8_t、uint32_t 等基础数据类型,STM32 的 HAL 包含这个文件。

在 portmacro.h 文件中,FreeRTOS 重新定义了一些基础数据类型的类型符号,定义的代码如下。Cortex-M4 是 32 位处理器,这些类型定义对应的整型或浮点数类型见注释。

```
#define    portCHAR          char                  //int8_t
#define    portFLOAT         float                 //4 字节浮点数
#define    portDOUBLE        double                //8 字节浮点数
#define    portLONG          long                  //int32_t
#define    portSHORT         short                 //int16_t
#define    portSTACK_TYPE    uint32_t              //栈数据类型
#define    portBASE_TYPE     1ong                  //int32_t
typedef    portSTACK_TYPE    StackType_t;          //栈数据类型 StackType_t,是 uint32_t
typedef    long              BaseType_t;           //基础数据类型 BaseType_t,是 int32_t
typedef    unsigned          long UBaseType_t;     //基础数据类型 UBaseType_t,是 uint32_t
typedef    uint32_t          TickType_t;           //节拍数类型 TickType_t,是 uint32_t
```

重新定义的 4 个数据类型符号是为了移植方便,它们的等效定义和意义如表 13-5 所示。

表 13-5　重新定义的数据类型符号

数据类型符号	等 效 定 义	意　　　义
BaseType_t	int32_t	基础数据类型,32 位整数
UBaseType_t	uint32_t	基础数据类型,32 位无符号整数
StackType_t	uint32_t	栈数据类型,32 位无符号整数
TickType_t	uint32_t	基础时钟节拍数类型,32 位无符号整数

2)内存管理相关文件

内存管理涉及内存动态分配和释放等操作,与具体的处理器密切相关。FreeRTOS 提供 5 种内存管理方案，即 heap_1～heap_5，在 STM32CubeMX 里设置 FreeRTOS 参数时，选择一种即可。在图 13-13 中，内存管理文件是 heap_4.c，这也是默认的内存管理方案。

heap_4.c 文件实现了动态分配内存的函数 pvPortMalloc()、释放内存的函数 vPortFree() 以及其他几个函数。heap_4.c 文件以\Source\include 目录下的 portable.h 文件为头文件。

13.5　FreeRTOS 的编码规则及配置和功能裁剪

FreeRTOS 的核心源程序文件遵循一套编码规则，其变量命名、函数命名、宏定义命名等都有规律，知道这些规律有助于理解函数名、宏定义的意义。

1. 变量名

变量名使用类型前缀。通过变量名的前缀，用户可以知道变量的类型。

(1) 对于 stdint.h 文件中定义的各种标准类型整数，前缀 c 表示 char 类型变量，前缀 s 表示 int16_t(short) 类型变量，前缀 l 表示 int32_t 类型变量。对于无符号(unsigned)整数，再在前面增加前缀 u，如前缀 uc 表示 uint_8 类型变量，前缀 us 表示 uint16_t 类型变量，前缀 ul 表示 uint32_t 类型变量。

(2) BaseType_t 和所有其他非标准类型的变量名，如结构体变量、任务句柄、队列句柄等都用前缀 x。

(3) UBaseType_t 类型的变量使用前缀 ux。

(4) 指针类型变量在前面再增加一个 p，如 pc 表示 char * 类型。

2. 函数名

函数名的前缀由返回值类型和函数所在文件组成，若返回值为 void 类型，则类型前缀是 v。举例如下。

(1) xTaskCreate() 函数，其返回值为 BaseType_t 类型，在 task.h 文件中定义。

(2) vQueueDelete() 函数，其返回值为 void 类型，在 queue.h 文件中定义。

(3) pcTimerGetName() 函数，其返回值为 char * 类型，在 timer.h 文件中定义。

(4) pvPortMalloc() 函数，其返回值为 void * 类型，在 portable.h 文件中定义。

如果函数是在 static 声明的文件内使用的私有函数，则其前缀为 prv。例如，tasks.c 文件中的 prvAddNewTaskToReadyList() 函数，因为私有函数不会被外部调用，所以函数名中就不用包括返回值类型和所在文件的前缀了。

CMSIS-RTOS 相关文件中定义的函数前缀都是 os，不包括返回值类型和所在文件的前缀，如 cmsis_os2.h 中的 osThreadNew()、osDelay() 等函数。

3. 宏名称

宏定义和宏函数的名称一般用大写字母，并使用小写字母前缀表示宏的功能分组。FreeRTOS 中常用的宏名称前缀如表 13-6 所示。

表 13-6　FreeRTOS 中常用的宏名称前缀

前　缀	意　义	所 在 文 件	举　例
config	用于系统功能配置的宏	FreeRTOSConfig. h FreeRTOS. h	configUSE_MUTEXES
INCLUDE_	条件编译某个函数的宏	FreeRTOSConfig. h FreeRTOS. h	INCLUDE_vTaskDelay
task	任务相关的宏	task. h task. c	taskENTER_CRITICAL() taskWAITING_NOTIFICATION
queue	队列相关的宏	queue. h	queueQUEUE_TYPE_MUTEX
pd	项目通用定义的宏	projdefs. h	pdTRUE,pdFALSE
port	移植接口文件定义的宏	portable. h portmacro. h port. c	portBYTE_ALIGNMENT_MASK portCHAR portMAX_24_BIT_NUMBER
tmr	软件定时器相关的宏	timer. h	tmrCOMMAND_START
os	CMSIS-RTOS 接口相关的宏	cmsis_os. h cmsis_os2. h	osFeature_SysTick osFlagsWaitAll

4. FreeRTOS 的配置和功能裁剪

FreeRTOS 的配置和功能裁剪主要是通过 FreeRTOSConfig. h 和 FreeRTOS. h 文件中的一些宏定义实现的,前缀为 config 的宏用于配置 FreeRTOS 的一些参数,前缀为 INCLUDE_的宏用于控制是否编译某些函数的源代码。FreeRTOS. h 文件中的宏定义是系统默认的宏定义,请勿直接修改。FreeRTOSConfig. h 文件是用户可修改的配置文件,如果一个宏没有在 FreeRTOSConfig. h 文件中重新定义,就使用 FreeRTOS. h 文件中的默认定义。

在 STM32CubeMX 中,FreeRTOS 的配置界面中有 Config parameters 和 Include parameters 两个页面,用于对这两类宏进行设置。

13.6　FreeRTOS 的任务管理

一个嵌入式操作系统的核心功能就是多任务管理功能,FreeRTOS 的任务调度器具有基于优先级的抢占式任务调度方法,能满足实时性的要求。本节将介绍 FreeRTOS 的多任务运行原理、各种任务调度方法的特点和作用,以及任务管理相关函数的使用。

13.6.1　任务相关的一些概念

1. 多任务运行基本机制

在 FreeRTOS 中,一个任务就是实现某种功能的一个函数,任务函数的内部一般有一个死循环结构。任何时候都不允许从任务函数退出,也就是不能出现 return 语句。如果需要结束任务,在任务函数中可以跳出死循环,然后使用 vTaskDelete()函数删除任务本身,也可以在其他任务中调用 vTaskDelete() 函数删除这个任务。

在 FreeRTOS 中,用户可以创建多个任务。每个任务需要分配一个栈(Stack)空间和一个任务控制块(Task Control Block,TCB)空间。每个任务还需要设定一个优先级,优先级的数字越小,表示优先级越低。

在单核处理器中,任何时刻只能有一个任务占用 CPU 并运行。但是在 RTOS 中,运行多个任务时却好像多个任务在同时运行,这是由于 RTOS 的任务调度使得多个任务对 CPU 实现了分时复用的功能。

最简单的基于时间片的多任务运行原理如图 13-14 所示。

这里假设只有两个任务,并且 Task1 和 Task2 具有相同的优先级。圆周表示 CPU 时间,如同钟表的一圈,RTOS 将 CPU 时间分成基本的时间片(Time Slice)。例如,FreeRTOS 默认的时间片长度是 1ms,也就是 SysTick 定时器的定时周期。在一个时间片内,会有一个任务占用 CPU 并执行,假设当前运行的任务是 Task1。在一个时间片结束时(实际就是 SysTick 定时器发生中断时)进行任务调度,由于 Task1 和 Task2 具有相同的优先级,RTOS 会将 CPU 使用权交给 Task2。Task1 交出 CPU 使用权时,会将 CPU 的当前场景(CPU 各个核心寄存器的值)压

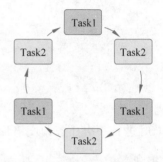

图 13-14　最简单的基于时间片的
多任务运行原理

入自己的栈空间。而 Task2 获取 CPU 的使用权时,会用自己栈空间保存的数据恢复 CPU 场景,因而 Task2 可以从上次运行的状态继续运行。

基于时间片的多任务调度就是这样控制多个同等优先级任务实现 CPU 的分时复用,从而实现多任务运行的。因为时间片的长度很短(默认是 1ms),任务切换的速度非常快,所以程序运行时,给用户的感觉就是多个任务在同时运行。

当多个任务的优先级不同时,FreeRTOS 还会使用基于优先级的抢占式任务调度方法,每个任务获得的 CPU 使用时间长度可以是不同的。任务优先级和抢占式任务调度的原理详见后文。

2. 任务的状态

由单核 CPU 的多任务运行机制可知,任何时刻,只能有一个任务占用 CPU 并运行,这个任务的状态称为运行(Running)状态,其他未占用 CPU 的任务的状态都可称为非运行(Norunning)状态。非运行状态又可以细分为 3 个状态,任务的各个状态以及状态之间的转换如图 13-15 所示。

FreeRTOS 任务调度有抢占式(Pre-emptive)和合作式(Co-operative)两种方式,一般使用基于任务优先级的抢占式任务调度方法。任务调度的各种方法在后面详细介绍,这里我们以抢占式任务调度方法为例,说明图 13-15 的原理。

1) 就绪状态

任务被创建之后就处于就绪(Ready)状态。FreeRTOS 的任务调度器在基础时钟每次

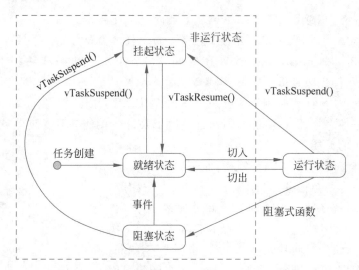

图 13-15　任务的各个状态以及状态之间的转换

中断时进行一次任务调度申请,根据抢占式任务调度的特点,任务调度的结果有以下几种情况。

(1) 如果当前没有其他处于运行状态的任务,处于就绪状态的任务进入运行状态。

(2) 如果就绪任务的优先级高于或等于当前运行任务的优先级,处于就绪状态的任务进入运行状态。

(3) 如果就绪任务的优先级低于当前运行任务的优先级,处于就绪状态的任务无法获得 CPU 使用权,继续处于就绪状态。

就绪的任务获取 CPU 的使用权,进入运行状态,这个过程称为切入(Switch In)。相应地,处于运行状态的任务被调度器调度为就绪状态,这个过程称为切出(Switch Out)。

2) 运行状态

在单核处理器中,占用 CPU 并运行的任务就处于运行状态。处于运行状态的高优先级任务如果一直运行,将一直占用 CPU,在任务调度时,低优先级的就绪任务就无法获得 CPU 的使用权,无法实现多任务的运行。因此,处于运行状态的任务,应该在空闲时让出 CPU 的使用权。

处于运行状态的任务,有两种主动让出 CPU 使用权的方法,一种是执行 vTaskSuspend() 函数进入挂起状态,另一种是执行阻塞式函数进入阻塞状态。这两种状态都是非运行状态,运行的任务就交出了 CPU 的使用权,任务调度器可以使其他就绪状态的任务进入运行状态。

3) 阻塞状态

阻塞(Blocked)状态就是任务暂时让出 CPU 的使用权,处于等待的状态。运行状态的任务可以调用两类函数进入阻塞状态。

一类是时间延迟函数,如 vTaskDelay()或 vTaskDelayUntil()。处于运行状态的任务调用这类函数后,就进入阻塞状态,并延迟指定的时间。延迟时间到了后,又进入就绪状态,参与任务调度后,又可以进入运行状态。

另一类是用于进程间通信的事件请求函数,如请求信号量的 xSemaphoreTake()函数。处于运行状态的任务执行 xSemaphoreTake()函数后,就进入阻塞状态,如果其他任务释放了信号量,或等待的超时时间到了,任务就从阻塞状态进入就绪状态。

在运行状态的任务中调用 vTaskSuspend()函数,可以将一个处于阻塞状态的任务转入挂起状态。

4)挂起状态

挂起(Suspended)状态的任务就是暂停的任务,不参与调度器的调度。其他3种状态的任务都可以通过 vTaskSuspend()函数进入挂起状态。处于挂起状态的任务不能自动退出挂起状态,需要在其他任务里调用 vTaskResume()函数,才能使一个挂起的任务变为就绪状态。

3. 任务的优先级

在 FreeRTOS 中,每个任务都必须设置一个优先级。总的优先级个数由 FreeRTOSConfig.h 文件中的宏 configMAX_PRIORITIES 定义,默认值为 56。优先级数字越小,优先级越低,所以最低优先级是 0,最高优先级是 configMAX_PRIORITIES-1。在创建任务时,用户必须为任务设置初始的优先级,在任务运行起来后,还可以修改优先级。多个任务可以具有相同的优先级。

另外,参数 configMAX_PRIORITIES 可设置的最大值,以及调度器决定哪个就绪任务进入运行状态,还与参数 configUSE_PORT_OPTIMISED_TASK_SELECTION 的取值有关。根据这个参数的取值,任务调度器有两种方法。

(1)通用方法。若 configUSE_PORT_OPTIMISED_TASK_SELECTION 设置为 0,则为通用方法。通用方法是用 C 语言实现的,可以在所有 FreeRTOS 移植版本上使用,configMAX_PRIORITIES 的最大值也不受限制。

(2)架构优化方法。若 configUSE_PORT_OPTIMISED_TASK_SELECTION 设置为 1,则为架构优化方法,部分代码是用汇编语言写的,运行速度比通用方法快。使用架构优化方法时,configMAX_PRIORITIES 的最大值不能超过 32。在使用 Cortex-M0 架构或 CMSIS-RTOS V2 接口时,不能使用架构优化方法。

本书使用的开发板的处理器是 STM32F407ZGT6,FreeRTOS 的接口一般设置为 CMSIS-RTOS V2,所以在 STM32CubeMX 中,参数 USE_PORT_OPTIMISED_TASK_SELECTION 是不可修改的,总是 Disabled。

4. 空闲任务

在 main()函数中,调用 osKernelStart()函数启动 FreeRTOS 的任务调度器时,FreeRTOS 会自动创建一个空闲任务(Idle Task),空闲任务的优先级为 0,也就是最低优先级。

在 FreeRTOS 中,任何时候都需要有一个任务占用 CPU,处于运行状态。如果用户创建的任务都不处于运行状态,如都处于阻塞状态,空闲任务就占用 CPU 处于运行状态。

空闲任务是比较重要的,也有很多用途。与空闲任务相关的配置参数如下。

(1) configUSE_IDLE_HOOK:是否使用空闲任务的钩子函数,若配置为 1,则可以利用空闲任务的钩子函数在系统空闲时进行一些处理。

(2) configIDLE_SHOULD_YIELD:空闲任务是否对同等优先级的用户任务主动让出 CPU 使用权,这会影响任务调度结果。

(3) configUSE_TICKLESS_IDLE:是否使用 Tickless 低功耗模式,若设置为 1,可实现系统的低功耗。

5. 基础时钟与嘀嗒信号

FreeRTOS 自动采用 SysTick 定时器作为 FreeRTOS 的基础时钟。SysTick 定时器只有定时中断功能,其定时频率由参数 configTICK_RATE_HZ 指定,默认值为 1000,也就是 1ms 中断一次。

在 FreeRTOS 中有一个全局变量 xTickCount,在 SysTick 每次中断时,这个变量加 1,也就是每 1ms 变化一次。所谓的 FreeRTOS 的嘀嗒信号,就是指全局变量 xTickCount 的值发生变化,所以嘀嗒信号的变化周期是 1ms。通过 xTaskGetTickCount() 函数可以获得全局变量 xTickCount 的值,延时函数 vTaskDelay() 和 vTaskDelayUntil() 就是通过嘀嗒信号实现毫秒级延时的。SysTick 定时器中断不仅用于产生嘀嗒信号,还用于产生任务切换申请。

13.6.2 FreeRTOS 的任务调度

1. 任务调度方法概述

FreeRTOS 有两种任务调度方法:基于优先级的抢占式(Pre-emptive)调度方法和合作式(Co-operative)调度方法。其中,抢占式调度方法可以使用时间片,也可以不使用时间片。通过参数的设置,用户可以选择具体的调度方法。FreeRTOS 的任务调度方法及其对应的参数名称、取值及特点如表 13-7 所示。

表 13-7   FreeRTOS 的任务调度方法

调度方法	宏定义参数	值	特点
抢占式 (使用时间片)	configUSE_PREEMPTION	1	基于优先级的抢占式任务调度,同优先级任务使用时间片轮流进入运行状态(默认模式)
	configUSE_TIME_SLICING	1	
抢占式 (不使用时间片)	configUSE_PREEMPTION	1	基于优先级的抢占式任务调度,同优先级任务不使用时间片调度
	configUSE_TIME_SLICING	0	
合作式	configUSE_PREEMPTION	0	只有当运行状态的任务进入阻塞状态,或显式地调用要求执行任务调度的 taskYIELD() 函数,FreeRTOS 才会发生任务调度,选择就绪状态的高优先级任务进入运行状态
	configUSE_TIME_SLICING	任意	

在 FreeRTOS 中,默认使用带有时间片的抢占式任务调度方法。在 STM32CubeMX 中,用户不能设置参数 configUSE_TIME_SLICING,其默认值为 1。

2. 使用时间片的抢占式调度方法

抢占式调度方法是 FreeRTOS 主动进行任务调度,分为使用时间片和不使用时间片两种情况。

FreeRTOS 基础时钟的一个定时周期称为一个时间片,FreeRTOS 的基础时钟是 SysTick 定时器。基础时钟的定时周期由参数 configTICK_RATE_HZ 决定,默认值为 1000Hz,所以时间片长度为 1ms。当使用时间片时,在基础时钟的每次中断里,系统会要求进行一次上下文切换(Context Switching)。port.c 文件中的 xPortSysTickHandler()函数就是 SysTick 定时中断的处理函数,其代码如下。

```
void xPortSysTickHandler(void)
{/ * SysTick 中断的抢占式优先级是 15,优先级最低 * /
    portDISABLE_INTERRUPTS();
    //禁用所有中断
    if(xTaskIncrementTick()! = pdFALSE) //增加 RTOS 嘀嗒计数器的值
    {
        / * 将 PendSV 中断的挂起标志位置位,申请进行上下文切换,在 PendSV 中断里处理上下文切换 * /
        portNVIC_INT_CTRL_REG = portNVIC_PENDSVSET_BIT;
    }
    portENABLE_INTERRUPTS();
    //使能中断
}
```

这个函数的功能就是将可挂起的系统服务请求(Pendable Request for System Service, PendSV)中断的挂起标志位置位,也就是发起上下文切换的请求,而进行上下文切换是在 PendSV 的中断服务程序中完成的。port.c 文件中的 xPortPendSVHandler()函数是 FreeRTOS 的 PendSV 中断服务程序,其功能就是根据任务调度计算的结果,选择下一个任务进入运行状态。这个函数的代码是用汇编语言写的,这里就不展示和分析其源代码了。

在 STM32CubeMX 中,一个项目使用了 FreeRTOS 后,会自动对 NVIC 作一些设置。系统自动将优先级分组方案设置为 4 位全部用于抢占式优先级,SysTick 和 PendSV 中断的抢占式优先级都是 15,也就是最低优先级。FreeRTOS 在最低优先级的 PendSV 的中断服务程序中进行上下文切换,所以,FreeRTOS 的任务切换的优先级总是低于系统中断的优先级。

使用时间片的抢占式调度方法的特点如下。

(1) 在基础时钟每个中断发起一次任务调度请求。

(2) 在 PendSV 中断服务程序中进行上下文切换。

(3) 在上下文切换时,高优先级的就绪任务获得 CPU 的使用权。

(4) 若多个就绪状态的任务的优先级相同,则将轮流获得 CPU 的使用权。

图 13-16 所示为使用带时间片的抢占式任务调度方法时 3 个任务运行的时序图。垂直

方向的虚线表示发生任务切换的时间点,水平方向实心矩形表示任务占据CPU处于运行状态的时间段,水平方向的虚线表示任务处于就绪的时间段,水平方向的空白段表示任务处于阻塞状态或挂起状态的时间段。

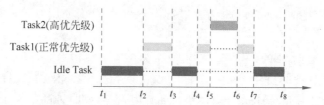

图 13-16 任务运行时序图(带时间片的抢占式任务调度方法)

图 13-16 可以说明带时间片的抢占式任务调度方法的特点。假设 Task2 具有高优先级,Task1 具有正常优先级,且这两个任务的优先级都高于空闲任务的优先级。我们从这个时序图可以看到这 3 个任务的运行和任务切换的过程。

(1) t_1 时刻开始是空闲任务在运行,这时系统中没有其他任务处于就绪状态。

(2) 在 t_2 时刻进行调度时,Task1 抢占 CPU 开始运行,因为 Task1 的优先级高于空闲任务。

(3) 在 t_3 时刻,Task1 进入阻塞状态,让出了 CPU 的使用权,空闲任务又进入运行状态。

(4) 在 t_4 时刻,Task1 又进入运行状态。

(5) 在 t_5 时刻,更高优先级的 Task2 抢占了 CPU 开始运行,Task1 进入就绪状态。

(6) 在 t_6 时刻,Task2 运行后进入阻塞状态,让出 CPU 使用权,Task1 从就绪状态变为运行状态。

(7) 在 t_7 时刻,Task1 进入阻塞状态,主动让出 CPU 使用权,空闲任务又进入运行状态。从图 13-16 的多任务运行过程可以看出,在低优先级任务运行时,高优先级的任务能抢占获得 CPU 的使用权。在没有其他用户任务运行时,空闲任务处于运行状态;否则,空闲任务处于就绪状态。

当多个就绪状态的任务优先级相同时,它们将轮流获得 CPU 的使用权,每个任务占用 CPU 运行一个时间片的时间。如果就绪任务的优先级与空闲任务的优先级都相同,参数 configIDLE_SHOULD_YIELD 就会影响任务调度的结果。

(1) 如果 configIDLE_SHOULD_YIELD 设置为 0,表示空闲任务不会主动让出 CPU 的使用权,空闲任务与其他优先级为 0 的就绪任务轮流使用 CPU。

(2) 如果 configIDLE_SHOULD_YIELD 设置为 1,表示空闲任务会主动让出 CPU 的使用权,空闲任务不会占用 CPU。

参数 configIDLE_SHOULD_YIELD 的默认值为 1。设计用户任务时,用户任务的优先级一般要高于空闲任务。

13.6.3　任务管理相关函数

在 FreeRTOS 中,任务的管理主要包括任务的创建、删除、挂起、恢复等操作,还包括任务调度器的启动、挂起与恢复,以及使任务进入阻塞状态的延迟函数等。

FreeRTOS 中任务管理相关的函数都在 task.h 文件中定义,在 tasks.c 文件中实现。在 CMSIS-RTOS 中还有一些函数,对 FreeRTOS 的函数进行了封装,也就是调用相应的 FreeRTOS 函数实现相同的功能,这些标准接口函数的定义在 cmsis_os.h 和 cmsis_os2.h 文件中。STM32 CubeMX 生成的代码一般使用 CMSIS-RTOS 标准接口函数,在用户自己编写的程序中,一般直接使用 FreeRTOS 的函数。

一些常用的任务管理函数及其功能描述如表 13-8 所示。这里只列出了函数名,省略了输入/输出参数。如需了解每个函数的参数定义和功能说明,可以查看其源代码,或者参考 FreeRTOS 官网的在线文档或 FreeRTOS 参考手册文档 *The FreeRTOS Reference Manual*。

表 13-8　一些常用的任务管理函数及其功能描述

分　　组	FreeRTOS 函数	函数功能
任务管理	xTaskCreate()	创建一个任务,动态分配内存
	xTaskCreateStatic()	创建一个任务,静态分配内存
	vTaskDelete()	删除当前任务或另一个任务
	vTaskSuspend()	挂起当前任务或另一个任务
	vTaskResume()	恢复另一个挂起任务的运行
调度器管理	vTaskStartScheduler()	开启任务调度器
	vTaskSuspendAll()	挂起调度器,但不禁止中断。调度器被挂起后不会再进行上下文切换
	vTaskResumeAll()	恢复调度器的执行,但是不会解除用 vTaskSuspend() 函数单独挂起的任务的挂起状态
	vTaskStepTick()	用于在 Tickless 低功耗模式时补足系统时钟计数节拍
延时与调度	vTaskDelay()	当前任务延时指定节拍数,并进入阻塞状态
	vTaskDelayUntil()	当前任务延时到指定的时间,并进入阻塞状态,用于精确延时的周期性任务
	xTaskGetTickCount()	返回基础时钟定时器的当前计数值
	xTaskAbortDelay()	终止另一个任务的延时,使其立刻退出阻塞状态
	taskYIELD()	请求进行一次上下文切换,用于合作式任务调度

13.7　进程间通信与消息队列

进程间同步与通信是一个操作系统的基本功能。FreeRTOS 提供了完善的进程间通信功能,包括消息队列、信号量、互斥量、事件系统、任务通知等。其中,消息队列是信号量和互斥量的基础,所以我们先介绍进程间通信的基本概念以及消息队列的原理和使用,在后面各节再逐步介绍信号量、互斥量等其他进程间通信方式。

13.7.1 进程间通信

在使用 RTOS 的系统中,有多个任务,还可以有多个中断的 ISR,任务和 ISR 可以统称为进程(Process)。任务与任务之间或任务与 ISR 之间有时需要进行通信或同步,这称为进程间通信(Inter-Process Communication,IPC),例如,图 13-17 所示为使用 RTOS 和进程间通信时,ADC 连续数据采集与处理的一种工作方式。

图 13-17　进程间通信的作用示意图

图 13-17 中各个数据缓冲区部分的功能解释如下。

(1) ADC 中断的 ISR 负责在 ADC 完成一次转换触发中断时读取转换结果,然后写入数据缓冲区。

(2) 数据处理任务负责读取数据缓冲区中的 ADC 转换结果数据,然后进行处理,如进行滤波、频谱计算或保存到 SD 卡上。

(3) 数据缓冲区负责临时保存 ADC 转换结果数据。在实际的 ADC 连续数据采集中,一般使用双缓冲区,一个缓冲区存满之后,用于读取和处理,另一个缓冲区继续用于保存 ADC 转换结果数据。两个缓冲区交替使用,以保证采集和处理的连续性。

(4) 进程间通信就是 ADC 中断的 ISR 与数据处理任务之间的通信。在 ADC 中断的 ISR 向缓冲区写入数据后,如果发现缓冲区满了,就可以发出一个标志信号,通知数据处理任务,一直在阻塞状态下等待这个信号的数据处理任务就可以退出阻塞状态,被调度为运行状态后,就可以及时读取缓冲区的数据并处理。

进程间通信是操作系统的一个基本功能,无论是小型的嵌入式操作系统,还是 Linux、Windows 等大型操作系统。当然,各种操作系统的进程间通信的技术和实现方式可能不一样。

FreeRTOS 提供了完善的进程间通信技术,包括队列、信号量、互斥量等。如果读者学过 C++语言中的多线程同步的编程,对于 FreeRTOS 的这些进程间通信技术就很容易理解和掌握了。

FreeRTOS 提供了多种进程间通信技术,各种技术有各自的特点和用途。

(1) 队列(Queue)。队列就是一个缓冲区,用于在进程间传递少量的数据,所以也称为消息队列。队列可以存储多个数据项,一般采用先进先出(FIFO)的方式,也可以采用后进先出(LIFO)的方式。

(2) 信号量(Semaphore)。信号量分为二值信号量(Binary Semaphore)和计数信号量

(Counting Semaphore)。二值信号量用于进程间同步,计数信号量一般用于共享资源的管理。二值信号量没有优先级继承机制,可能出现优先级翻转问题。

(3) 互斥量(Mutex)。线程同步工具,确保共享资源仅被一个线程访问,防止数据竞争。互斥量可用于互斥性共享资源的访问。互斥量具有优先级继承机制,可以减轻优先级翻转的问题。

(4) 事件组(Event Group)。事件组适用于多个事件触发一个或多个任务的运行,可以实现事件的广播,还可以实现多个任务的同步运行。

(5) 任务通知(Task Notification)。使用任务通知不需要创建任何中间对象,可以直接从任务向任务或从 ISR 向任务发送通知,传递一个通知值。任务通知可以模拟二值信号量、计数信号量或长度为 1 的消息队列。使用任务通知,通常效率更高,消耗内存更少。

(6) 流缓冲区(Stream Buffer)和消息缓冲区(Message Buffer)。流缓冲区和消息缓冲区是 FreeRTOS V10.0.0 版本新增的功能,是一种优化的进程间通信机制,专门应用于只有一个写入者(Writer)和一个读取者(Reader)的场景,还可用于多核 CPU 的两个内核之间的高效数据传输。

13.7.2 队列的特点和基本操作

1. 队列的创建和存储

队列是 FreeRTOS 中的一种对象,可以使用 xQueueCreate()或 xQueueCreateStatic() 函数创建。

创建队列时,会给队列分配固定个数的存储单元,每个存储单元可以存储固定大小的数据项,进程间需要传递的数据就保存在队列的存储单元中。

xQueueCreate()函数是以动态分配内存方式创建队列,队列需要用的存储空间由 FreeRTOS 自动从堆空间分配。xQueueCreateStatic()函数是以静态分配内存方式创建队列,静态分配内存时,需要为队列创建存储用的数组,以及存储队列信息的结构体变量。在 FreeRTOS 中创建对象,如任务、队列、信号量等,都有静态分配内存和动态分配内存两种方式。我们在创建任务时介绍过这两种方式的区别,在本书后面介绍创建这些对象时,一般就只介绍动态分配内存方式,不再介绍静态分配内存方式。

xQueueCreate()函数实际上是一个宏函数,其原型定义如下。

```
#define  xQueueCreate ( uxQueueLength, uxItemSize )  xQueueGenericCreate (( uxQueueLength ),
(uxItemSize),(queueQUEUE_TYPE_BASE))
```

xQueueCreate()函数调用了 xQueueGenericCreate()函数,它是创建队列、信号量、互斥量等对象的通用函数。xQueueGenericCreate()函数的原型定义如下。

```
QueueHandle_t  xQueueGenericCreate(const UBaseType_t uxQueueLength, const
UBaseType_t uxItemSize, const uint8_t ucQueueType)
```

其中,参数 uxQueueLength 表示队列的长度,也就是存储单元的个数;参数 uxItemSize 表示每个存储单元的字节数;参数 ucQueueType 表示创建的对象的类型,有以下几种常数取值。

```
#define queueQUEUE_TYPE_BASE                ((uint8_t)0U)//队列
#define queueQUEUE_TYPE_SET                 ((uint8_t)0U)//队列集合
#define queueQUEUE_TYPE_MUTEX               ((uint8_t)1U)//互斥量
#define queueQUEUE_TYPE_COUNTING_SEMAPHORE  ((uint8_t)2U)//计数信号量
#define queueQUEUE_TYPE_BINARY_SEMAPHORE    ((uint8_t)3U)//二值信号量
#define queueQUEUE_TYPE_RECURSIVE_MUTEX     ((uint8_t)4U)//递归互斥量
```

xQueueGenericCreate()函数的返回值是 QueueHandle_t 类型,是所创建队列的句柄,这个类型实际上是一个指针类型,定义如下。

```
typedef void * QueueHandle_t;
```

xQueueCreate()函数调用 xQueueGenericCreate()函数时,传递了类型参数 queueQUEUE_TYPE_BASE,所以创建的是一个基本的队列。调用 xQueueCreate()函数的示例如下。

```
Queue_KeysHandle = xQueueCreate(5, sizeof(uint16_t));
```

上述代码创建了一个具有 5 个存储单元的队列,每个单元占用 sizeof(uint16_t)字节,也就是 2 字节。这个队列的存储结构如图 13-18 所示。

图 13-18　队列的存储结构

队列的存储单元可以设置任意大小,因而可以存储任意数据类型。例如,可以存储一个复杂结构体的数据队列,存储数据采用数据复制的方式,如果数据项比较大,复制数据会占用较大的存储空间。所以,如果传递的是比较大的数据,如比较长的字符单或大的结构体,可以在队列的存储单元里存储需要传递数据的指针,通过指针再去读取原始数据。

2. 向队列写入数据

一个任务或 ISR 向队列写入数据称为发送消息,可以通过 FIFO 方式写入,也可以通过 LIFO 方式写入。

队列是一个共享的存储区域,可以被多个进程写入,也可以被多个进程读取。图 13-19 所示为多个进程以 FIFO 方式向队列写入消息的示意图,先写入的靠前,后写入的靠后。

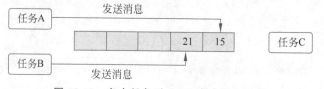

图 13-19　多个任务以 FIFO 方式写入消息

向队列后端写入数据(FIFO 模式)的函数是 xQueueSendToBack(),它是一个宏函数,其原型定义如下。

```
#define xQueueSendToBack(xQueue, pvItemToQueue, xTicksToWait)
xQueueGenericSend((xQueue),(pvItemToQueue),xTicksTowait), queueSEND_TO_BACK)
```

宏函数 xQueueSendToBack()调用了 xQueueGenericSend()函数,它是向队列写入数据的通用函数,其原型定义如下。

```
BaseType_t xQueueGenericSend(QueueHandle_t xQueue, const void * const pvItemToQueue,
TickType_t xTicksToWait,const BaseType_t xCopyPosition)
```

其中,参数 xQueue 是所操作队列的句柄;参数 pvItemToQueue 是需要向队列写入的一个项的数据;参数 xTicksToWait 是阻塞方式等待队列出现空闲单元的节拍数,为 0 时表示不等待,为常数 portMAX_DELAY 时表示一直等待,为其他数时表示等待的节拍数;参数 xCopyPosition 表示写入队列的位置,有 3 种常数定义。

```
#define queueSEND_TO_BACK      ((BaseType_t)0)    //写入后端,FIFO 方式
#define queueSEND_TO_FRONT     ((BaseType_t)1)    //写入前端,LIFO 方式
#define queueOVERWRITE         ((BaseType_t)2)    //尾端覆盖,在队列满时
```

要向队列前端写入数据(LIFO 方式),可使用 xQueueSendToFront()函数,它也是一个宏函数,在调用 xQueueGenericSend()函数时,为参数 xCopyPosition 传递值 queueSEND_TO_FRONT。

```
#define xQueueSendToFront( xQueue, pvItemToQueue, xTicksToWait)
xQueueGenericSend( ( xQueue ), (pvItemToQueue ), (xTicksToWait ), queueSEND_TO_FRONT)
```

当队列未满时,xQueueSendToBack()和 xQueueSendToFront()函数能正常向队列写入数据,函数返回值为 pdTRUE;当队列已满时,这两个函数不能再向队列写入数据,函数返回值为 errQUEUE_FULL。

还有一个函数 xQueueOverwrite()也可以向队列写入数据,但是这个函数只用于长度为 1 的队列,当队列已满时,它会覆盖队列原来的数据。xQueueOverwrite()是一个宏函数,也是调用 xQueueGenericSend()函数,其原型定义如下。

```
#define xQueueOverwrite(xQueue, pvItemToQueue) xQueueGenericSend( ( xQueue ),
(pvItemToQueue ), 0, queueOVERWRITE )
```

3. 从队列读取数据

可以在任务或 ISR 中读取队列的数据,称为接收消息。图 13-20 所示为一个任务从队列接收消息。读取数据总是从队列首端读取,读出后删除这个单元的数据,如果后面还有未读取的数据,就依次向队列首端移动。

图 13-20　接收消息

从队列读取数据的函数是 xQueueReceive(),其原型定义如下。

```
BaseType_t xQueueReceive(QueueHandle_t xQueue, void * const pvBuffer, TickType_t
xTicksToWait);
```

其中,参数 xQueue 是所操作的队列句柄;参数 pvBuffer 是缓冲区,用于保存从队列读出的数据;参数 xTicksToWait 是阻塞方式等待节拍数,为 0 时表示不等待,为常数 portMAX_DELAY 时表示一直等待,为其他数时表示等待的节拍数。

函数的返回值为 pdTRUE 时,表示从队列成功读取了数据;返回值为 pdFALSE 时,表示读取不成功。

在一个任务中执行 xQueueReceive() 函数时,如果设置了等待节拍数并且队列中没有数据,任务就会转入阻塞状态并等待指定的时间。如果在此等待时间内,队列里有了数据,这个任务就会退出阻塞状态,进入就绪状态,再被调度进入运行状态后,就可以从队列里读取数据了。如果超过了等待时间,队列里还是没有数据,xQueueReceive() 函数会返回 pdFALSE,任务退出阻塞状态,进入就绪状态。

还有一个函数 xQueuePeek() 也可从队列读取数据,其功能与 xQueueReceive() 函数类似,只是读出数据后,并不删除队列中的数据。

4. 队列操作相关函数

除了在任务函数中操作队列,用户在 ISR 中也可以操作队列,但必须使用相应的中断级函数,即带有后缀 FromISR 的函数。

FreeRTOS 中队列操作的相关函数如表 13-9 所示,表中仅列出了函数名。要了解这些函数的原型定义,可查看其源代码,也可以查看 FreeRTOS 参考手册中的详细说明。

表 13-9　FreeRTOS 中队列操作的相关函数

功 能 分 组	函 数 名	功 能 描 述
队列管理	xQueueCreate()	动态分配内存方式创建一个队列
	xQueueCreateStatic()	静态分配内存方式创建一个队列
	xQueueReset()	将队列复位为空的状态,丢弃队列内的所有数据
	vQueueDelete()	删除一个队列,也可用于删除一个信号量
获取队列信息	pcQueueGetName()	获取队列的名称,也就是创建队列时设置的队列名称字符串
	vQueueSetQueueNumber()	为队列设置一个编号,这个编号由用户设置并使用
	uxQueueGetQueueNumber()	获取队列的编号
	uxQueueSpacesAvailable()	获取队列剩余空间个数,也就是还可以写入的消息个数
	uxQueueMessagesWaiting()	获取队列中等待被读取的消息个数
	uxQueueMessagesWaitingFromISR()	uxQueueMessagesWaiting() 函数的 ISR 版本
	xQueueIsQueueEmptyFromISR()	查询队列是否为空,返回值为 pdTRUE 表示队列为空
	xQueueIsQueueFullFromISR()	查询队列是否已满,返回值为 pdTRUE 表示队列已满

续表

功能分组	函　数　名	功　能　描　述
写入消息	xQueueSend()	将一个消息写到队列的后端(FIFO方式),这个函数是早期版本
	xQueueSendFromISR()	xQueueSend()函数的 ISR 版本
	xQueueSendToBack()	与 xQueueSend()函数功能完全相同,建议使用这个函数
	xQueueSendToBackFromISR()	xQueueSendToBack()函数的 ISR 版本
	xQueueSendToFront()	将一个消息写到队列的前端(LIFO方式)
	xQueueSendToFrontFromISR()	xQueueSendToFront()函数的 ISR 版本
	xQueueOverwrite()	只用于长度为 1 的队列,如果队列已满,会覆盖原来的数据
	xQueueOverwriteFromISR()	xQueueOverwrite()函数的 ISR 版本
读取消息	xQueueReceive()	从队列中读取一个消息,读出后删除队列中的这个消息
	xQueueReceiveFromISR()	xQueueReceive()函数的 ISR 版本
	xQueuePeek()	从队列中读取一个消息,读出后不删除队列中的这个消息
	xQueuePeekFromISR()	xQueuePeek()函数的 ISR 版本

13.8　信号量和互斥量

13.7 节介绍了队列,队列的功能是将进程间需要传递的数据存储在其中,所以在有的 RTOS 系统里,队列也被称为"邮箱"(Mailbox)。有时进程间需要传递的只是一个标志,用于进程间同步或对一个共享资源的互斥性访问,这时就可以使用信号量或互斥量。信号量和互斥量的实现都是基于队列的,信号量更适用于进程间同步,互斥量更适用于共享资源的互斥性访问。

信号量(Semaphore)和互斥量(Mutex)都可应用于进程间通信,它们都是基于队列的基本数据结构,但是信号量和互斥量又有一些区别。从队列派生出来的信号量和互斥量的分类如图 13-21 所示。

图 13-21　从队列派生出来的信号量和互斥量的分类

13.8.1 二值信号量

二值信号量(Binary Semaphore)就是只有一个项的队列,这个队列要么是空的,要么是满的,所以相当于只有 0 和 1 两种值。二值信号量就像一个标志,适用于进程间同步的通信。例如,图 13-22 所示为使用二值信号量在 ISR 和任务之间进行同步。

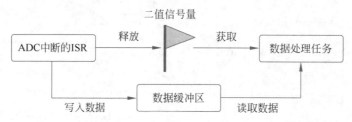

图 13-22　使用二值信号量在 ISR 和任务之间进行同步

图 13-22 的工作原理如下。

(1) 有两个进程,ADC 中断的 ISR 负责读取 ADC 转换结果并写入缓冲区,数据处理任务负责读取缓冲区的内容并进行处理。

(2) 数据缓冲区是两个任务之间需要进行同步访问的对象,为了简化原理分析,假设数据缓冲区只存储一次的转换结果数据。ADC 中断的 ISR 读取 ADC 转换结果后,写入数据缓冲区,并且释放二值信号量,二值信号量变为有效,表示数据缓冲区里已经存入了新的转换结果数据。

(3) 数据处理任务总是获取二值信号量。如果二值信号量是无效的,任务就进入阻塞状态等待,可以一直等待,也可以设置等待超时时间。如果二值信号量变为有效的,数据处理任务立刻退出阻塞状态,进入运行状态,之后就可以读取缓冲区的数据并进行处理。

如果不使用二值信号量,而是使用一个自定义标志变量实现以上的同步过程,则任务需要不断地查询标志变量的值,而不是像使用二值信号量那样可以使任务进入阻塞等待状态。所以,使用二值信号量进行进程间同步的效率更高。

13.8.2 计数信号量

计数信号量(Counting Semaphore)就是有固定长度的队列,队列的每个项是一个标志。计数信号量通常用于对多个共享资源的访问进行控制,其工作原理可用图 13-23 来说明。

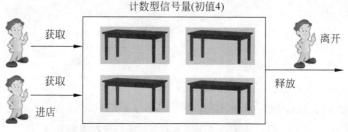

图 13-23　计数信号量的工作原理

（1）一个计数信号量被创建时设置为初值 4，实际上是队列中有 4 个项，表示可共享访问的 4 个资源，这个值只是一个计数值。可以将这 4 个资源类比为图 13-23 中一个餐馆里的 4 张餐桌，客人就是访问资源的 ISR 或任务。

（2）当有客人进店时，就是获取信号量，如果有一个客人进店了（假设一个客人占用一张桌子），计数信号量的值就减 1，变为 3，表示还有 3 张空余桌子。如果计数信号量的值变为 0，表示 4 张桌子都被占用了，再有客人要进店时就得等待。在任务中申请信号量时，可以设置等待超时时间，在等待时，任务进入阻塞状态。

（3）如果有一个客人用餐结束离开了，就是释放信号量，计数信号量的值就加 1，表示可用资源数量增加了一个，可供其他要进店的人获取。

由计数信号量的工作原理可知，它适用于管理多个共享资源。例如，ADC 连续数据采集时，一般使用双缓冲区，就可以使用计数信号量管理。

13.8.3　优先级翻转问题

二值信号量适用于进程间同步，但是二值信号量也可以用于互斥型资源访问控制，只是在这种应用场景下，容易出现优先级翻转问题。使用如图 13-24 所示的 3 个任务的运行过程时序图，我们可以比较直观地说明优先级翻转问题的原理。

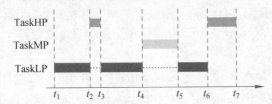

图 13-24　使用二值信号量时 3 个任务的运行过程时序图

在图 13-24 中，有 3 个任务，分别是低优先级的 TaskLP、中等优先级的 TaskMP 和高优先级的 TaskHP，它们的运行过程可描述如下。

（1）在 t_1 时刻，低优先级任务 TaskLP 处于运行状态，并且获取了一个二值信号量 semp。

（2）在 t_2 时刻，高优先级任务 TaskHP 进入运行状态，它申请二值信号量 semp，但是二值信号量被 TaskLP 占用，所以，TaskHP 在 t_3 时刻进入阻塞等待状态，TaskLP 进入运行状态。

（3）在 t_4 时刻，中等优先级任务 TaskMP 抢占了 TaskLP 的 CPU 使用权，TaskMP 不使用二值信号量，所以它一直运行到 t_5 时刻才进入阻塞状态。

（4）从 t_5 时刻开始，TaskLP 又进入运行状态，直到 t_6 时刻释放二值信号量 semp，TaskHP 才能进入运行状态。

高优先级任务 TaskHP 需要等待低优先级任务 TaskLP 释放二值信号量之后，才可以运行，这也是期望的运行效果。但是在 t_4 时刻，虽然 TaskMP 的优先级比 TaskHP 低，但是它先于 TaskHP 抢占了 CPU 的使用权，这破坏了基于优先级抢占式执行的原则，对系统的实时性是有不利影响的。图 13-24 所示的过程就是出现了优先级翻转问题。

13.8.4　互斥量

在图 13-24 所示的运行过程中,我们不希望在 TaskHP 等待 TaskLP 释放信号量的过程中,被一个比 TaskHP 优先级低的任务抢占了 CPU 的使用权。也就是说,在图 13-24 中,不希望在 t_4 时刻出现 TaskMP 抢占 CPU 使用权的情况。

为此,FreeRTOS 在二值信号量的功能基础上引入了优先级继承(Priority Inheritance)机制,这就是互斥量。使用了互斥量后,图 13-24 的 3 个任务运行过程变为如图 13-25 所示的时序图。

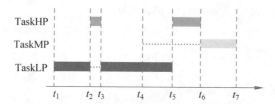

图 13-25　使用互斥量时 3 个任务的运行过程时序图

(1) 在 t_1 时刻,低优先级任务 TaskLP 处于运行状态,并且获取了一个互斥量 mutex。

(2) 在 t_2 时刻,高优先级任务 TaskHP 进入运行状态,它申请互斥量 mutex,但是互斥量被 TaskLP 占用,所以 TaskHP 在 t_3 时刻进入阻塞等待状态,TaskLP 进入运行状态。

(3) 在 t_3 时刻,FreeRTOS 将 TaskLP 的优先级临时提高到与 TaskHP 相同的级别,这就是优先级继承。

(4) 在 t_4 时刻,中等优先级任务 TaskMP 进入就绪状态,发生任务调度,但是因为 TaskLP 的临时优先级高于 TaskMP,所以 TaskMP 无法获得 CPU 的使用权,只能继续处于就绪状态。

(5) 在 t_5 时刻,TaskLP 释放互斥量,TaskHP 立刻抢占 CPU 的使用权,并恢复 TaskLP 原来的优先级。

(6) 在 t_6 时刻,TaskHP 进入阻塞状态后,TaskMP 才进入运行状态。

从图 13-25 的运行过程可以看到,互斥量引入了优先级继承机制,临时提升了占用互斥量的低优先级任务 TaskLP 的优先级,与申请互斥量的高优先级任务 TaskHP 的优先级相同,这样就避免了被中间优先级的任务 TaskMP 抢占 CPU 的使用权,保证了高优先级任务运行的实时性。

使用互斥量可以减缓优先级翻转的影响,但是不能完全消除优先级翻转的问题。例如,在图 13-25 中,若 TaskMP 在 t_2 时刻之前抢占了 CPU,在 TaskMP 运行期间 TaskHP 可以抢占 CPU,但是因为要等待 TaskLP 释放占用的互斥量,还是要进入阻塞状态等待,还是会让 TaskMP 占用 CPU 运行。

互斥量特别适用于互斥型资源访问控制。图 13-26 是使用互斥量控制互斥型资源访问的示意图,可解释互斥量的工作原理和特点。

(1) 两个任务要互斥性地访问串口,也就是在任务 A 访问串口时,其他任务不能访问串口。

图 13-26 互斥量控制互斥型资源访问示意图

（2）互斥量相当于管理串口的一把钥匙。一个任务可以获取互斥量,获取互斥量后,将独占对串口的访问,访问完后要释放互斥量。

（3）一个任务获取互斥量后,对资源进行访问时,其他想要获取互斥量的进程只能等待。

注意图 13-26 和图 13-22 的区别。图 13-22 是进程间的同步,一个进程只负责释放信号量,另一个进程只负责获取信号量;而图 13-26 中,一个任务对互斥量既有获取操作,也有释放操作。信号量和互斥量都可以用于图 13-22 和图 13-26 的应用场景,但是二值信号量更适用于进程间同步,互斥量更适用于控制对互斥型资源的访问。二值信号量没有优先级继承机制,将二值信号量用于互斥型资源的访问时,容易出现优先级翻转问题,而互斥量有优先级继承机制,可以缓解优先级翻转问题。

互斥量不能在 ISR 中使用,因为互斥量具有任务的优先级继承机制,而 ISR 不是任务。另外,ISR 中不能设置阻塞等待时间,而获取互斥量时,经常是需要等待的。

13.8.5 递归互斥量

递归互斥量（Recursive Mutex）是一种特殊的互斥量,可以用于需要递归调用的函数中。一个任务在获取一个互斥量之后,就不能再次获取这个互斥量了;而一个任务在获取递归互斥量之后,还可以再次获取这个递归互斥量,当然,每次获取必须与一次释放配对使用。递归互斥量同样不能在 ISR 中使用。

13.8.6 相关函数概述

信号量和互斥量相关的常量和函数都定义在头文件 semphr.h 中,函数都是宏函数,都是调用 queue.c 文件中的一些函数实现的。这些函数按功能可以划分为 3 组,如表 13-10 所示。

表 13-10 信号量和互斥量操作相关的函数

函 数 名	功 能 描 述
xSemaphoreCreateBinary()	创建二值信号量
xSemaphoreCreateBinaryStatic()	创建二值信号量,静态分配内存
xSemaphoreCreateCounting()	创建计数信号量

函　数　名	功　能　描　述
xSemaphoreCreateCountingStatic()	创建计数信号量,静态分配内存
xSemaphoreCreateMutex()	创建互斥量
xSemaphoreCreateMutexStatic()	创建互斥量,静态分配内存
xSemaphoreCreateRecursiveMutex()	创建递归互斥量
xSemaphoreCreateRecursiveMutexStatic()	创建递归互斥量,静态分配内存
vSemaphoreDelete()	删除信号量或互斥量
xSemaphoreGive()	释放二值信号量、计数信号量、互斥量
xSemaphoreGiveFromISR()	xSemaphoreGive()函数的 ISR 版本,但不能用于互斥量
xSemaphoreGiveRecursive()	释放递归互斥量
xSemaphore Take()	获取二值信号量、计数信号量、互斥量
xSemaphore TakeFromISR()	xSemaphoreTake()函数的 ISR 版本,但不能用于互斥量
xSemaphore TakeRecursive()	获取递归互斥量

13.9　事件组

事件组(Event Group)是 FreeRTOS 中另外一种进程间通信技术,与前面介绍的队列、信号量等进程间通信技术相比,它具有不同的特点。事件组适用于多个事件触发一个或多个任务运行,可以实现事件的广播,还可以实现多个任务的同步运行。

13.9.1　事件组的功能和原理

1. 事件组的功能特点

前面介绍的队列、信号量等进程间通信技术有如下特点。

(1) 一次进程间通信通常只处理一个事件,如等待一个按键的按下,而不能等待多个事件的发生,如等待 Key1 键和 Key2 键先后按下。如果需要处理多个事件,可能需要分解为多个任务,设置多个信号量。

(2) 可以有多个任务等待一个事件的发生,但是在事件发生时,只能解除最高优先级的任务的阻塞状态,而不能同时解除多个任务的阻塞状态。也就是说,队列或信号量具有排他性,不能解决某些特定的问题。例如,当某个事件发生时,需要两个或多个任务同时解除阻塞状态作出响应。

事件组是 FreeRTOS 另外一种进程间通信技术,与队列和信号量不同,它有自己的一些特点,具体如下。

(1) 事件组允许任务等待一个或多个事件的组合,如先后按下 Key1 键和 Key2 键,或只按下其中一个键。

(2) 事件组会解除所有等待同一事件的任务的阻塞状态。例如,TaskA 使用 LED1 闪烁报警,TaskB 使用蜂鸣器报警,当报警事件发生时,两个任务同时解除阻塞状态,两个任务都开始运行。

事件组的这些特点使其适用于以下场景:任务等待一组事件中的某个事件发生后作出响应(或运算关系),或一组事件都发生后作出响应(与运算关系);将事件广播给多个任务;多个任务之间的同步。

2. 事件组的工作原理

事件组是 FreeRTOS 的一种对象。FreeRTOS 中默认就是可以使用事件组的,无须设置参数。使用之前需要用 xEventGroupCreate()或 xEventGroupCreateStatic()函数创建事件组对象。

一个事件组对象有一个内部变量存储事件标志,变量的位数与参数 configUSE_16_BIT_TICKS 有关,当 configUSE_16_BIT_TICKS 为 0 时,这个变量是 32 位的,否则是 16 位的。STM32 MCU 是 32 位的,所以事件组内部变量是 32 位的。

事件标志只能是 0 或 1,用单独的一位存储。一个事件组中的所有事件标志保存在个 EventBits_t 类型的变量里,所以一个事件又称为一个"事件位"。在一个事件组变量中,如果一个事件位被置为 1,就表示这个事件发生了;如果是 0,就表示这个事件还未发生。

32 位的事件组变量存储结构如图 13-27 所示。其中的 24~31 位是保留的,0~23 位是事件位(Event Bits)。每个位是一个事件标志(Event Flag),事件发生时,相应的位会被置 1。所以,32 位的事件组最多可以处理 24 个事件。

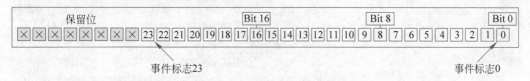

图 13-27　32 位的事件组变量存储结构

事件组基本工作原理如图 13-28 所示,各部分的功能和工作流程如下。

(1) 设置事件组中的位与某个事件对应,如 EventA 对应于 Bit2,EventB 对应于 Bit0。当检测到事件发生时,通过 xEventGroupSetBits()函数将相应的位置为 1,表示事件发生了。

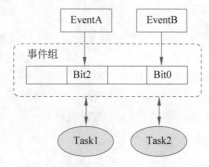

图 13-28　事件组基本工作原理

（2）可以有一个或多个任务等待事件组中的事件发生，可以是各个事件都发生（事件位的与运算），也可以是某个事件发生（事件位的或运算）。

（3）假设 Task1 和 Task2 都在阻塞状态等待各自的事件发生，Bit2 和 Bit0 都被置 1 后（不分先后顺序），两个任务都会被解除阻塞状态。所以，事件组具有广播功能，可以使多个任务同时解除阻塞后运行。

除了图 13-28 中的基本功能，事件组还可以使多个任务同步运行。

13.9.2 事件组相关函数

事件组相关函数在 event_groups.h 文件中定义，在 event_groups.c 文件中实现。事件组相关函数在 FreeRTOS 中总是可以使用的，无须设置参数。

事件组相关函数如表 13-11 所示，这些函数可分为 3 组。

表 13-11　事件组相关函数

分　　组	函　　数	功　　能
事件组操作	xEventGroupCreate()	以动态分配内存方式创建事件组
	xEventGroupCreateStatic()	以静态分配内存方式创建事件组
	vEventGroupDelete()	删除已经创建的事件组
	vEventGroupSetNumber()	给事件组设置编号，编号的作用由用户定义
	uxEventGroupGetNumber()	读取事件组编号
事件位操作	xEventGroupSetBits()	将一个或多个事件位设置为 1，设置的事件位用掩码表示
	xEventGroupSetBitsFromISR()	xEventGroupSetBits() 函数的 ISR 版本
	xEventGroupClearBits()	清零某些事件位，清零的事件位用掩码表示
	xEventGroupClearBitsFromISR()	xEventGroupClearBits() 函数的 ISR 版本
	xEventGroupGetBits()	返回事件组当前的值
	xEventGroupGetBitsFromISR()	xEventGroupGetBits() 函数的 ISR 版本
等待事件	xEventGroupWaitBits()	进入阻塞状态，等待事件组合条件成立后解除阻塞状态
	xEventGroupSync()	用于多任务同步

13.10　软件定时器

在 FreeRTOS 中，自动创建的任务有空闲任务和定时器服务任务，FreeRTOS 可以通过定时器服务任务提供软件定时器功能。在某些对定时精度要求不太高，无须使用硬件定时器的情况下，我们可以使用 FreeRTOS 的软件定时器。

13.10.1　软件定时器概述

下面讲述软件定时器的特性、软件定时器的相关配置和定时器服务任务的优先级。

1. 软件定时器的特性

软件定时器(Software Timer)是FreeRTOS中的一种对象,它的功能与一般高级语言中的软件定时器类似,如Qt C++中的定时器类QTimer。FreeRTOS中的软件定时器不直接使用任何硬件定时器或计数器,而是依赖系统中的定时器服务任务(Timer Service Task),定时器服务任务也称为守护任务(Daemon Task)。

软件定时器有一个定时周期,还有一个回调函数。在定时器(如无特殊说明,本节后面将软件定时器简称为定时器)开始工作后,当流逝的时间达到定时周期时,就会执行其回调函数。根据回调函数执行的频率,软件定时器分为以下两种类型。

(1) 单次定时器(One-Shot Timer):回调函数执行一次后,定时器就停止工作。

(2) 周期定时器(Poriodic Timer):回调函数会循环执行,定时器一直工作。

定时器有休眠和运行两种状态。

处于休眠(Dormant)状态的定时器不会执行其回调函数,但是可以对其进行操作,如设置其定时周期。定时器在以下几种情况下处于休眠状态。

(1) 定时器创建后,就处于休眠状态。

(2) 单次定时器执行一次回调函数后,进入休眠状态。

(3) 定时器使用xTimerStop()函数停止后,进入休眠状态。

处于运行(Running)状态的定时器,不管是单次定时器,还是周期定时器,在流失的时间达到定时周期时,都会执行其回调函数。定时器在以下几种情况下处于运行状态。

(1) 使用xTimerStart()函数启动后,定时器进入运行状态。

(2) 定时器在运行状态时,被xTimerReset()函数复位起始时间后,依然处于运行状态。

软件定时器的各种操作实际上是在系统的定时器服务任务里完成的。与空闲任务一样,定时器服务任务是FreeRTOS自动创建的一个任务,如果要使用软件定时器,就必须创建此任务在用户任务里执行的各种指令,如启动定时器xTimerStart()、复位定时器xTimerReset()、停止定时器xTimerStop()等,都是通过一个队列发送给定时器服务任务的,这个队列称为定时器指令队列(Timer Command Queue)。定时器服务任务读取定时器指令队列里的指令,然后执行相应的操作。

用户任务、定时器指令队列、定时器服务任务之间的关系如图13-29所示。定时器服务任务和定时器指令队列是FreeRTOS自动创建的,其操作都是内核实现的,只需在用户任务里执行相应的函数即可使用定时器。

除了执行定时器指令队列里的指令,定时器服务任务还在定时到期(Expire)时执行定时器的回调函数。由于FreeRTOS的延时功能就是由定时器服务任务实现的,因此在定时器的回调函数里,不能出现使系统进入阻塞状态的函数,如vTaskDelay()、vTaskDelayUntil()等。回调函数可以调用等待信号量、事件组等对象的函数,但是等待的节拍数必须设置为0。

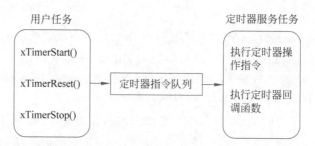

图 13-29　用户任务、定时器指令队列、定时器服务任务之间的关系

2. 软件定时器的相关配置

在 FreeRTOS 中,使用软件定时器需要进行一些相关参数的配置。在 STM32CubeMX 中,FreeRTOS 的 Configparameters 页面中的 Software timer definitions 列表项有一组参数,其默认设置如图 13-30 所示。这 4 个参数的意义如下。

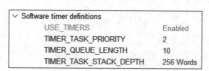

图 13-30　软件定时器默认设置

(1) USE_TIMERS:是否使用软件定时器,默认为 Enabled,且不可修改。使用软件定时器时,系统就会自动创建定时器服务任务。

(2) TIMER_TASK_PRIORITY:定时器服务任务的优先级,默认值为 2,比空闲任务的优先级高(空闲任务的优先级为 0)。设置范围为 0～55,因为总的优先级个数为 56。

(3) TIMER_QUEUE_LENGTH:定时器指令队列的长度,设置范围为 1～255。

(4) TIMER_TASK_STACK_DEPTH:定时器服务任务的栈空间大小,默认值为 256 字,设置范围为 128～32768 字。

3. 定时器服务任务的优先级

定时器服务任务是 FreeRTOS 中的一个普通任务,与空闲任务一样,它也参与系统的任务调度。定时器服务任务执行定时器指令队列中的定时器操作指令或定时器的回调函数。定时器服务任务的优先级由参数 configTIMER_TASK_PRIORITY 设定,至少要高于空闲任务的优先级,默认值为 2。

使用定时器的用户任务的优先级可能高于定时器服务任务的优先级,也可能低于定时器服务任务的优先级,所以,定时器服务任务执行定时器操作指令的时机是不同的。如图 13-31 所示,假设系统中只有一个用户任务 TaskA 操作定时器,其优先级低于定时器服务任务(也就是 Daemon Task)的优先级,那么在 TaskA 中执行 xTimerStart()函数时,任务的执行时序如下。

(1) 在 t_2 时刻,用户任务 TaskA 调用 xTimerStart()函数,实际上是向定时器指令队列写入指令,这会使定时器服务任务退出阻塞状态,因为其优先级高于用户任务 TaskA,它会

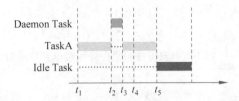

图 13-31 定时器服务任务的优先级高于用户任务 TaskA 的优先级时任务的执行时序

抢占执行,所以 TaskA 进入就绪状态,定时器服务任务进入运行状态。

(2) 在 t_3 时刻,定时器服务任务处理完 TaskA 发送到队列中的定时器操作指令后,重新进入阻塞状态,TaskA 重新进入运行状态。

(3) 在 t_4 时刻,TaskA 从调用函数 xTimerStart() 中退出,继续执行 TaskA 中的其他代码。

(4) 在 t_5 时刻,TaskA 进入阻塞状态,空闲任务进入运行状态。

如果用户任务 TaskA 的优先级高于定时器服务任务的优先级,则任务的执行时序如图 13-32 所示。

(1) 在 t_2 时刻,TaskA 调用 xTimerStart() 函数,向定时器指令队列发送指令。TaskA 的优先级高于定时器服务任务的优先级,所以定时器服务任务接收队列指令后,也不能抢占 CPU 进入运行状态,而只能进入就绪状态。

(2) 在 t_3 时刻,TaskA 从 xTimerStart() 函数返回,继续执行后面的代码。

(3) 在 t_4 时刻,TaskA 处理结束,进入阻塞状态,定时器服务任务进入运行状态,处理定时器指令队列里的指令。

(4) 在 t_5 时刻,定时器服务任务处理完指令后进入阻塞状态,空闲任务进入运行状态。

从上述两种情况可以看到,定时器服务任务处理定时器指令队列中的指令的时机是不同的。但是,不管是哪种情况,定时器的起始时间都是从发送"启动定时器"指令到队列开始计算的,也就是从调用 xTimerStart() 或 xTimerReset() 函数的时刻开始计算,而不是从定时器服务任务执行相应指令的时刻开始计算。例如,在图 13-32 中,定时器的启动时刻是 t_2,而不是 t_4。

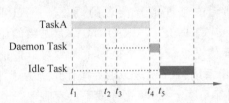

图 13-32 定时器服务任务的优先级低于用户任务 TaskA 的优先级时任务的执行时序

13.10.2 软件定时器相关函数

软件定时器相关函数在 timers.h 和 timers.c 文件中定义和实现,在用户任务程序中,可以调用的常用函数如表 13-12 所示。在中断服务程序中调用某些 FreeRTOS 的 API 函数时需要注意,如果有 ISR 版本,一定要调用末尾带 ISR(中断服务程序)的函数,如表 13-12

中的 xTimerStartFromISR() 等函数。当中断服务程序要调用 FreeRTOS 的 API 函数时，中断优先级不能高于配置宏(configMAX_SYSCALL_INTERRUPT_PRIORITY)的值。

表 13-12　软件定时器可在用户任务程序中调用的相关函数

分　组	函　数	功　能
创建和删除	xTimerCreate()	创建一个定时器，动态分配内存
	xTimerCreateStatic()	创建一个定时器，静态分配内存
	xTimerDelete()	删除一个定时器
启动、停止和复位	xTimerStart()	启动一个定时器
	xTimerStartFromISR()	xTimerStart()函数的 ISR 版本
	xTimerStop()	停止一个定时器
	xTimerStopFromISR()	xTimerStop()函数的 ISR 版本
	xTimerReset()	复位一个定时器，重新设置定时器的起始时间
	xTimerResetFromISR()	xTimerReset()函数的 ISR 版本
查询和设置参数	pcTimerGetName()	返回定时器的字符串名称
	vTimerSetTimerID()	设置定时器 ID
	pvTimerGetTimerID()	获取定时器 ID
	xTimerChangePeriod()	设置定时器周期，周期用节拍数表示
	xTimerChangePeriodFromISR()	xTimerChangePeriod()函数的 ISR 版本
	xTimerGetPeriod()	返回定时器的定时周期，单位是节拍数
	xTimerIsTimerActive()	查询一个定时器是否处于活动状态
	xTimerGetExpiryTime()	返回定时器还需多少个节拍数就到期

如果在中断服务程序中不调用 ISR 结尾的系统 API 函数，而使用普通版本的 API 函数，会发生什么？为什么不能这么使用？通过查看多个 ISR 结尾的函数和普通版本函数的区别，发现普通 API 函数会增加临界区的嵌套且可能会直接调用 portYIELD() 函数以触发一次任务调度。如果在中断服务程序中调用普通版本的 API 函数，则可能出现问题，经查询发现这两种解释是最可能的答案：一是为了保证系统的实时性及避免高优先级中断被系统调用屏蔽从而响应延迟；二是在普通任务中调用的 portYIELD() 函数和中断服务程序中调用的 portYIELD() 函数的实现不同，因此需要区别对待。

以上两种答案好像都无法合理解释读者的疑虑。FreeRTOS 支持中断嵌套，低于 configMAX_SYSCALL_INTERRUPT_PRIORITY 优先级的中断服务程序才允许调用 FreeRTOS 的 API 函数，而优先级高于这个值的中断则可以像前后台系统一样正常运行，但是这些中断函数不能调用系统 API 函数。因为操作系统为了保证内核的运行稳定性，要保证 API 执行重要的过程都是原子操作，这样就不会存在系统运行紊乱，如果在一个可控的中断服务程序中进行插入链表的操作，但是又一个优先级高于 configMAX_SYSCALL_INTERRUPT_PRIORITY 的中断发生并且调用了系统 API，这样就有可能打破低优先级中断的链表操作导致内核数据的毁坏，此时系统的运行就会出现紊乱。因此，需要将系统的 API 相关重要操作"原子化"，从而避免系统核心数据操作紊乱。FreeRTOS 是支持中断嵌套的，但是低于 configMAX_SYSCALL_INTERRUPT_PRIORITY 优先级的中断之间不会嵌套，以保证系统 API 的操作的原子性。

简单分析两种情况下的嵌套。

(1) 先发生了中断优先级为中等且低于 configMAX_SYSCALL_INTERRUPT_PRIORITY 的中断 M,然后发生中断优先级为高且高于 configMAX_SYSCALL_INTERRUPT_PRIORITY 的中断 H,这里的中断响应过程大致是发生中断 M 时的处理过程和前后台中断过程相同,由硬件自动入栈,然后中断执行,在这过程中又来了中断 H,此时使用微控制器支持包(Microcontroller Support Package,MSP)将中断 M 的执行现场保存。这里保存的有可能还有任务的现场数据,因为有可能中断 M 仅使用除硬件自动入栈的寄存器外的 Rx,所以中断 M 保存现场时仅保存了 Rx,进程却使用了 Ry,但是中断 M 未使用,所以此时的 Ry 在中断 M 中是不需要保存的,但是因为中断 H 会用到 Ry,所以中断 H 会将 Ry 压到 MSP 的栈中,此时的 Ry 是发生中断 M 前的任务现场数据。然后开始运行中断 H,完成执行后数据出栈(Pop)到中断 M,接着运行 M 中断服务程序,此时也恢复了 Ry。

(2) 先发生了中断优先级为中等的中断 M,然后发生中断优先级为高的中断 H(M 和 H 优先级都高于 configMAX_SYSCALL_INTERRUPT_PRIORITY),此时的嵌套和前后台系统的情况相同。

如果中断的优先级比 configMAX_SYSCALL_INTERRUPT_PRIORITY 高,则这些中断可以直接触发,不会被 RTOS 延时;如果优先级比其低,则有可能被 RTOS 延时。

13.11 FreeRTOS 任务管理应用实例

本实例是对任务常用的函数进行一次实验,在野火 STM32F407 霸天虎开发板上进行该实验。创建两个任务,一个是 LED 任务,另一个是按键任务。LED 任务是显示任务运行的状态,而按键任务是通过检测按键按下与否进行对 LED 任务的挂起与恢复。FreeRTOS 任务管理 MDK 工程架构如图 13-33 所示。

图 13-33　FreeRTOS 任务管理 MDK 工程架构

FreeRTOS 任务管理代码清单如下。

1. FreeRTOSConfig.h 文件

```
#ifndef FREERTOS_CONFIG_H
#define FREERTOS_CONFIG_H


#include "stm32f4xx.h"
#include "bsp_debug_usart.h"

//针对不同的编译器调用不同的 stdint.h 文件
#if defined(__ICCArm__) || defined(__CC_Arm) || defined(__GNUC__)
    #include <stdint.h>
    extern uint32_t SystemCoreClock;
#endif

//断言
#define vAssertCalled(char,int) printf("Error: %s, %d\r\n",char,int)
#define configASSERT(x) if((x) == 0) vAssertCalled(__FILE__,__LINE__)


/*******************************************************************************
 *                     FreeRTOS 基础配置配置选项
 *******************************************************************************/
/* 置 1: RTOS 使用抢占式调度器; 置 0: RTOS 使用协作式调度器(时间片)
 *
 * 在多任务管理机制上,操作系统可以分为抢占式和协作式两种
 * 协作式操作系统是任务主动释放 CPU 后,切换到下一个任务
 * 任务切换的时机完全取决于正在运行的任务
 */
#define configUSE_PREEMPTION                    1

//使能时间片调度(默认式使能的)
#define configUSE_TIME_SLICING                  1

/* 某些运行 FreeRTOS 的硬件有两种方法选择下一个要执行的任务:
 * 通用方法和特定于硬件的方法(以下简称"特殊方法")
 *
 * 通用方法:
 * 1.configUSE_PORT_OPTIMISED_TASK_SELECTION 为 0 或硬件不支持这种特殊方法
 * 2.可以用于所有 FreeRTOS 支持的硬件
 * 3.完全用 C 语言实现,效率略低于特殊方法
 * 4.不强制要求限制最大可用优先级数目
 * 特殊方法:
 * 1.必须将 configUSE_PORT_OPTIMISED_TASK_SELECTION 设置为 1
 * 2.依赖一个或多个特定架构的汇编指令(一般是类似计算前导零[CLZ]指令)
 * 3.比通用方法更高效
 * 4.一般强制限定最大可用优先级数目为 32
 * 一般是硬件计算前导零指令,如果所使用的 MCU 没有这些硬件指令,此宏应该设置为 0
 */
#define configUSE_PORT_OPTIMISED_TASK_SELECTION         1

/* 置 1: 使能低功耗 Tickless 模式; 置 0: 保持系统节拍(Tick)中断一直运行
```

```
 * 假设开启低功耗可能会导致下载出现问题,因为程序在睡眠中,可用以下办法解决
 *
 * 下载方法:
 * 1.将开发板正常连接好
 * 2.按住复位按键,下载瞬间松开复位按键
 * 或
 * 1.通过跳线帽将 BOOT 0 接高电平(3.3V)
 * 2.重新上电,下载
 *
 * /
# define configUSE_TICKLESS_IDLE    0


/ *
 * 写入实际的 CPU 内核时钟频率,也就是 CPU 指令执行频率,通常称为 Fclk
 * Fclk 为供给 CPU 内核的时钟信号,我们所说的 CPU 主频就是指这个时钟信号
 * 相应地,1/Fclk 即为 CPU 时钟周期
 * /
# define configCPU_CLOCK_HZ                        (SystemCoreClock)

//RTOS 系统节拍中断的频率,即一秒中断的次数,每次中断 RTOS 都会进行任务调度
# define configTICK_RATE_HZ                        (( TickType_t )1000)

//可使用的最大优先级
# define configMAX_PRIORITIES                      (32)

//空闲任务使用的堆栈大小
# define configMINIMAL_STACK_SIZE                  ((unsigned short)128)

//任务名字字符串长度
# define configMAX_TASK_NAME_LEN                   (16)

//系统节拍计数器变量数据类型,1 表示 16 位无符号整型,0 表示 32 位无符号整型
# define configUSE_16_BIT_TICKS                    0

//空闲任务放弃 CPU 使用权给其他同优先级的用户任务
# define configIDLE_SHOULD_YIELD                   1

//启用队列
# define configUSE_QUEUE_SETS                      0

//开启任务通知功能,默认开启
# define configUSE_TASK_NOTIFICATIONS             1

//使用互斥信号量
# define configUSE_MUTEXES                         0

//使用递归互斥信号量
# define configUSE_RECURSIVE_MUTEXES              0

//为 1 时使用计数信号量
# define configUSE_COUNTING_SEMAPHORES            0
```

```
//设置可以注册的信号量和消息队列个数
# define configQUEUE_REGISTRY_SIZE                         10

# define configUSE_APPLICATION_TASK_TAG                    0


/ ****************************************************************
                FreeRTOS 与内存申请有关配置选项

   *********************************************************** /
//支持动态内存申请
# define configSUPPORT_DYNAMIC_ALLOCATION                  1
//支持静态内存
# define configSUPPORT_STATIC_ALLOCATION                   0
//系统所有总的堆大小
# define configTOTAL_HEAP_SIZE                    ((size_t)(36 * 1024))
/ ****************************************************************
                FreeRTOS 与钩子函数有关的配置选项
   *********************************************************** /
/ * 置 1: 使用空闲钩子函数(Idle Hook 类似于回调函数); 置 0: 忽略空闲钩子函数
 *
 * 空闲任务钩子是一个函数,这个函数由用户实现
 * FreeRTOS 规定了函数的名称和参数: void vApplicationIdleHook(void)
 * 这个函数在每个空闲任务周期都会被调用
 * 对于已经删除的 RTOS 任务,空闲任务可以释放分配给它们的堆栈内存
 * 因此必须保证空闲任务可以被 CPU 执行
 * 使用空闲钩子函数设置 CPU 进入省电模式是很常见的
 * 不可以调用会引起空闲任务阻塞的 API 函数
 * /
# define configUSE_IDLE_HOOK                               0


/ * 置 1: 使用时间片钩子(Tick Hook); 置 0: 忽略时间片钩子
 *
 * 时间片钩子是一个函数,这个函数由用户实现
 * FreeRTOS 规定了函数的名称和参数: void vApplicationTickHook(void )
 * 时间片中断可以周期性地调用
 * 函数必须非常短小,不能大量使用堆栈
 * 不能调用以 FromISR 或 FROM_ISR 结尾的 API 函数
 * /
/ * xTaskIncrementTick()函数是在 xPortSysTickHandler()中断函数中被调用的
因此,vApplicationTickHook()函数执行的时间必须很短才行 * /
# define configUSE_TICK_HOOK                               0


//使用内存申请失败钩子函数
# define configUSE_MALLOC_FAILED_HOOK                      0


/ *
 * 大于 0 时启用堆栈溢出检测功能
 * 如果使用此功能,用户必须提供一个栈溢出钩子函数
 * 如果使用的话,此值可以为 1 或者 2,因为有两种栈溢出检测方法  * /
```

```
# define configCHECK_FOR_STACK_OVERFLOW                    0

/ ************************************************************
          FreeRTOS 与运行时间和任务状态收集有关的配置选项
   ************************************************************ /
//启用运行时间统计功能
# define configGENERATE_RUN_TIME_STATS                     0
//启用可视化跟踪调试
# define configUSE_TRACE_FACILITY                          0
/ * 与宏 configUSE_TRACE_FACILITY 同时为 1 时会编译以下 3 个函数
 * prvWriteNameToBuffer()
 * vTaskList()
 * vTaskGetRunTimeStats()
 * /
# define configUSE_STATS_FORMATTING_FUNCTIONS              1


/ ************************************************************
                FreeRTOS 与协程有关的配置选项
   ************************************************************ /
//启用协程,启用协程以后必须添加 croutine.c 文件
# define configUSE_CO_ROUTINES                             0
//协程的有效优先级数目
# define configMAX_CO_ROUTINE_PRIORITIES                   (2)


/ ************************************************************
              FreeRTOS 与软件定时器有关的配置选项
   ************************************************************ /
//启用软件定时器
# define configUSE_TIMERS                                  0
//软件定时器优先级
# define configTIMER_TASK_PRIORITY         (configMAX_PRIORITIES - 1)
//软件定时器队列长度
# define configTIMER_QUEUE_LENGTH                          10
//软件定时器任务堆栈大小
# define configTIMER_TASK_STACK_DEPTH      (configMINIMAL_STACK_SIZE * 2)


/ ************************************************************
                 FreeRTOS 可选函数配置选项
   ************************************************************ /
# define INCLUDE_xTaskGetSchedulerState                    1
# define INCLUDE_vTaskPrioritySet                          1
# define INCLUDE_uxTaskPriorityGet                         1
# define INCLUDE_vTaskDelete                               1
# define INCLUDE_vTaskCleanUpResources                     1
# define INCLUDE_vTaskSuspend                              1
# define INCLUDE_vTaskDelayUntil                           1
# define INCLUDE_vTaskDelay                                1
# define INCLUDE_eTaskGetState                             1
# define INCLUDE_xTimerPendFunctionCall                    0
```

```
//#define INCLUDE_xTaskGetCurrentTaskHandle                          1
//#define INCLUDE_uxTaskGetStackHighWaterMark                        0
//#define INCLUDE_xTaskGetIdleTaskHandle                             0
/* ****************************************************************************
            FreeRTOS 与中断有关的配置选项
**************************************************************************** /
#ifdef __NVIC_PRIO_BITS
    #define configPRIO_BITS                 __NVIC_PRIO_BITS
#else
    #define configPRIO_BITS                                         4
#endif
//最低中断优先级
#define configLIBRARY_LOWEST_INTERRUPT_PRIORITY                     15

//系统可管理的最高中断优先级
#define configLIBRARY_MAX_SYSCALL_INTERRUPT_PRIORITY                5

#define configKERNEL_INTERRUPT_PRIORITY
( configLIBRARY_LOWEST_INTERRUPT_PRIORITY << (8 - configPRIO_BITS) )  /* 240 */

#define configMAX_SYSCALL_INTERRUPT_PRIORITY
( configLIBRARY_MAX_SYSCALL_INTERRUPT_PRIORITY << (8 - configPRIO_BITS) )

/* ****************************************************************************
            FreeRTOS 与中断服务程序有关的配置选项
**************************************************************************** /
#define xPortPendSVHandler    PendSV_Handler
#define vPortSVCHandler       SVC_Handler
```

2. main.c 程序

```
/*
*****************************************************************************
*                           包含的头文件
*****************************************************************************
*/
/* FreeRTOS 头文件 */
#include "FreeRTOS.h"
#include "task.h"
/* 开发板硬件 BSP 头文件 */
#include "bsp_led.h"
#include "bsp_debug_usart.h"
#include "bsp_key.h"
/*************************** 任务句柄 ***************************/
/*
 * 任务句柄是一个指针,用于指向一个任务,当任务创建好之后,它就具有了一个任务句柄
 * 以后要想操作这个任务,都需要通过这个任务句柄,如果是自身的任务操作自己,那么
 * 这个句柄可以为 NULL
 */
static TaskHandle_t AppTaskCreate_Handle = NULL;        //创建任务句柄
static TaskHandle_t LED_Task_Handle = NULL;             //LED 任务句柄
```

```
static TaskHandle_t KEY_Task_Handle = NULL;                //KEY 任务句柄

/********************** 内核对象句柄 *****************************/
/*
 * 信号量、消息队列、事件标志组、软件定时器这些都属于内核的对象
 * 要想使用这些内核对象,必须先创建,创建成功之后会返回一个相应地句柄
 * 实际上就是一个指针,后续就可以通过这个句柄操作这些内核对象
 *
 * 内核对象就是一种全局的数据结构,通过这些数据结构可以实现任务间的通信以及
 * 任务间的事件同步等各种功能。至于这些功能的实现,是通过调用这些内核对象的函数
 * 完成的
 *
 */
/********************** 全局变量声明 *****************************/
/*
 * 写应用程序时可能需要用到一些全局变量
 */
/*
 **********************************************************************
 *                            函数声明
 **********************************************************************
 */
static void AppTaskCreate(void);                    //用于创建任务

static void LED_Task(void * pvParameters);          //LED_Task 任务实现
static void KEY_Task(void * pvParameters);          //KEY_Task 任务实现

static void BSP_Init(void);                         //用于初始化板载相关资源

/********************************************************************
 * @brief   主函数
 * @param   无
 * @retval  无
 * @note    第 1 步: 开发板硬件初始化
 *          第 2 步: 创建 App 应用任务
 *          第 3 步: 启动 FreeRTOS,开始多任务调度
 ********************************************************************/
int main(void)
{
    BaseType_t xReturn = pdPASS;        //定义一个创建信息返回值,默认为 pdPASS

    /* 开发板硬件初始化 */
    BSP_Init();

    printf("这是一个[野火]-STM32 全系列开发板-FreeRTOS 任务管理实验!\n\n");
    printf("按下 KEY1 挂起任务,按下 KEY2 恢复任务\n");

    /* 创建 AppTaskCreate 任务 */
    xReturn = xTaskCreate((TaskFunction_t )AppTaskCreate,   //任务入口函数
                          (const char * )"AppTaskCreate",   //任务名称
                          (uint16_t)512,                    //任务栈大小
```

```c
                         (void * )NULL,                      //任务入口函数参数
                         (UBaseType_t)1,                     //任务的优先级
                         (TaskHandle_t * )&AppTaskCreate_Handle);  //任务控制块指针
    /* 启动任务调度 */
    if(pdPASS == xReturn)
      vTaskStartScheduler();                                //启动任务,开启调度
    else
      return - 1;

    while(1);                                               //正常不会执行到这里
}

/* ***********************************************************************
 * @ 函数名    : AppTaskCreate
 * @ 功能说明: 为了方便管理,所有任务创建函数都放在这个函数里面
 * @ 参数     : 无
 * @ 返回值   : 无
 * *********************************************************************** /
static void AppTaskCreate(void)
{
    BaseType_t xReturn = pdPASS;              //定义一个创建信息返回值,默认为 pdPASS

    taskENTER_CRITICAL();                        //进入临界区

    /* 创建 LED_Task 任务 */
    xReturn = xTaskCreate((TaskFunction_t )LED_Task,         //任务入口函数
                          (const char * )"LED_Task",         //任务名称
                          (uint16_t)512,                     //任务栈大小
                          (void * )NULL,                     //任务入口函数参数
                          (UBaseType_t)2,                    //任务的优先级
                          (TaskHandle_t * )&LED_Task_Handle); //任务控制块指针
    if(pdPASS == xReturn)
      printf("创建 LED_Task 任务成功!\r\n");
    /* 创建 KEY_Task 任务 */
    xReturn = xTaskCreate((TaskFunction_t )KEY_Task,         //任务入口函数
                          (const char * )"KEY_Task",         //任务名称
                          (uint16_t)512,                     //任务栈大小
                          (void * )NULL,                     //任务入口函数参数
                          (UBaseType_t)3,                    //任务的优先级
                          (TaskHandle_t * )&KEY_Task_Handle); //任务控制块指针
    if(pdPASS == xReturn)
      printf("创建 KEY_Task 任务成功!\r\n");

    vTaskDelete(AppTaskCreate_Handle);               //删除 AppTaskCreate 任务

    taskEXIT_CRITICAL();                             //退出临界区
}

/* ***********************************************************************
 * @ 函数名    : LED_Task
 * @ 功能说明: LED_Task 任务主体
```

```
 * @ 参数     : 无
 * @ 返回值   : 无
 ***************************************************************** /
static void LED_Task(void)
{
  while (1)
  {
    LED1_ON;
    printf("LED_Task Running,LED1_ON\r\n");
    vTaskDelay(500);                                        //延时 500 个 Tick

    LED1_OFF;
    printf("LED_Task Running,LED1_OFF\r\n");
    vTaskDelay(500);                                        //延时 500 个 Tick
  }
}

/ *****************************************************************
 * @ 函数名   : LED_Task
 * @ 功能说明 : LED_Task 任务主体
 * @ 参数     : 无
 * @ 返回值   : 无
 ***************************************************************** /
static void KEY_Task(void)
{
  while (1)
  {
    if( Key_Scan(KEY1_GPIO_PORT,KEY1_PIN) == KEY_ON )
    {/ * KEY1 被按下 * /
      printf("挂起 LED 任务!\n");
      vTaskSuspend(LED_Task_Handle);                        //挂起 LED 任务
      printf("挂起 LED 任务成功!\n");
    }
    if( Key_Scan(KEY2_GPIO_PORT,KEY2_PIN) == KEY_ON )
    {/ * KEY2 被按下 * /
      printf("恢复 LED 任务!\n");
      vTaskResume(LED_Task_Handle);                         //恢复 LED 任务
      printf("恢复 LED 任务成功!\n");
    }
    vTaskDelay(20);                                         //延时 20 个 Tick
  }
}

/ *****************************************************************
 * @ 函数名   : BSP_Init
 * @ 功能说明 : 板级外设初始化,所有开发板上的初始化均可放在这个函数里面
 * @ 参数     : 无
 * @ 返回值   : 无
 ***************************************************************** /
static void BSP_Init(void)
{
```

```
/*
 * STM32 中断优先级分组为 4,即 4 位都用来表示抢占式优先级,范围为 0~15
 * 优先级分组只需要分组一次即可,以后如果有其他的任务需要用到中断
 * 都统一用这个优先级分组
 */
NVIC_PriorityGroupConfig( NVIC_PriorityGroup_4 );

/* LED 初始化 */
LED_GPIO_Config();

/* 串口初始化 */
Debug_USART_Config();

/* 按键初始化 */
Key_GPIO_Config();

}
```

将程序编译好,用 USB 线连接计算机和开发板的 USB 接口,用 DAP 仿真器把配套程序下载到野火 STM32F407 霸天虎开发板,在计算机端打开串口调试助手。复位开发板,就可以在串口调试助手中看到打印信息,在开发板上可以看到 LED 在闪烁,按下开发板的 KEY1 按键挂起任务,按下 KEY2 按键恢复任务。我们按下 KEY1 按键试一下,可以看到开发板上的 LED 不闪烁了,同时在串口调试助手中也输出了相应的信息,说明任务已经被挂起;再按下 KEY2 按键,可以看到开发板上的 LED 恢复闪烁,同时在串口调试助手中也输出了相应的信息,说明任务已经被恢复,具体如图 13-34 所示。

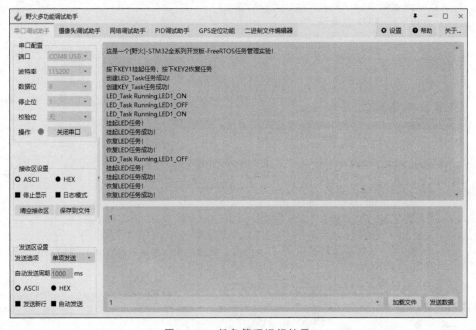

图 13-34　任务管理运行结果

参 考 文 献

[1] 李正军,李潇然.Arm Cortex-M4 嵌入式系统：基于 STM32Cube 和 HAL 库的编程与开发[M].北京：清华大学出版社,2024.

[2] 李正军,李潇然.Arm Cortex-M3 嵌入式系统：基于 STM32Cube 和 HAL 库的编程与开发[M].北京：清华大学出版社,2024.

[3] 李正军.Arm 嵌入式系统原理及应用：STM32F103 微控制器架构、编程与开发[M].北京：清华大学出版社,2024.

[4] 李正军.Arm 嵌入式系统案例实战：手把手教你掌握 STM32F103 微控制器项目开发[M].北京：清华大学出版社,2024.

[5] 李正军,李潇然.STM32 嵌入式单片机原理与应用[M].北京：机械工业出版社,2023.

[6] 李正军,李潇然.STM32 嵌入式系统设计与应用[M].北京：机械工业出版社,2023.

[7] 李正军.计算机控制系统[M].4 版.北京：机械工业出版社,2022.

[8] 李正军.计算机控制技术[M].北京：机械工业出版社,2022.

[9] Joseph Yiu,吴常玉,曹孟娟,等.Arm Cortex-M3 与 Cortex-M4 权威指南[M].3 版.北京：清华大学出版社,2015.

[10] 刘火良,杨森.FreeRTOS 内核实现与应用开发实战指南：基于 STM32[M].北京：机械工业出版社,2021.

[11] 徐灵飞,黄宇,贾国强.嵌入式系统设计：基于 STM32F4[M].北京：电子工业出版社,2020.

[12] 王维波,鄢志丹,王钊.STM32Cube 高效开发教程：高级篇[M].北京：人民邮电出版社,2022.